Professional Engineers Examination

2024年度

技術士試験

上下水道部門

Water Supply & Sewerage

傾向と対策

CEネットワーク編

鹿島出版会

まえがき

国内では、楽しい夏が危険な暑さの夏に変わり、どこでいつ起きるか分からない巨大地震、そして、風水害に対する避難情報が「高齢者避難」、「避難指示」、「緊急安全確保」等に改称されるなど、生活者の身辺における危険が顕在化している。海外では、それらの自然災害に加えて、国際間の摩擦に起因する戦火が広がり、一般国民の犠牲者が増えている。

直接的な影響ではないが、広範囲にかつ長期間の影響で、結果として甚大な生命・財産への影響を及ぼすのが、インフラの損傷である。戦火にまみれた諸国からは、東日本大震災からの復興を進めている日本に、戦災復興へのインフラ整備の協力依頼が寄せられている。

命をつなぎ快適な生活を維持する水道、衛生環境を保ち水害から命を守る下水道、多くの日本国民は、それらがあって当然の生活を送っているが、いつ何時、それらが喪失されてしまう可能性も存在している。

我が国のインフラは、少子高齢化による財源不足等から、困難な問題を抱えている。技術士は、その困難を「専門知識」を「応用」して「問題解決及び課題遂行」するプロフェショナルである。

公共事業においては、技術士資格は以下のように位置付けられている。

国土交通省：特定建設業の営業所専任技術者又は監理技術者

建設部門、上下水道部門、衛生工学部門、機械部門、電気電子部門、農業（農業農村工学）、森林部門（林業林産・森林土木）、水産部門（水産土木）、前記のものを選択科目とする総合技術監理部門の第二次試験合格者

国土交通省：一般建設業の営業所専任技術者又は主任技術者

建設部門、上下水道部門、衛生工学部門、機械部門、電気電子部門、農業（農業農村工学）、森林部門（林業林産・森林土木）、水産部門（水産土木）、前記のものを選択科目とする総合技術監理部門の第二次試験合格者

国土交通省：建設コンサルタントとして国土交通省に部門登録をする専任技術管理者

建設部門、上下水道部門（上水道及び工業用水道、下水道）、衛生工学部門（廃棄物管理）、農業部門（農業農村工学）、森林部門（森林土木）、水産部門（水産土木）、応用理学部門（地質）、機械部門（加工・生産システム・産業機械は除外）、電気電子部門、前記のものを選択科目とする総合技術監理部門の技術士

国土交通省：建設コンサルタント委託業務等の管理技術者と照査技術者

建設コンサルタントとして国土交通省に部門登録をする場合の専任技術管理者と共通で、法による登録を受けている者

国土交通省：公共下水道又は流域下水道の設計又は工事の監督管理を行う者

上下水道部門第二次試験合格者

国土交通省・環境省：公共下水道又は流域下水道の維持管理を行う者

上下水道部門（下水道）、衛生工学部門（水質管理、廃棄物管理（汚物処理を含む））の第二次試験合格者

国土交通省：地質調査業者として国土交通省に登録する場合の技術管理者

建設部門（土質及び基礎）、応用理学部門（地質）、前記のものを選択科目とする総合技術監理部門の技術士

国土交通省：都市計画における開発許可制度にもとづく開発許可申請の設計者の資格

建設部門、上下水道部門、衛生工学部門第二次試験合格者で宅地開発に関する技術に関して二年以上の実務経験者

国土交通省：宅地造成工事の技術的基準（擁壁、排水施設）の設計者

建設部門第二次試験合格者

2024年度版の本書は、必須科目（40点）では令和5年度出題の、マネジメントサイクル、水害対策、の2題の他、PPP/PFI推進アクションプラン、を含む6題、計8題を掲載した。

選択科目の問題解決能力及び課題遂行能力（30点）では上工水で、令和5年度出題の、SDGsの達成、水道事業の基盤強化、の2題の他、水管橋等の維持・修繕、を含む3題、計5題を掲載した。下水道では、令和5年度出題の、処理場の再構築、下水汚泥の肥料利用計画の2題の他、経営戦略の改定、雨水対策（流域治水）、グリーンイノベーション下水道、新下水道ビジョン加速戦略を含む4題、計6題を掲載した。

応用能力（20点）では上工水で、令和5年度出題の2題を含む計6題を、下水道では令和5年度出題の2題を含む計6題を、掲載した。

2023年度の技術士第二次試験も例年通りに実施されたため、技術士のインフォーマルな集まりである「CEネットワーク」が執筆と編集を行い例年通りに発刊をさせることができた。執筆にあたっては、地方公共団体、コンサルタント、水処理会社、メーカーなど、最前線で活躍中の経験豊富な技術士が関わった。上下水道部門の技術士資格を目指す読者の参考図書として活用頂き、技術士試験に合格され、更なる活躍をされんことを期待する。

また、本書の企画・出版は、鹿島出版会のご協力で実施に至り、特に同社の久保田昭子氏、寺崎友香梨氏には大変お世話になった。深く感謝の意を表す次第である。

2024年2月

CEネットワーク

目　次

3. 下水道

［応用能力を問う問題］

［問題解決能力及び課題遂行能力を問う問題］

本書の構成と利用方法

1. 技術士第二次試験制度について

上下水道部門他、総合技術監理部門以外の全ての部門について、令和元（2019）年度から試験制度が大幅に改正された。令和5（2023年）12月、「技術士第二次試験実施大綱」が、文部科学省 科学技術・学術審議会 技術士分科会試験部会から発表されている。各科目（必須、選択）の問題の種類、解答時間、配点は令和5（2023）年度と変わっていない。合否判定基準は、本書執筆時点では発表されていないが、令和5（2023）年度では、必須科目60％以上、選択科目60％以上とされ、これも変わらないものと思われる。従って、試験制度改正の理解を含めて、「平成31年度　技術士試験の概要について」と、その基礎となっている「今後の技術士試験の在り方について（平成28（2016）年12月22日 科学技術・学術審議会 技術士分科会）」を以下に引用する。

試験制度改正の要点は、以下のとおりである。

・必須科目（上下水道一般）が、択一式から記述式に変更
・選択科目の「課題解決能力を問う問題」が「問題解決能力・課題遂行能力を問う問題」に変更
・必須科目、選択科目における、概念、出題内容、評価項目が明確化
・評価項目には、技術士に求められる資質能力（コンピテンシー）が明確化
専門的学識、問題解決、マネジメント、評価、コミュニケーション、リーダーシップ、技術者倫理、継続研さん
・解答の文字数、試験時間、配点の変更
必須科目：40点（2時間、600字3枚）
選択科目：60点（3時間30分、600字6枚）

平成 31（2019）年度　技術士試験の概要について

（1）第二次試験；試験方法の新旧対照表

＜筆記試験（総合技術監理部門を除く技術部門）＞

<table>
<tr><td></td><td colspan="4">改正前＜～平成 30 年度＞</td><td colspan="4">改正後＜平成 31（2019）年度～＞</td></tr>
<tr><td>試験科目</td><td>問題の種類</td><td>試験方法</td><td>試験時間</td><td>配点</td><td>問題の種類</td><td>試験方法</td><td>試験時間</td><td>配点</td></tr>
<tr><td>必須科目</td><td>「技術部門」全般にわたる専門知識</td><td>択一式
20 問出題
15 問解答</td><td>1 時間 30 分</td><td>30 点</td><td>「技術部門」全般にわたる専門知識、応用能力、問題解決能力及び課題遂行能力に関するもの</td><td>記述式
出題数は 2 問程度
600 字詰用紙 3 枚以内</td><td>2 時間</td><td>40 点</td></tr>
<tr><td rowspan="2">選択科目</td><td>「選択科目」に関する専門知識及び応用能力</td><td>記述式
出題数は回答数の 2 倍程度
600 字詰用紙 4 枚以内</td><td>2 時間</td><td>40 点</td><td>「選択科目」についての専門知識及び応用能力に関するもの</td><td>記述式
出題数は回答数の 2 倍程度
600 字詰用紙 3 枚以内</td><td rowspan="2">3 時間 30 分
※
選択科目の試験中休憩時間はありません。</td><td>30 点</td></tr>
<tr><td>「選択科目」に関する課題解決能力</td><td>記述式
出題数は 2 問程度
600 字詰用紙 3 枚以内</td><td>2 時間</td><td>40 点</td><td>「選択科目」についての問題解決能力及び課題遂行能力に関するもの</td><td>記述式
出題数は 2 問程度
600 字詰用紙 3 枚以内</td><td>30 点</td></tr>
</table>

※総合技術監理部門については変更無し

＜口頭試験（総合技術監理部門を除く技術部門）＞

<table>
<tr><td colspan="3">改正前＜～平成 30 年度＞</td><td colspan="3">改正後＜平成 31（2019）年度～＞</td></tr>
<tr><td>試験事項</td><td>配点</td><td>試験時間</td><td>試験事項</td><td>配点</td><td>試験時間</td></tr>
<tr><td>Ⅰ．受験者の技術的体験を中心とする経歴の内容及び応用能力</td><td></td><td rowspan="6">20 分
（10 分程度延長可）</td><td>Ⅰ 技術士としての実務能力</td><td></td><td rowspan="6">20 分
（10 分程度延長可）</td></tr>
<tr><td rowspan="2">①「経歴及び応用能力」</td><td rowspan="2">60 点</td><td>①「コミュニケーション・リーダーシップ」</td><td>30 点</td></tr>
<tr><td>②「評価、マネジメント」</td><td>30 点</td></tr>
<tr><td>Ⅱ．技術士としての適格性及び一般的知識</td><td></td><td>Ⅱ 技術士としての適格性</td><td></td></tr>
<tr><td>②「技術者倫理」</td><td>20 点</td><td>③「技術者倫理」</td><td>20 点</td></tr>
<tr><td>③「技術士制度の認識その他」</td><td>20 点</td><td>④「継続研さん」</td><td>20 点</td></tr>
</table>

※総合技術監理部門の口頭試験Ⅱ（選択科目に対応）については上記と同様の変更有り。

(2) 第二次試験；出題内容等について

○筆記試験

【A】総合技術監理部門を除く技術部門

Ⅰ 必須科目

「技術部門」全般にわたる専門知識、応用能力、問題解決能力及び課題遂行能力に関するもの

概　念	**専門知識** 専門の技術分野の業務に必要で幅広く適用される原理等に関わる汎用的な専門知識
	応用能力 これまでに習得した知識や経験に基づき、与えられた条件に合わせて、問題や課題を正しく認識し、必要な分析を行い、業務遂行手順や業務上留意すべき点、工夫を要する点等について説明できる能力
	問題解決能力及び課題遂行能力 社会的なニーズや技術の進歩に伴い、社会や技術における様々な状況から、複合的な問題や課題を把握し、社会的利益や技術的優位性などの多様な視点からの調査・分析を経て、問題解決のための課題とその遂行について論理的かつ合理的に説明できる能力
出題内容	現代社会が抱えている様々な問題について、「技術部門」全般に関わる基礎的なエンジニアリング問題としての観点から、多面的に課題を抽出して、その解決方法を提示し遂行していくための提案を問う。
評価項目	技術士に求められる資質能力（コンピテンシー）のうち、専門的学識、問題解決、評価、技術者倫理、コミュニケーションの各項目

Ⅱ 選択科目

1.「選択科目」についての専門知識に関するもの

概　念	「選択科目」における専門の技術分野の業務に必要で幅広く適用される原理等に関わる汎用的な専門知識
出題内容	「選択科目」における重要なキーワードや新技術等に対する専門知識を問う
評価項目	技術士に求められる資質能力（コンピテンシー）のうち、専門的学識、コミュニケーションの各項目

2.「選択科目」についての応用能力に関するもの

概　念	これまでに習得した知識や経験に基づき、与えられた条件に合わせて、問題や課題を正しく認識し、必要な分析を行い、業務遂行手順や業務上留意すべき点、工夫を要する点等について説明できる能力
出題内容	「選択科目」に関係する業務に関し、与えられた条件に合わせて、専門知識や実務経験に基づいて業務遂行手順が説明でき、業務上で留意すべき点や工夫を要する点等についての認識があるかどうかを問う
評価項目	技術士に求められる資質能力（コンピテンシー）のうち、専門的学識、マネジメント、コミュニケーション、リーダーシップの各項目

Ⅲ 選択科目

「選択科目」についての問題解決能力及び課題遂行能力に関するもの

概　念	社会的なニーズや技術の進歩に伴い、社会や技術における様々な状況から、複合的な問題や課題を把握し、社会的利益や技術的優位性などの多様な視点からの調査・分析を経て、問題解決のための課題とその遂行について論理的かつ合理的に説明できる能力
出題内容	社会的なニーズや技術の進歩に伴う様々な状況において生じているエンジニアリング問題を対象として、「選択科目」に関わる観点から課題の抽出を行い、多様な視点からの分析によって問題解決のための手法を提示して、その遂行方策について提示できるかを問う
評価項目	技術士に求められる資質能力（コンピテンシー）のうち、専門的学識、問題解決、評価、コミュニケーションの各項目

○口頭試験

技術士としての適格性を判定することに主眼をおき、筆記試験における答案（総合技術監理部門を除く技術部門については、問題解決能力・課題遂行能力を問うもの）及び業務経歴を踏まえ実施するものとし、筆記試験の繰り返しにならないように留意し以下を確認する。

コミュニケーション、リーダーシップ、評価、マネジメント、技術者倫理、継続研さん

【A】総合技術監理部門を除く技術部門

試問事項［配点］	試問時間
Ⅰ 技術士としての実務能力 ①コミュニケーション、リーダーシップ［30点］ ②評価、マネジメント［30点］	20分 （10分程度延長の場合もあり）
Ⅱ 技術士としての適格性 ①技術者倫理［20点］ ②継続研さん［20点］	

【B】総合技術監理部門… Ⅱ選択科目免除の場合は、Ⅰ必須科目に対応する事項のみ試問

試問事項［配点］	試問時間
Ⅰ（必須科目に対応）	20分 （10分程度延長の場合もあり）
1「総合技術監理部門」の必須科目に関する技術士として必要な専門知識及び応用能力 ① 体系的専門知識　［40点］ ② 経歴及び応用能力　［60点］	
Ⅱ（選択科目に対応）･･･ 上記【A】と同一内容	20分 （10分程度延長の場合もあり）
1　技術士としての実務能力 ① コミュニケーション、リーダーシップ［30点］ ② 評価、マネジメント　［30点］	
2　技術士としての適格性 ① 技術者倫理　［20点］ ② 継続研さん　［20点］	

※「併願」の場合、総合技術監理部門は【B】のⅠ必須科目、総合技術監理部門以外の技術部門は、【B】のⅡ選択科目について試問する。

技術士に求められる資質能力（コンピテンシー）

専門的学識

・技術士が専門とする技術分野（技術部門）の業務に必要な、技術部門全般にわたる専門知識及び選択科目に関する専門知識を理解し応用すること。
・技術士の業務に必要な、我が国固有の法令等の制度及び社会・自然条件等に関する専門知識を理解し応用すること。

問題解決

・業務遂行上直面する複合的な問題に対して、これらの内容を明確にし、必要に応じてデータ・情報技術を活用して定義し、調査し、これらの背景に潜在する問題発生要因や制約要因を抽出し分析すること。
・複合的な問題に関して、多角的な視点を考慮し、ステークホルダーの意見を取り入れながら、相反する要求事項（必要性、機能性、技術的実現性、安全性、経済性等）、それらによって及ぼされる影響の重要度を考慮した上で、複数の選択肢を提起し、これらを踏まえた解決策を合理的に提案し、又は改善すること。

マネジメント

・業務の計画・実行・検証・是正（変更）等の過程において、品質、コスト、納期及び生産性とリスク対応に関する要求事項、又は成果物（製品、システム、施設、プロジェクト、サービス等）に係る要求事項の特性（必要性、機能性、技術的実現性、安全性、経済性等）を満たすことを目的として、人員・設備・

金銭・情報等の資源を配分すること。

評価

・業務遂行上の各段階における結果、最終的に得られる成果やその波及効果を評価し、次段階や別の業務の改善に資すること。

コミュニケーション

・業務履行上、情報技術を活用し、口頭や文書等の方法を通じて、雇用者、上司や同僚、クライアントやユーザー等多様な関係者との間で、明確かつ包摂的な意思疎通を図り、協働すること。
・海外における業務に携わる際は、一定の語学力による業務上必要な意思疎通に加え、現地の社会的文化的多様性を理解し関係者との間で可能な限り協調すること。

リーダーシップ

・業務遂行にあたり、明確なデザインと現場感覚を持ち、多様な関係者の利害等を調整し取りまとめることに努めること。
・海外における業務に携わる際は、多様な価値観や能力を有する現地関係者とともに、プロジェクト等の事業や業務の遂行に努めること。

技術者倫理

・業務遂行にあたり、公衆の安全、健康及び福利を最優先に考慮した上で、社会、経済及び環境に対する影響を予見し、地球環境の保全等、次世代にわたる社会の持続可能な成果の達成を目指し、技術士としての使命、社会的地位及び職責を自覚し、倫理的に行動すること。
・業務履行上、関係法令等の制度が求めている事項を遵守し、文化的価値を尊重すること。
・業務履行上行う決定に際して、自らの業務及び責任の範囲を明確にし、これらの責任を負うこと。

継続研さん

・CPD 活動を行い、コンピテンシーを維持・向上させ、新しい技術とともに絶えず変化し続ける仕事の性質に適応する能力を高めること。

今後の技術士制度の在り方について

平成 28（2016）年 12 月 22 日
科学技術・学術審議会
技術士分科会

1．はじめに（現状認識）

（省略）

2．基本的な考え方

社会・経済の構造が日々大きく変化する「大変革時代」が到来し、国内外の課題が増大、複雑化する中で科学技術イノベーション推進の必要性が日々増大している。今年１月に閣議決定された「第５期科学技術基本計画」においては、このような時代に対応するため、先を見通し戦略的に手を打っていく力（先見性と戦略性）と、どのような変化にも的確に対応していく力（多様性と柔軟性）を重視することを基本方針としている。また、このような変化に対して柔軟かつ的確に対応するための「基盤的な力の強化」が柱の一つとして挙げられ、科学技術イノベーションを支える人材力を強化することが最重要課題の一つであるとされている。科学技術イノベーション推進に当たっては、産業界とそれを支える技術者（エンジニア）は中核的な役割を果たしており、技術の高度化・統合化に伴い、技術者に求められる資質能力がますます高度化、多様化している社会的背景の中で、国民の信頼に応えた、高い専門性と倫理観を有する技術者を育成・確保するために、技術士制度の活用を促進させせることが必要である。

また多くの技術者が、キャリア形成過程において、実務経験を積み重ねて、専門的学識を深め、豊かな創造性を持って、複合的な問題を解決できる技術者になるために、技術士資格の取得を通じて、これらの資質向上を図ることが重要である。

さらに、国際的な環境の変化に対応し、国内のみならず、海外で活躍する技術者（グローバルエンジニア）が増加していることから、我が国の技術者が、国際的にその資質能力を適切に評価されることが重要である。この観点から、国際エンジニアリング連合（IEA）におけるエンジニアリング人材に関する国際的な枠組みを踏まえ、技術士の国際的通用性を確保することが非常に重要である。

3．具体的な改善方策

（1）技術者のキャリア形成過程における技術士資格の位置付け

産業界のあらゆる業種に対して、年齢や実務経験等に伴って、民間企業等の技術者に求められる技術者像、業務の性格・内容、業務上の立場、責任や権限、能力等に加え、関連業種にかかる技術士の活用状況等についてヒアリングした。

この結果を踏まえて、技術者の生涯を通じたキャリア形成の観点から、各段階に応じた技術者像等を以下の通り例示した。

【ステージ1】

技術者を目指す者は、高等教育機関を卒業した時点で、専門の技術分野に関して一定の基礎的学識を有し、技術者としてのキャリアをスタートする。このステージは、IEAの「卒業生として身に付けるべき知識・能力」（GA：Graduate Attributes）を満たす段階であり、日本技術者教育認定機構（JABEE）認定課程の修了又は技術士第一次試験の合格がこれに当たる。

このことから、第一次試験を受験する者は、高等教育機関等の卒業と近い時期に合格した上でこれ以降のステージに進んでいくことが望ましいといえる。

【ステージ2】

ステージ1を経て、技術士（プロフェッショナルエンジニア）となるための初期の能力開発（IPD：Initial Professional Development）を行う期間である。基礎的学識に加え、実務経験、自己研さんを通じて専門職としての資質能力を備えるための段階である。期間としては、4～7年程度の経験を積んだ上で技術士資格の取得を目指すことが望ましい。

【ステージ3】

専門の技術分野に関して専門的学識及び高等の専門的応用能力を有し、かつ、豊かな創造性を持って複合的な問題を発見して解決できる技術者として、この段階で、技術士第二次試験を受験し、技術士資格を取得することが望ましい。

【ステージ4、ステージ5】

技術士資格の取得後、継続研さん（CPD：Continuing Professional Development）や実務経験を通じて技術士としての資質能力を向上させ、自己の判断で業務を遂行することができる段階である。更に国内のみならず国際的にも通用する技術者となる段階である。

（2）技術士に求められる資質能力（コンピテンシー）

技術士は「科学技術に関する高等の専門的応用能力を必要とする事項についての計画、研究、設計、分析、試験、評価又はこれらに関する指導の業務を行う者」（技術士法）と定義されているが、これらの業務を行うために、技術士に求められる資質能力が明確に定められていない。

技術士制度の活用促進を図るためには、全ての技術士に求められる資質能力に加え、技術部門ごとの技術士に求められる資質能力（技術部門別コンピテンシー）を定めることも必要である。その際に、技術士資格が国際的通用性を確保するという観点から、IEA の「専門職として身に付けるべき知識・能力」（PC：Professional Competencies）を踏まえることが重要である。

技術士分科会では、このような認識に基づき、「専門的学識」「問題解決」「マネジメント」「評価」「コミュニケーション」「リーダーシップ」「技術者倫理」の項目を定め、各々の項目において、技術士であれば最低限備えるべき資質能力を定めた。

今後、文部科学省においては、この内容を民間企業、公的機関等の各方面へ提供し、技術士制度の活用を働きかけることが必要である。

（3）第一次試験

（省略）

（4）実務経験

第二次試験受験に当たって必要とされる実務経験年数については、4 年間又は 7 年間を超える年数とすることが適当である。

（5）第二次試験

技術士資格が国際的通用性を確保するとともに、IEA が定めている「エンジニア」に相当する技術者を目指す者が取得するにふさわしい資格にするため、IEA の PC を踏まえて策定した「技術士に求められる資質能力（コンピテンシー）」を念頭に置きながら、第二次試験の在り方を見直すことが適当である。

コンピテンシーでは、技術士に求められる資質能力が高度化、多様化している中で、これらの者が業務を履行するためには、技術士資格の取得を通じて、実務経験に基づく専門的学識及び高等の専門的応用能力を有し、かつ、豊かな創造性を持って複合的な問題を明確にして解決できる技術士として活躍することが期待されている。

今後の第二次試験については、このような資質能力の確認を目的とすることが適当である。これらを踏まえ、今後の第二次試験においては、以下の通りとする。

【1）受験申込み時】

・受験申込者について、以下を記載した「業務経歴票」の提出を求める。

（これまでに従事した業務の内容、業務を進める上での問題や課題、技術的な提

案や成果、評価及び今後の展望など）

※ なお、業務経歴票は口頭試験における試問の際の参考にする。

【2）筆記試験】

（総合技術監理部門を除く技術部門）

・必須科目について、試験の目的を考慮して現行の択一式を変更し、記述式の出題とし、技術部門全般にわたる専門知識、応用能力及び問題解決能力・課題遂行能力を問うものとする。

・選択科目については、従来通り記述式の出題とし、選択科目に係る専門知識、応用能力及び問題解決能力・課題遂行能力を問うものとする。ただし、必須科目の見直しに伴い、受験生の負担が過度とならないよう、選択科目の試験方法を一部変更する。

※専門知識：専門の技術分野の業務に必要で幅広く適用される原理等に関わる汎用的な専門知識

※応用能力：これまでに習得した知識や経験に基づき、与えられた条件に合わせて、問題や課題を正しく認識し、必要な分析を行い、業務遂行手順や業務上留意すべき点、工夫を要する点等について説明できる能力

※問題解決能力・課題遂行能力：社会的なニーズや技術の進歩に伴い、社会や技術における様々な状況から、複合的な問題や課題を把握し、社会的利益や技術的優位性などの多様な視点からの調査・分析を経て、問題解決のための課題とその遂行について論理的かつ合理的に説明できる能力

【3）口頭試験】

以下を確認する内容とする。

・技術士として倫理的に行動できること

・多様な関係者との間で明確かつ効果的に意思疎通し、多様な利害を調整できること

・問題解決能力・課題遂行能力：筆記試験において問うものに加えて、実務の中で複合的な問題についての調査・分析及び解決のための課題を遂行した経験等

・これまでの技術士となるための初期の能力開発（IPD）に対する取組姿勢や今後の継続研さん（CPD）に対する基本的理解

2. 本書の利用方法

■必須科目

必須科目は、100 点中 40 点の配点であり、準備にまず取り組みたい科目である。

令和元（2019）年度から、択一式から記述式に改正された。「技術部門」全般にわたる専門知識、応用能力、問題解決能力及び課題遂行能力を問う問題である。本書では、令和 5（2023）年度の出題と、上下水道を取り巻く今日的状況を踏まえて予想テーマを選択し、作問して解答を掲載している。

論文としての解答例から体系表を作成し、明記している参考文献等から有効な情報を追記すると、読者独自の体系表が作成できる。体系表は、全体像を階層的に把握することが可能で、上位下位関係、原因と結果の関係、トレードオフ関係等を表現できる。その体系表をブラッシュアップすると、解答例の論文の暗記に止まらず、他の読者と差別化した独自の解答を作成でき、高得点に結びつく。

■選択科目

選択科目は 100 点中 60 点の配点である。60 点の配点のうち、「問題解決能力及び課題遂行能力」を問う問題が 30 点、「専門知識及び応用能力」を問う問題が 30 点である。「専門知識及び応用能力」では、「専門知識」が 10 点、「応用能力」が 20 点と思われる。従って、まず準備に取り組むのは、30 点の「問題解決能力及び課題遂行能力」とすることが望ましい。それは、技術士に求められる資質能力（コンピテンシー）が、必須科目と技術者倫理を除いて一致している点もある。

「出題問題・情報源」一覧表には、令和元～令和 5（2019 ～ 2023）年度の出題を、情報源である関係省庁発刊の報告書等と対比してまとめている。受験者が入手可能な情報から出題されていることが理解できる。日常業務では読まない中央省庁等からの報告書も、受験勉強を機会に気を付けて読むと、考え方に幅と奥行きが生まれる。技術士として必要な心構えであり、合格後も是非続けることを勧める。

発刊年度から年数が経過している報告書からも出題されているが、最近発刊された報告書で未出題のものは特に要注意である。「専門知識」を問う問題では、改定されたばかりの設計指針からの出題の他、過去の出題も確認する必要がある。

「専門知識」を問う問題については、令和 5（2023）年度出題と予想問題について解答例を記載した。600 字 1 枚で解答する問題であるが、4 題中から 1 題選択して解答する必要があり、本書の掲載例の他、出題予想をして 10 題程度は用意しておく必要がある。上水道及び工業用水道（以下、上工水）、下水道別に後で詳述する。

「応用能力」を問う問題についても令和 5（2023）年度出題と予想問題について解

答例を記載した。本書の解答例を参考に、上工水分野、下水道分野で最近取り組まれているテーマについて解答例を4題程度は用意しておく必要がある。600字2枚で解答する問題であるが、2題中から1題選択して解答する必要があり、選択幅が更に狭い。そして、令和5（2023）年度の出題では、(1) 調査・検討すべき事項と内容、(2) 業務遂行手順・留意点・工夫点、(3) 関係者との調整方策、の記述が求められている。この設問は、来年度以降でも同様と考えられる。該当業務の実務経験がないと記述が困難である。上工水、下水道別に後で詳述する。

「問題解決能力及び課題遂行能力」についても令和5（2023）年度出題と予想問題について解答例を記載した。本書の解答例を参考に、上工水分野、下水道分野で、解決が必要な大きなテーマ、解決策が未確立の大きなテーマ、について解答例を各4題は準備しておく必要がある。600字3枚で解答する問題であるが、2題中から1 題選択して解答する必要があり､選択幅が「応用能力」を問う問題と同様に狭い。そして、令和5（2023）年度の出題では、(1) 3つの課題の内容と観点、(2) 重要課題1つの複数の解決策、(3) 解決策を実行して新たに生じるリスクと専門技術を踏まえた考えの記述が求められた。「解決策を実行して新たに生じるリスク」であるから、各解決策が横串だとするとリスクは縦串からの見方から述べる必要がある。また、「専門技術を踏まえた考えであるから、受験者は、上工水または下水道の専門技術を踏まえて述べる必要がある。この設問は来年度以降でも同様と考えられる。出題予想が重要であり、上工水、下水道別に後で詳述する。

■ キーワード体系表

(1) キーワード体系表の意義

①情報量の高度化

論文をキーワードなどに圧縮することで限られた紙面に多くの情報を掲載可能となる。

②論文構造の提示と再現

論文構造を図示し、着想から完成に至るまでの過程を示すとともに、読者の理解と記憶の定着を図る。

③論文のMECE（互いに重複せず、全体として漏れがない）

設問項目に対して、解答論文に漏れ・ダブリがないことをチェックすることが可能となる。

(2) キーワード体系表の類型

①基礎情報（上水道及び工業用水道、下水道に係る知識体系に対応）

普遍的な知識体系を示す。論文に記述しなかった関連情報を含め、網羅的に掲載する。

②問題対応（必須科目、選択科目（下水道）に係る設問に対応）
論文の論理構造に合わせたロジックツリー形式で掲載する。

(3) キーワード体系表の利活用
下水道のキーワード体系表から解答例を作成（文章化）する例を以下に示すが、解答例（文章）を暗記するのではなく、体系表で記述内容を理解して文章作成の練習を行うことが合格の近道である。
[キーワード体系を用いて文章作成する例]
下線部がキーワード体系（207ページ）に記載したキーワードである。キーワード体系表で理解しておくと文章化は容易である。

【問題】下水汚泥の固形燃料化技術のうち、汚泥炭化技術と汚泥乾燥技術それぞれの概要と燃料化物の特徴について述べよ。[平成29（2017）年度出題]

【解答例】

1. 汚泥炭化技術

1-1. 概要

炭化は熱分解反応であり、低酸素状態又は無酸素状態で加熱することで、分解（乾留）ガスを放出して炭化物を生成する。炭化方式には、直接炭化（脱水→炭化）と乾燥炭化（脱水→乾燥→炭化）がある。炭化温度は炭化物の利用用途により異なり、固形燃料利用では500～700℃である。

1-2. 燃料化物の特徴

炭化汚泥は安定化しており、無臭で、通気性・透水性が良く、長期保存が可能である。減量化程度は、乾燥と焼却の中間程度である。消防法の指定廃棄物で自己発熱性があり、貯留・搬送では発熱防止策が必要。

2. 汚泥乾燥技術

2-1. 概要

乾燥汚泥の発熱量は、石炭の2/3、15,000KJ/(Kg･ds)程度である。乾燥方式には、直接加熱乾燥と間接加熱乾燥がある。前者は熱風、後者は熱媒体からの伝熱で乾燥させる。乾燥汚泥の含水率は、燃料化物の場合は、自燃焼却が可能な70%程度である。

2-2. 燃料化物の特徴

乾燥汚泥は、脱水汚泥から水分除去されたのみで、成分は変わっていない。有機分の酸化分解が進み臭気が発生するため、長期保存は出来ない。消防法の指定可燃物で、自己発熱性があり粉塵爆発の可能性もある。

3. 令和6（2024）年度の出題予想

■ 必須科目

（1）令和5（2023）年度までの出題内容

必須科目は、平成19～24（2007～2012）年度の間も記述式で行われていた。試験制度改定後の出題テーマと合わせて、**表-1**に示す。

表-1　必須科目の出題テーマ

令和5（2023）年	マネジメントサイクル	水害対策
令和4（2022）年	DXの活用	事業活動に伴う環境負荷
令和3（2021）年	上下水道事業の基盤強化	上下水道と国土強靭化
令和2（2020）年	上下水道事業の安定的継続	水循環構築
令和元（2019）年	事業継続・早期復旧	地球温暖化

過去において出題は1題であったが、令和元年度の試験制度の改正では、2題となり、1題を選択して解答する。各テーマに関する設問は、平成19～24（2007~2012）年度においては、課題（影響）と技術的対策、であった。令和元（2019）年度からの試験では、技術士に求められる資質能力（コンピテンシー）に対応して、設問が**表-2**のように具体化された。2題とも同じ設問であり、今後も同じ設問になると考えられる。必須科目に関する配点は40点であり、設問も4問に細分化されている。なお、令和2（2020）年度から設問（3）には「専門技術を踏まえた」と表現が加わった。

表-2　令和5年度の設問

(1)	多面的観点からの上下水道共通の3つの重要課題
(2)	重要課題1つの複数の解決策
(3)	全ての解決策を実行しても新たに生じるリスクと専門技術を踏まえた対策
(4)	技術者としての倫理、社会の持続可能性の観点

（2）令和6（2024）年度以降の出題内容予想

出題テーマを空間的規模で分けて予想すると、**表-3**のとおりである。

表-3　予想問題のテーマ

地球規模	国内規模	事業規模
環境負荷［R4］★	水害［R5］★	維持管理・修繕［R5］★
脱炭素★	国土強靭化［R3］	DX［R4］★
温暖化［R1］［H23］	健全な水循環構築［R2］	事業の基盤強化［R3］★

表-3　つづき

地球規模	国内規模	事業規模
異常気象	人口減少・過疎化［H24］	PPP/PFI 事業★
緩和と適応	水循環［H22］［H20］	経営戦略★
	地震災害［H21］	災害時等の事業継続［R1］
	上下水道の課題解決［H19］	アセットマネジメント
		事業の安定的継続［R2］

注：［　］は過去問出題年、H：平成、R: 令和　　★は解答例掲載

令和５（2023）年度出題を含め解答例を８題、掲載した。

技術士に求められる資質能力を、**表-4**に示したが、必須科目において求められる資質能力は、選択科目の「問題解決能力及び課題遂行能力」と、技術者倫理を除けば同一である。上工水、下水道に限定して記述するのが選択科目であり、必須科目では上下水道共通の課題に関して、「問題解決能力及び課題遂行能力」と同様に記述すれば良いことが分かる。

表-4　技術士に求められる資質能力（コンピテンシー）

必須科目	選択科目		
問題解決能力及び課題遂行能力、応用能力、専門知識	問題解決能力及び課題遂行能力	応用能力	専門知識
600 字×３枚	600 字×３枚	600 字×２枚	600 字×１枚
40 点	30 点	20 点（予想）	10 点（予想）
専門的学識	専門的学識	専門的学識	専門的学識
問題解決	問題解決	問題解決	問題解決
マネジメント	マネジメント	マネジメント	マネジメント
評価	評価	評価	評価
コミュニケーション	コミュニケーション	コミュニケーション	コミュニケーション
リーダーシップ	リーダーシップ	リーダーシップ	リーダーシップ
技術者倫理	技術者倫理	技術者倫理	技術者倫理
継続研さん	継続研さん	継続研さん	継続研さん

注：網掛け部は対象外

■ 選択科目：上水道及び工業用水道

（１）令和５（2023）年度までの出題内容

「問題解決能力及び課題遂行能力」と「応用能力」に関して、令和５（2023）年度までの８年分を、**表-5**に示す。

表-5 「問題解決能力及び課題遂行能力」と「応用能力」の出題

年度	問題解決能力及び課題遂行能力 30点、600字×3枚		応用能力 20点、600字×2枚	
令和5年(2023)年	SDGsの達成	水道事業の基盤強化	河川横断送配水管の複線化	かび臭対策
令和4年(2022)年	経営戦略の改定	コンクリート構造物の点検・修繕	水安全計画策定業務	地震対策計画策定業務
令和3年(2021)年	監視制御システムの整備	広域連携方策	水道施設台帳の整備	急ろにおけるゲリラ豪雨対策
令和2年(2020)年	配水区域の再編	浄水施設の更新や機能強化	リスクマネジメント業務	横流沈殿池からのフロック流出
令和元年(2019)年	安全・快適な水道水供給	水道施設の再構築計画の立案	管路更新計画の策定に向けた管路診断	急速ろ過方式の浄水場のスラッジ脱水効率改善
平成30年(2018)年	新水道ビジョン	浄水場更新計画の策定	民間的経営手法の導入	浄水処理対応困難物質による水質事故の対策
平成29年(2017)年	水循環基本法	水道事業の基盤強化に向けた取組	アセットマネジメントの実践	活性炭処理の導入検討
平成28年(2016)年	安全でおいしい水の供給に向けた取組	水道の地震対策	管路更新計画の策定に向けた管路診断	高濁度原水発生時の浄水場の運転
令和5(2023)年度の設問	(1)多面的観点から3つの重要課題の内容と観点		(1)調査・検討すべき事項と内容	
	(2)重要課題一つに対する複数の解決策		(2)業務を進める手順、留意点、工夫点	
	(3)解決策に新たに生じうるリスクと専門技術を踏まえた考え		(3)関係者との調整方策	

出題傾向としては、「問題解決能力及び課題遂行能力」で計画、「応用能力」で計画と設計に類する設問となっており、相対的には計画に関する領域が多いが、幅広く能力を問われる構成となっている。令和5(2023)年度の設問は2題とも同じ構成であり、過去の傾向を踏まえても今後も同じ形式の設問となることが想定される。なお、令和3年度から「問題解決能力及び課題遂行能力」の設問(1)に、3つの課題という表現が加わった。

「問題解決能力及び課題遂行能力」では直近で発生し災害・事故や顕在化が懸念される課題に対して、法改正や国の方針も踏まえて将来に検討が必要な対策が主な内容である。「応用能力」ではマニュアルやガイドラインが作成されており、国等から対策方法が公表されている内容である。

「専門知識」に関して、令和5年度までの8年分を、**表-6**に示す。殆どの年度において、各4題は、浄水処理・施設・管路に分けられており、相対的には設計に関する領域が多い。令和5年度の4題の設問は、「留意点を述べよ」、「方法を述べよ」、「措置を述べよ」、「利点と留意点について述べよ」であり、今後もこうした設問と同様になると考えられる。解答は、「水道施設設計指針(日本水道協会)」他、水道技術者にとって必要不可欠な基本図書から作成できる。

表-6 「専門知識」の出題

年度	浄水処理・施設	管　路
令和5 (2023) 年	着色原水の浄水処理 急速ろ過池の洗浄方式	スマート水道メーター 配水池の調査清掃方法
令和4 (2022) 年	浄水処理に用いる凝集剤 膜ろ過前処理設備	管路のダウンサイジング 開削工法と非開削工法
令和3 (2021) 年	活性炭処理 クリプトスポリジウムの対応措置	配水管網設計 有収率向上の対策
令和2 (2020) 年	紫外線処理 塩素処理	直結給水 ウォーターハンマ
令和元 (2019) 年	凝集沈殿池 配水池 地下水の水質障害・汚染	管内残留塩素濃度
平成30 (2018) 年	急速ろ過 膜処理	給水管の凍結防止 配水ブロック化
平成29 (2017) 年	鉄・マンガン処理 次亜塩素酸ナトリウムの保管	配水管の管径 キャビテーション
平成28 (2016) 年	沈殿池（傾斜版） 塩素注入	金属管の腐食 直結式給水

(2) 令和6 (20234) 年度以降の出題内容予想

令和5 (2023) 年度の試験形式と基本的には同様と想定され、設問別の枚数も同様と想定される。

「専門知識」の出題は、従来の専門知識を問う問題と内容の大幅な変更はないと予想され、各工程の基本的な技術事項について、今後も繰り返し出題されると考えられる。設計指針、維持管理指針を中心とした基本事項を確実に理解することが求められる。

「応用能力」の出題は、**表-5** に示した設問に対し、業務遂行手順と業務上で留意すべき点が問われる。

対策として、関連する報告書、通知、指針類には目を通してキーワードを整理しておく必要がある。後述するが、平成30 (2018) 年12月公布、令和元 (2019) 年10月施行の水道法の改正に伴い水道事業が抱える課題やそれを踏まえて水道の基盤強化の方針等を含めて厚生労働省が改めて整理している資料が公表されているため、これらも踏まえて整理することが重要である。

「問題解決能力及び課題遂行能力」の出題では、**表-5** に示した設問に対し、令和5 (2023) 年度と同様の設問形式が想定される。

そのため、単なる専門知識だけではなく、問題解決のための課題の抽出を行い、多様な視点からの分析によって問題解決のための手法を提示し、その遂行方策について論理的かつ合理的に説明できる能力を問われることに注意しなければならない。対策として、関連する報告書、通知、指針類はもちろんのこと、水循環基本法や改正水道法、新水道ビジョンなどの関連法律の動向や厚生労働省の公表する方針から、現状の課題や目指すべき方向性について、重要キーワードの整理とともに内容を理解しておくことが不可欠である。とくに、直近の大きな動きとして、水道法の改正に関しては、その背景や改正の概要を整理しておき、改正水道法の関係法令資料にも目を通しておくことをお勧めする。また、厚生労働省ウェブサイト「水道対策」（https://www.mhlw.go.jp/stf/seisakunitsuite/bunya/kenkou_iryou/kenkou/suido/index.html）には水道事業に関する最新トピックスや重要施設が公表されているので、ここからも最新情報を入手することができる。

■ 選択科目：下水道

（1）令和５（2023）年度までの出題

「問題解決能力及び課題遂行能力」と「応用能力」に関して、令和５（2023）年度までの８年分を、表-7に示す。

表-7 「問題解決能力及び課題遂行能力」と「応用能力」の出題

年度	問題解決能力（課題遂行能力） 30点、600字×３枚		応用能力 20点、600字×２枚	
	計画・管路・雨水	処理場・ 下水道事業全般	計画・管路・雨水	処理場・ 下水道事業全般
令和５ （2023）年	処理場の再構築	下水汚泥の肥料利用計画	計画的・効率的な修繕・改築に係る実施計画	下水汚泥の肥料利用計画
令和４ （2022）年	合流式単独公共下水道の分流式流域下水道編入	浄化槽汚泥とし尿のOD処理場投入	流域治水を考慮した浸水対策計画	汚泥消化の導入
令和３ （2021）年	内水ハザードマップ作成	下水道事業の質・効率性向上を図るICT活用	下水道総合地震対策計画立案	段階的高度処理へ移行する更新計画
令和２ （2020）年	気候変動を踏まえた浸水対策	広域化・共同化（施設、維持管理、事務）	下水道BCPの見直し	水処理施設の能力評価を踏まえた改築更新計画
令和元 （2019）年	計画的・効率的管路老朽化対策	既存施設を活用した高度処理導入	雨水管理総合計画策定業務	し尿・浄化槽汚泥の処理場受け入れ
平成30 （2018）年	浸水対策	地域バイオマス受け入れ検討	処理場ネットワークによる再構築計画	下水道温暖化対策
平成29 （2017）年	雨天時浸入水対策	被災処理場の応急復旧	予防保全型維持管理	汚泥の集約処理計画
平成28 （2016）年	管路の計画的維持管理	農集排の処理場への統合計画	浸水被害軽減計画	消化プロセスの導入
令和５ （2023）年度の設問	(1) 多面的観点からの課題の内容と観点		(1) 調査・検討すべき事項とその内容	
	(2) 最重要課題１つの複数の解決策		(2) 業務を進める手順、留意点、工夫点	
	(3) 解決策に共通して新たに生じうるリスクとそれへの対策		(3) 関係者と調整する内容とその方策	

殆どの年度において、各２題は、計画・管路・雨水と処理場・下水道事業全般に分けられており、受験者の専門を配慮した出題になっている。令和５（2023）年度の設

問を記しているが、2題とも同じ設問であり、今後も同じ設問になると考えられる。

「問題解決能力及び課題遂行能力」では設問の、多面的観点、複数の解決策、リスク対策などの言葉から分かるように、解決策が未確立の大きなテーマ、ガイドライン等が発刊されていても必ずしも効果が上がっていないテーマ、制度化までには至っていないテーマ、等である。「応用能力」では設問の、調査・検討事項、業務手順、関係者調整などの言葉から分かるように、マニュアルやガイドラインの内容が普及し、業務実績が多く業務手順などが確定しているテーマである。

「専門知識」に関して、令和5年度（2023）までの8年分を、**表-8**に示す。殆どの年度において、各4題は、計画・管きょ・水処理・汚泥処理に分けられており、受験者の専門を配慮した出題になっている。令和5年度の4題の設問は、「主な検討内容と留意点をそれぞれ述べよ」、「それぞれの概要を述べよ」、「概要を述べるとともに、機構を説明せよ」、「原理を簡潔に述べよ。また、主な留意点について2項目以上述べよ」であり、今後も同様に多様な設問になると考えられる。解答は、『下水道施設計画・設計指針と解説』（日本下水道協会）他、下水道技術者にとって必要不可欠な基本図書から作成できる。

表-8 「専門知識」の出題

年度	計画	管きょ	水処理	汚泥処理
令和5（2023）年	雨水管理方針の3項目	下水道管路施設の腐食防止対策	リン除去を図る嫌気好気活性汚泥法	下水道事業における災害軽減・防止対策計画
令和4（2022）年	3種類の計画汚水量	圧送式輸送システムのリスク	沈殿池の計画因子	汚水処理からの返流水処理
令和3（2021）年	処理場等に係る耐水性と防水化	分流式下水道における雨天時浸入水	標準活性汚泥法のエアレーション方式	下水汚泥の固形燃料化と汚泥消化
令和2（2020）年	浸水対策手法（ハード対策）	管きょの維持管理	オキシデーションディッチ法	焼却設備
令和元（2019）年	排除方式	管きょ更生工法	硝化反応	機械濃縮と重力濃縮
平成30（2018）年	下水道及び類似施設	マンホール蓋の浮上	消毒方式	汚泥の緑農地利用
平成29（2017）年	ストックマネジメントの施設管理方法	硫化水素腐食	最終沈殿池	汚泥炭化と汚泥乾燥
平成28（2016）年	雨水滞水池	推進工法の立坑	ステップ流入多段硝化脱窒法	汚泥脱水機

（2）令和6（2024）年度以降の出題内容予想

「問題解決能力及び課題遂行能力」と「応用能力」に関して、主な情報源3機関からの最近の発刊をまとめると、以下のとおりである。★は令和5（2023）年度出題の参考文献、●は令和4（2022）年度及び令和3（2021）年度の出題の参考文献、★★は要注意な未出題又は本書掲載の予想問題の参考文献である。

＝国土交通省下水道部＝

【未普及地域の解消】

下水道未普及早期解消のための事業推進マニュアル［H30（2018）.3］

【浸水対策】

官民連携した浸水対策の手引き（案）［R3（2021）.11］

下水道管きょ等における水位等観測を推進するための手引き（案）［H29（2017）.7］

雨水管理総合計画策定ガイドライン（案）［R3（2021）.11］●

下水道浸水被害軽減総合計画策定マニュアル（案）［R3（2021）.11］

水位周知下水道制度に係る技術資料（案）［H28（2016）.4］★★

内水浸水想定区域図作成マニュアル（案）［R3（2021）.7］●

水害ハザードマップ作成の手引き［H28（2016）.4］●

ストックを活用した都市浸水対策機能向上のための新たな基本的考え方［H26（2014）.4］

気候変動を踏まえた下水道による都市浸水対策の推進について（提案）［R2.（2020）.6、R3（2021）.4（一部改訂）］●

【事業マネジメント】

下水道事業のストックマネジメント実施に関するガイドライン -2015年版 -［R4（2022）.3改定］★●

維持管理情報等を起点としたマネジメントサイクル確立に向けたガイドライン（管路施設編）-2020年版 -［R2（2020）.3］★★

維持管理情報等を起点としたマネジメントサイクル確立に向けたガイドライン（処理場・ポンプ場施設編）-2021年版 -［R3（2021）.3］★★

下水道事業における長期収支見通しの推計モデル（通称：Model G）及び下水処理場維持管理コスト分析ツール［H30（2018）.3］

新下水道ビジョン加速戦略（令和4年度改訂版）［R5（2023）.3］★★

人口減少下における維持管理時代の下水道経営のあり方検討会　報告書［R2（2020）.7］★★

【費用効果分析】

下水道事業における費用効果分析マニュアル［R5（2023）.9改定］

【広域化・共同化】

汚水処理の事業運営に係る「広域化･共同化計画」の策定について［H30（2018）.1］

下水度事業における広域化・共同化の事例集［H30（2018）.8］

広域化・共同化計画策定マニュアル（改訂版）［R2（2020）.4］★★

下水汚泥広域利活用マニュアル［H31（2019）.3］★★

【PPP/PFI】

下水道事業における PPP/PFI 手法選択のためのガイドライン（案）［H29（2017）.1］

下水道管路施設の管理業務における包括的民間委託導入ガイドライン［R2（2020）.3］★★

下水道事業における公共施設等運営事業等の実施に関するガイドライン［R4（2022）.3］★★

【ICT・DX】

下水道における ICT 活用に関する検討会報告書［H26（2014）.1］●

BIM / CIM 活用ガイドライン（案）下水道編［R3（2021）.3］★★

【雨天時浸入水対策】

雨天時浸入水対策ガイドライン（案）［R2（2020）.1］●★

【水環境管理】

既存施設を活用した段階的高度処理の普及ガイドライン（案）［H27（2015）.7］●

流域別下水道整備総合計画調査　指針と解説［H27（2015）.1］

【省エネルギー対策】

水質とエネルギーの最適管理のためのガイドライン～下水処理場における二軸管理～［H30（2018）.3］

下水処理場のエネルギー最適化に向けた省エネ技術導入マニュアル（案）［R1（2019）.6］

栄養塩類の能動的運転管理の効果的な実施に向けたガイドライン（案）［R5（2023）.3］★★

【合流式下水道の改善】

今後の合流式下水道の施策のあり方について［R5（2023）.6］

【地震対策】

下水道 BCP 策定マニュアル改訂版　自然災害編　［R5（2023）.4］★

下水道 BCP 策定マニュアル 2019 年版（地震・津波、水害編）［R2（2020）.4］●

マンホール、トイレ整備・運用のためのガイドライン［R3.（2021）.3］●

【資源・エネルギー循環の形成】

下水道における地球温暖化対策マニュアル［H28（2016）.4］［環境省ウェブサイト）

下水処理場における地域バイオマス利活用マニュアル［H29（2017）.3］

下水汚泥エネルギー化技術ガイドライン－改訂版－［H30（2018）.1］●

下水道資源の農業利用促進にむけた BISTRO 下水道　事例集［H30（2018）.4］★

下水汚泥広域利活用マニュアル［H31（2019）.3］★★

脱炭素社会への貢献のあり方検討小委員会報告書［R4（2022）.3～］★★

下水熱利用マニュアル（案）［R3（2021）.4］

＝国土技術政策研究所＝

令和５年度採択技術（下水道革新的技術実証事業）

・縦型密閉発酵槽による下水汚泥の肥料化技術に関する実証事業

・汚泥の高付加価値化と低炭素社会に貢献する超高温炭化技術に関する実証事業

令和４年度採択技術（下水道革新的技術実証事業）

・高効率最初沈殿池による下水エネルギー回収技術に関する実証事業

・省エネ型深槽曝気技術に関する実証事業

令和３年度採択技術（下水道革新的技術実証事業）

・ICT の活用による下水道施設広域監視制御システム実証事業

・AI を活用した下水処理運転操作の先進的支援技術に関する実証事業

・AI を用いた分流式下水の雨天時浸入水対策支援技術に関する実証事業

・分流式下水道の雨天時浸入水量予測及び雨天時運転支援技術に関する実証事業

＝下水道新技術推進機構＝

・災害停電時マンホールポンプ起動支援システムに関する技術資料［R4（2022）年］

・下水道事業の広域化・共同化における ICT/IoT 活用に関する技術資料（処理場・ポンプ場編）［R4（2022）年］

・グリーンインフラ活用による下水道事業の推進に関する技術資料［R4（2022）年］

・下水処理場の省エネ診断に関する技術マニュアル［R4（2022）年］

・分流式下水道の細ブロックにおける雨天時浸入水調査技術に関する技術資料［R4（2022）年］

・下水道施設の耐水化計画および対策立案に関する手引き［R2（2020）年］

・改築・更新における省エネ機器の適切な導入のための計画・設計に関する技術資料［R2（2020）年］

・下水処理場のエネルギー自立化ケーススタディに関する技術資料［R2（2020）年］

・効率的なストックマネジメント実施に向けた下水道用マンホール蓋の設置基準等に関する技術マニュアル［R1（2019）年］

・雨水管理支援ツール（水位予測とアラート配信）に関する技術資料［R1（2019）年］

・プレキャスト式雨水地下貯留施設（壁式多連型）技術マニュアル〔改訂版〕［R1（2019）年］

・脱水汚泥の改質による省エネルギー資源化技術に関する技術資料［R1（2019）年］

・下水処理場における消費電力量の可視化に関する技術資料［R1（2019）年］

・下水処理場におけるエネルギー自立化のための技術資料［R1（2019）年］

本書では、**表-9**に示す 12 題の過年度問題（4 題）及び予想問題（8 題）の解答例を掲載している。論文としての解答例以外に、過年度版に論文として掲載していた解答例の多くを体系表にして掲載している。体系表からの論文化は容易に可能であり、利用して頂きたい。

表-9　本書に掲載した解答例「問題解決能力及び課題遂行能力」と「応用能力」

	問題解決能力及び課題遂行能力 30点、600字×3枚		応用能力 20点、600字×2枚	
	計画・管路・雨水	処理場・ 下水道事業全般	計画・管路・雨水	処理場・ 下水道事業全般
令和5 (2023) 年	処理場の再構築	下水汚泥の肥料利用計画	計画的・効率的な修繕・改築に係る実施計画	下水道事業における災害軽減・防止対策計画
予想	経営戦略の改定	グリーンイノベーション下水道	雨水出水浸水想定区域図	処理場統合（農集排の公共下水道への統合）
予想	雨水対策（流域治水）	新下水道ビジョン加速戦略	雨天時浸入水	栄養塩類の能動的運転管理

「専門知識」に関しては、過去問を参考に自分の専門とする分野で解答例を準備することが効率的である。その上で、『下水道施設計画・設計指針と解説』（日本下水道協会）が改定・発刊されたことから、改訂版で内容が拡充・変更されている、もしくは掲載場所が変更になっている事項・技術については要注意である。以下に例を列記する。

前編　第2章　第3節　施設整備方針（処理区再編、集約化、連携等）
　　　第3章　雨水管理計画（大幅に内容拡充）
後編　第6章　§6.2.4　既存汚水処理施設における処理能力の評価と見直し（新規）
　　　　　　V　膜分離活性汚泥法（参考から本編に変更）
　　　　　　参考　雨天時活性汚泥処理法（新規）
　　　　　　参考　既存汚水処理施設の処理能力評価手法（新規）
　　　第7章　第11節　汚泥エネルギーの利活用（関連技術の集約）

本書では、表-10に示す8題を掲載している。体系表は過年度出題の解答例を反映している。論文化して利用して頂きたい。

表-10　本書に掲載した解答例「専門知識」

	計画	管きょ	水処理	汚泥処理
令和5（2023） 年度出題	雨水管理方針の 3項目	下水道管路施設の 腐食防止対策	りん除去を図る 嫌気好気活性汚泥法	機械脱水方式
予想問題	減災計画 ［H27（2015）］	下水道クイックプロジェクト［新規作成］	りん回収技術 ［新規作成］	下水汚泥の緑農地利用［H30（2018）］

注：［　］は出題年

4. 実務経験証明書

実務経験証明書は、令和元（2019）年度の試験制度の改正に併せて、それまでの業務経歴票に替わる書類として導入された。業務経歴票には使用目的が2つあり、それを意識して記入する必要がある。

1番目は「受験資格の確認」であり、2番目は「口頭試験」である。まず、在学期間と従事期間の合計が受験に必要な7年間を満たしているかどうかがチェックされる。在学期間の欄に記入できるのは大学院における研究経歴である。従事期間は記入した5つの業務で重複してはならないし、各々年次順に記入する必要がある。5欄で7年分の業務経歴を記入するため、業務内容を「○○の基本設計及び詳細設計」、「○○地域及び○○地域における基本計画」などと表現して、2年間の従事期間とすることも可能である。従事期間の欄に記入すべき業務は、口頭試験の際に質問されても回答できる業務である必要があり、当該業務の成果品等が手元にあることが望ましい。更に、技術士に相応しい業務であることが必要である。技術士の定義である「科学技術に関する高等の専門的応用能力を必要とする事項についての、計画、研究、設計、分析、試験、評価、指導の業務を行う者」に該当する業務である。業務内容の記述に際しても、定義に示されている7種類の用語を用いることが必要であり、施工監理ではなく施工計画とする等が望ましい。試験官が内容をイメージしやすい表現を用いることが有効であり、「処理場の更新計画」よりは「首都圏合流式処理場の更新計画」の方が望ましい。なお、都市名等の固有名詞を使う必要はない。

勤務先は、（部課まで）と記入されているとおり、所在地と一体のものであり、必ずしも所属先ではない。派遣社員の場合、派遣先所属長の証明が得られれば、地位の欄に「派遣」と明記して、派遣元ではなく派遣先を記入することも可能である。所在地は、勤務先の住所であり業務内容に記述する現場の住所ではない。業務内容は、受験する選択科目、専門とする事項に合致していることが必要であり、上下水道部門（下水道）の受験者が、水道に関する業務経験も含めて記載して口頭試験で不合格になった例もある。

業務内容の詳細の記入に際しては、①業務の概要、②自分の立場と役割、③業務上の課題、④技術的提案と成果、⑤現時点での評価と今後の課題、などを記述する。口頭試験の際に最も詳しく質問されるのがこの部分である。何を質問されても答えられるように準備しておく必要がある。成果品を読み直すと共に、該当業務の前工程に相当する内容に関しても把握しておく必要がある。例えば、該当業務が詳細設計であっても基本設計や基本計画の内容や結論についても把握しておくことが望ましい。

氏　名	××　××

※ 整理番号	

実務経験証明書

大学院における研究経歴／勤務先における業務経歴

	大学院名	課程（専攻まで）		研究内容	①在学期間 年・月〜年・月	年月数	
	△△△大学大学院	□□研究科修士課程 ××××専攻		○○○○○○の研究	平成＊＊年＊＊月 〜平成＊＊年＊＊月	XX	XX
詳細	勤務先 (部課まで)	所在地 (市区町村まで)	地位・ 職名	業務内容	②従事期間 年・月〜年・月	年月数	
	○○○○（株） ××事業部△△課	東京都 港区	課長	△△△△△△に関する調査、計画、設計	平成＊＊年＊＊月 〜平成＊＊年＊＊月	XX	XX
○	○○○○（株） ××事業部	東京都 港区	次長	△△△△△△に関する調査、計画、設計	平成＊＊年＊＊月 〜平成＊＊年＊＊月	XX	XX
	○○○○（株） ××事業部	東京都 港区	部長	△△△△△△に関する基本設計、管理	平成＊＊年＊＊月 〜平成＊＊年＊＊月	XX	XX
※業務経歴の中から、下記「業務内容の詳細」に記入するもの１つを選び、「詳細」欄に○を付して下さい。					合計（①+②）	XX	XX

上記のとおり相違ないことを証明する。　　平成＊＊年　＊＊月　＊＊日

事務所名　○○○○株式会社

証明者役職　代表取締役社長

証明者氏名　○○　○○　　印

業務内容の詳細

当該業務での立場、役割、成果等
※ 上記業務経歴の詳細欄に○を付したものについて、 業務内容の詳細（当該業務での立場、役割、成果等）を記入。

形式

① 原則ワープロで作成するものとするが、手書きで作成しても良い。

② 書式は、720 字以内（図表は不可）とし、ワープロで作成する場合、48 文字×15 行、文字の大きさは、原則 10.5 ポイントとする。

5. 口頭試験

試験制度の改正により、令和元年度からの口頭試験では、「コミュニケーション・リーダーシップ」、「評価、マネジメント」で各30点、計60点、「技術者倫理」、「継続研さん」で各20点、計40点、合計100点とされた。以下のような質問が行われる。

① コミュニケーション・リーダーシップ

・客先とコミュニケーションをとった事例、注意している点は？
・上司とコミュニケーションをとった事例、注意している点は？
・チームメンバーとコミュニケーションをとる際に注意している点は？
・チーム内でリーダーシップをとった事例、注意している点は？
・チーム内で相反する意見が出た時の対応方法はどうするか？

② 評価・マネジメント

・あなたのチーム内での役割は？
・安全管理のマネジメントはどうしているか？
・品質、工期、予算等のマネジメントはどうしているか？
・業務全体のマネジメントはどうしているか？
・安全・品質・工期・予算などでトレードオフが発生した場合の解決例は？
・マネジメント面での失敗例はあるか、今ならどうすればよかったか？
・客先の意見とあなたの意見が異なった場合の解決例は？

③ 技術者倫理

・技術者倫理で気をつけていることは何か？
・公益確保の責務を行った事例はあるか？
・守秘義務を行った事例はあるか？
・どのように公益をもたらせているか、事例を述べよ。
・リスクや費用でどちらをとるか、事例で述べよ。

④ 継続研さん

・自己研さんとしてどのようなことをしているか？
・自己研さんの時間はどのようにして確保しているか？
・自己研さんの場に臨んでどのようなことを学んだか？
・業務上の失敗例をあげて、今後の自己研さんについて述べよ。
・今後どのような継続研さんを行っていく予定か？
・技術士資格を取得したら今後どうしていきたいか？

なお、本人が実際に業務経歴表に記載した業務内容を熟知していることを前提に、上記①～④の側面からの質問もあり得る。例えば、「○市の管きょ工事では、○工法の実績が多いはずだが、あなたが提案した○工法に関して、どのようにして客先とコミュニケーションして合意形成したのか」等である。

第二次試験（必須科目）
記述式試験の対策
1. 上下水道全般

キーワード体系表

- □ 地球規模
- □ 国内規模
- □ 事業規模

出題問題及び予想問題

上下水道事業におけるカーボンニュートラル（予想問題）

（1）上下水道に共通する複数の課題

- 生産の4M ⇔ カーボンニュートラル（CN）への取り組み遅れ
- 課題①【観点】Man【内容】人材の不足――CN職員確保が困難
- 課題②【観点】Machine【内容】設備の老朽化――低エネルギー効率
- 課題③【観点】Material【内容】原材料の悪化――水質悪化（上水）、水量急増（下水）
- 課題④【観点】Method【内容】仕組み改善の遅れ――水需要・処理量の減少

（2）最重要課題１つの複数の解決策 ――【最重要課題】方法（仕組み）改善の遅れ

- 【理由】原材料の悪化、人材の不足（外部条件）、設備の老朽化（下位条件）
- 解決策① 再エネによるエネルギー自給――創エネの点からカーボンニュートラル
  - 処理場――下水汚泥バイオマス発電（消化ガスも）――安定供給電力地産地消
  - 処理場・浄水場――太陽光発電――場内スペース――土砂災害、景観障害の発生なし
  - 上下水道一体の会計制度――バイオマス発電――処理場――ベースロード電源
    - 太陽光発電――立地条件から浄水場が有利――弾力的に拡張
- 解決策② 施設の統廃合・ネットワーク化――省エネの点からカーボンニュートラル
  - 使用電力原単位――0.5kwh/m³ 前後――上水道、下水道共
  - 使用電力構成
    - 下水道
      - 処理場（T）9割、中継ポンプ場（P）1割
      - 処理場のスケールメリット効果（使用電力原単位）
        - 10万m³/日（3割低）＜1万m³/日
        - 中継P場増（1割増）でも統合有利
    - 上水道
      - ポンプ9割、その他1割――近距離、小規模限定で統合
      - ポンプ電力内訳――送水＞配水・取水導水＞浄水
- 解決策③ 広域連携と二軸管理――省エネの点からカーボンニュートラル
  - 広域化・共同化――近隣の自治体間で広域連携
    - 施設、事務
    - 維持管理　CAPD
      - 処理場運転管理
        - 二軸グラフ（C）――処理成績と使用電力量
        - 各処理場の現状評価（A）――ベンチマーク
        - 創意工夫を共有（P）→ 改善実施（D）

（3）解決策に共通して新たに生じうるリスクと対策

- 【リスク】関係者間での合意形成の不調
  - 解決策① 発電施設の計画・建設段階
    - 県と流域関連市町村（下水道）
    - 建設部門と管理部門
    - 上下水道管理者と発電施設管理者
  - 解決策② 統廃合の計画段階
    - 統合先施設管理者と廃止施設管理者
    - 廃止施設管理者と同施設利用区域住民
- 【対策】科学的根拠を算出――情報開示――説明責任――合意形成の促進
  - （科学的根拠）LCC、LCCO₂ 等
  - （情報開示）関係者、市民（議会）

（4）業務遂行の必要要件

- 技術者倫理
  - 公正かつ誠実な履行――情報開示、説明責任
  - 公益確保――省エネの取り組み
  - 継続研さん――発電技術の習得
- 社会の持続性確保――LCC、$LCCO_2$ に基づく解決策の採用判断

［参考文献］：日本の排出削減目標 外務省、改正地球温暖化対策推進法について 令和3年6月 環境省地球環境局
2050年カーボンニュートラルを巡る国内外の動き 2021年1月27日 環境省
上水道・工業用水道・下水道部門における温室効果ガス排出等の状況 環境省
下水道事業の広域化・共同化について 平成30年2月 国土交通省
水質とエネルギーの最適管理のためのガイドライン～下水処理場における二軸管理～ 平成30年3月 国土交通省

YS

規模	事業規模

事業活動に伴う環境負荷低減（R4　出題問題）

(1) 上下水道分野の環境負荷を低減するための課題

─①カーボンニュートラルに向けたエネルギー利用の効率化（観点）
　└多様な省エネルギー対策の推進（課題）
─②カーボンニュートラルに向けた新たな電力源の創出（観点）
　└再生可能エネルギーの利活用の推進（課題）
─③投入した大量の資源・エネルギーを活用・再生する循環型システムへの転換（観点）
　└省資源対策の推進（課題）

(2) 最も重要と考える課題と複数の具体的な対策

─最も重要と考える課題→「多様な省エネルギー対策の推進」への課題
─①省エネルギー設備の導入による対策
　├水道事業における対策
　│├送水ポンプのインライン化→流入エネルギーの有効利用、既設配水池・受水槽の廃止
　│└ポンプ場における受水圧の利用→加圧エネルギーの削減
　└下水道事業における対策
　　├エネルギー消費量の多い水処理施設等の主ポンプや送風機の運転方法見直し
　　│└主ポンプのインバータ制御、反応タンクのインレットベーンの導入等
　　└下水処理場における二軸管理による運転方式変更→水質とバランスを保った省エネ
─②ZEB（ゼロ・エネルギー・ビル）による対策
　└上下水道事業に係る建築物の新設、改築・更新時の対策
　　└省エネ基準を欧米並みの40%を超える水準に早期引き上げ
　　　└レジリエンス型ZEB（停電時にもエネルギー供給可能）の導入促進
─③流域全体を俯瞰した施設計画の見直しによる対策
　└高度経済成長時代に計画された上下水道施設→施設規模の余裕
　　└水需要に見合った上下水道システムの再構築
　　　└上下水の運用を総合的に検証→適正な施設計画等による施設運営の効率化
　　　　└施設更新時にシステム全体の見直し→省エネ対策の実現

(3) 新たに生じうるリスクとそれへの対策

─①新たに生じうるリスク
　└2050年度カーボンニュートラル実現→現状の対策だけでは十分に達成できないリスク
─②リスクへの対策
　├上下水道事業における高度で先進的な取組に対応する必要性
　├上下水道事業における仮想発電所事業の参画
　└下水道事業における二酸化炭素回収・有効利用・貯留技術（CCUS）等カーボンオフセット導入

(4) 業務遂行において必要な要件

─社会の持続可能性
　├カーボンニュートラルの実現→上下水道事業のみならずあらゆる主体が総力を結集して事業連携
　└広範な水循環を担うインフラの持続可能性→更なる有効な対策を創出する自己研鑽
─倫理面（人材育成）→複雑な社会的課題の解決→DX・GX化に対応したリスキリングによる人材育成

［参考文献］：2050年カーボンニュートラルに伴うグリーン成長戦略（令和3年6月18日　内閣官房外9省）
下水道政策研究委員会　脱炭素社会への貢献のあり方検討小委員会報告書（令和4年3月　国土交通省）
水道事業におけるエネルギー対策（厚生労働省HP）

ST

上下水道全般（必須科目）

地球規模	国内

水害対策（R5 出題問題）

（1）上下水道事業に共通する複数の課題

- 【課題①】―水害に対する脆弱性（モノの観点）―浸水災害、土砂災害による機能停止
- 【課題②】―応急復旧までの困難性（時間の観点）―管路施設の長期に渡る機能停止
- 【課題③】―気象情報の複雑化（情報の観点）―防災気象情報の理解困難

（2）最重要課題 1 つと複数の解決策

- 【最重要課題】水害に対する脆弱性克服
  - 被害発生を抑制する対策
  - 影響の最小化対策
- 【解決策①】水処理施設等の被害発生抑制対策
  - 敷地内への浸水防止
  - 土砂災害警戒区域・危険箇所の定期的調査・補修
  - 防御壁による土砂の流入防止
- 【解決策②】 管路施設の被害発生抑制対策
  - 土砂災害警戒区域の把握
  - がけ崩れ危険地域の把握、点検
  - 安全なルートへの布設変更
- 【解決策③】 影響の最小化対策
  - 自家発電設備の整備
  - BCP に基づく災害時対応や事前対策の実施

（3） 解決策に共通して新たに生じうるリスクと対策

- 【リスク】 気候変動の影響
  - 災害のさらなる激甚化や頻発化
- 【対策】
  - 減災対策
    - BCP の継続的な見直し
    - BCP と地域防災計画との整合性
  - レジリエンス向上
    - 地域との連携
    - 定期的な教育訓練

（4）業務遂行の必要要件

- 【技術者倫理】
  - 公衆の安全を確保できない場合は代替案の提案
- 【社会の持続性確保】
  - 環境・経済・社会へ負の影響があれば低減

［参考文献］：『風水害対策マニュアル策定指針【事前対策・事後対策編】』厚生労働省ウェブサイト、
https://www.mhlw.go.jp/content/10900000/000706029.pdf
『下水道BCP策定マニュアル2022年版（自然災害編）』国土交通省ウェブサイト、
https://www.mlit.go.jp/mizukokudo/sewerage/content/001602896.pdf

模① | **事業規模**

上下水道事業における国土強靭化（R3　出題問題）

(1) 上下水道の強靭化に関する観点とその課題

- ①激甚化する風水害や切迫する大規模地震等の対策（観点）
  - 人命・財産の被害を防止・最小化する防災インフラ等の強化（課題）
  - 公共インフラを維持し、迅速な復旧復興と国民経済・生活を支えるための取組（課題）
- ②予防保全型メンテナンスへ転換する老朽化対策（観点）
  - 早期に対策が必要な施設の修繕に係る優先度の向上
    →予防保全型のインフラメンテナンスへの転換（課題）
- ③効率的な国土強靭化を図るデジタル化・DX の推進（観点）
  - 国土強靭化に関する施策のデジタル化・DX 化を推進（課題）
  - 災害関連情報の予測、収集・集積・伝達の高度化（課題）

(2) 最も重要と考える課題と複数の具体的な対策

- 最も重要と考える課題→「激甚化する風水害や切迫する大規模地震等の対策」への課題
- (a)人命・財産の被害を防止・最小化する対策
  - ①下水道施設の流域治水対策
    - 浸水被害の防止・軽減のための雨水排水施設などの下水道による都市浸水対策
    - 下水処理場・雨水ポンプ場の耐水化→対策を推進するため、
      個別補助制度の拡充による整備の加速化
    - 下水道と河川が連携して、ハード・ソフト対策を推進するため、
      100mm/h 安心プラン登録制度など活用
      - 河川と下水道の連携促進による効果的整備（交付金交付要件の緩和など）
- (b) 公共インフラを維持し、国民を支える対策
  - ①上下水道施設の地震対策
    - 上水道の基幹管路の耐震性強化等を図る→地震による大規模かつ長期的な断水を減少
    - 下水道管路の耐震化や下水処理場等における躯体補強など下水道施設の耐震化
    - 防災拠点等の重要施設に係る下水道施設
      →感染症の蔓延を防ぐために下水の溢水リスクを低減
  - ②上水道施設の対災害対策

2000戸以上の給水を受け持つなど影響の大きい浄水場のうち対策の必要な施設→対災害対策
- 停電対策（自家発電設備の設置等）
- 土砂災害対策（土砂流入防止壁の設置等）
- 浸水災害対策（防止扉の設置等）

(3) 新たに生じるリスクとそれへの対策

- ①新たに生じるリスク
  - 限られた財源と人的資源→計画期間の中で完了させる実現性が懸念され、計画が達成できないリスク
- ②リスクへの対策
  - 国土強靭化に係る施策を更に効率的に実施→生産性の向上によるコスト縮減
    - 建設生産プロセスのデジタル化の推進及び技術開発の促進
  - 連携型のインフラデータプラットフォームの構築→データ利活用の高度化による生産性向上
  - 上下水道 DX の推進→業務の効率化・省力化により得られる人員の余力を高優先度の業務に重点的に配分

(4) 技術者として必要な要件・留意点

- ①倫理面（継続研さん）
  → 新たなマネジメント手法の導入や DX の推進→革新的な資質向上を図る人材育成（留意点）
- ②社会の持続可能性（地球環境の保全）→ 低炭素社会と循環型社会の推進
  →環境負荷の低減や地球規模の温暖化防止に資する対策（留意点）

［参考文献］：防災・減災、国土強靭化のための５か年加速化対策（令和2（2020）年12月11日 閣議決定）
気候変動を踏まえた下水道による都市浸水対策の推進について提言（令和3（2021）年4月一部改訂）
水道における「防災・減災、国土強靭化のための５か年加速化対策」の実施について
（令和2（2020）年12月11日 厚生労働省医薬・生活衛生局水道課長）

ST

上下水道全般（必須科目）

地球規模 | 国内

健全な水循環構築（R2　出題問題）

(1) 多面的な観点から上下水道に共通する課題

- 課題 1：気候変動の影響に伴う少雨・多雨への対応
  - 水量
    - 水道――少雨で渇水による水源水量の不足
    - 下水道――多雨で内水氾濫
  - 水質
    - 水道――河川水高濁度――多雨で浄水処理が困難
    - 下水道――分流式――多雨で処理不足の汚水が河川等に放流
  - 水辺環境――多雨で悪臭の発生や水生生物の死滅等の影響
- 課題 2：都市化の進展への対応
  - 水量――水道――地下水の過剰揚水による地盤沈下や地下水の枯渇が懸念
  - 水質
    - 下水道――雨水の地下浸透量が減少、浸水被害地域の拡大が懸念
    - 下水道――下水道の放流水質や工場排水等―水道水源となる河川水等への影響
  - 水辺環境――悪臭の発生や水生生物の死滅等の影響

(2) 最も重要な課題に対する複数の解決策

- 課題 1 が最も重要――理由――近年、集中豪雨に伴う水害の発生が増加傾向
  対策を実施しない場合は甚大な被害が増加する懸念
- 解決策 1：広域化・共同化
  - 水道――水源・浄水場を 2 系統化し、バックアップ体制の強化
    - 渇水による水源水量の不足への対応
    - 原水の高濁度化による浄水処理機能の停止に対応
  - 下水道――汚水処理施設の統廃合
    - 処理機能の低い処理場を廃止、高い処理場へ集約し水質改善
    - 効果的な量・質対策への投資を重点化
  - 水道・下水道共通――人員集約により内水氾濫発生時等の緊急時対応の強化
- 解決策 2：管路の漏水・雨天時浸入水対策の推進
  - 水道――管路の漏水調査・修繕により有効率を向上
    - 水源水量の不足への対応
  - 下水道
    - 雨天時浸入水の発生源対策によって、浸入水を減少
    - 施設の運転管理の工夫、または施設の機能増強対策
      - 処理不足の汚水放流による水辺環境への影響を低下

(3) 解決策の実行により生じる波及効果と懸念事項への対応策

- 波及効果
  - 解決策 2――管路破断や道路陥没等の緊急時対応の減少――経費削減
  - 解決策 1
    - 施設の利用効率の向上――経費削減
    - 人員集約による効率化――経費削減
    - バックアップ体制の強化――地震や施設事故への対策
- 懸念事項
  - 解決策を実施するための当面のイニシャルコスト増加
    - 広域化・共同化のための連絡管の整備
    - 漏水調査・雨天時浸入水調査の実施費用
  - 議会や需要者、広域化・共同化の対象事業体の理解が得られない可能性
- 対応策
  - 費用対効果分析――社会的被害も鑑みて解決策の費用対効果の高さを説明
  - アセットマネジメント
    - ライフサイクルコストの観点
    - 解決策実施が経営効率化に繋がることを説明

(4) 業務遂行において必要な要件

- 持続可能性の確保及び継続研さんの観点――最新技術・知見を駆使して効率化し解決策を実施
- 公衆の利益の優先及び説明責任の観点
  - 関係者の意見に耳を傾け公平・公正な立場で検討
  - 導き出した解決策について丁寧に説明

［参考文献］：『水循環基本法、水循環基本計画』
『広域化・共同化計画策定マニュアル（案）』国土交通省、令和元（2019）年3月
『水道の耐震化計画等策定指針』厚生労働省、平成27（2015）年6月
『技術士倫理綱領』公益社団法人日本技術士会
『雨天時浸入水対策ガイドライン（案）』国土交通省水管理・国土保全局
下水道部、令和2（2020）年1月

YM

規模②　　事業規模

大規模災害（豪雨）に対する上下水道施設の対策

多面的視点から共通する課題と分析

- ヒト――少子高齢化、熟練職員の減少――非常時対応困難
- モノ――ハード対策の限界、電気設備の水没――停電で機能停止
- カネ――雨水対策施設――規模大、建設期間と費用大、被災後の復旧費用大
- 情報――情報伝達――水位情報、避難指示、避難行動――職員忙殺で遅れ発生
- 安全――避難情報遅れで人命被害、高浸水被害地域の優先整備
- 環境――良好な水環境――グリーンインフラ

最も重要な課題１つに対する複数の解決策

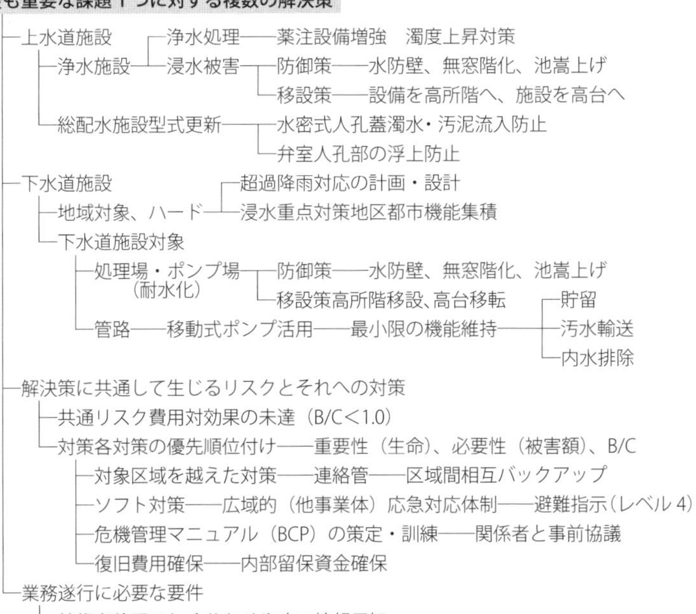

- 業務遂行に必要な要件
  - 技術者倫理正しく分かりやすい情報周知
  - 持続可能な社会
    - 広域的な応急対応体制の確立
    - 危機管理マニュアル（BCP）の策定・訓練

［参考文献］：北野哲司・宮島昌克・平田明寿「2015年関東・東北豪雨災害における常総市の水道施設の被害・応急対応と今後の備え」水道協会雑誌　86（1）2017年1月pp.11～19
二川卓矢「浸水対策の現場　浸水対策をめぐる国の施策の最新動向について」月刊下水道　Vol.40-No9 2017年7月　pp.2～7
「豪雨対策下水道緊急プラン」東京都下水道局
「平成30年7月豪雨を踏まえた都市浸水対策の推進について」国土交通省　都市都市浸水対策に関する検討会　平成30年12月

SK

上下水道全般（必須科目）

地球規模　国内

マネジメントサイクル（R5　出題問題）

(1) 上下水道事業での点検・調査等による維持管理情報等の取得、蓄積、活用にあたり重要な課題
- 課題① 人員（人材）不足（ヒトの観点）
  - 高齢化及び人口減少／新たな人材確保困難―限られた人材―各種情報の取得・蓄積・活用
- 課題②データベースシステム構築遅れ（モノの観点）
  - ＩＣＴ技術を活用―情報の電子化必須
    - 情報の電子化が遅れている／情報の蓄積・分析不十分―事業運営に生かせていない
- 課題③取得・蓄積すべき情報の把握ができていない（情報の観点）―必要情報――時間とともに変化
  - 全情報を取得・蓄積―情報過多―情報整理　時間・人材　多―データベース肥大化・複雑化

(2) 最も重要と考える課題と解決策―課題②データベースシステムの構築が遅れている（モノの観点）
- 【理由】③情報整理、①限られた人材による施設管理の一部が達成
- 解決策① 構築データベースシステムは「スモールスタート」
  - 最初から大規模、高レベルの構築は目指さない
  - 定期的に見直すことを前提
- 解決策② 情報は必要性を確認した上で最小限
  - 情報を絞り込み―全国事例――国が発行した「ガイドライン」を参考
    - 維持管理の現場の意見
- 解決策③ 情報管理の強化を実施
  - 民間活力利用が前提―官民で情報を共有―役割・責任区分の明確化が必要
    - アクセス権限の制限―不正利用の防止策

(3) 解決策に共通して生じうるリスクと対策――取得・蓄積する情報―異常値を排除した正しい情報
- 新たに生じるリスク―取得・構築情報　少――総合判断　難――正確さに欠けた時に気付かない
- 対策―解決策① 可視化による異常値発見―変動グラフ、相関グラフ、他都市事例比較等
  - 解決策② リスク管理
    - システム安全工学手法―リスク把握―リスク解析―リスク評価―リスク対策

(4) 業務遂行において必要な要件・留意点――データベースシステムの構築
- 技術者としての倫理―限られた人員―持続的な事業執行体制（マネジメントシステム）の構築
  - 機能の確保―公衆の安全確保―地球環境保全
- 社会の持続可能性の観点―維持管理情報の活用―持続的な事業遂行の一助
  - 事故発生の防止・既存施設の延命化・日々の維持管理コストの縮減等

［参考文献］：水道施設の点検を含む維持・修繕 の実施に関するガイドライン、R5年3月、pp8-9、厚生労働省医薬・生活衛生局水道課
維持管理情報等を起点としたマネジメントサイクル確立に向けたガイドライン（管路施設編）、2020、維持管理情報等を起点としたマネジメントサイクル確立に向けたガイドライン（処理場・ポンプ場編）2021、国土交通省水管理・国土保全局下水道部 国土交通省国土技術政策総合研究所下水道研究部

YI

規模③ ｜ 事業規模①

上下水道事業におけるDX（R4　出題問題）

(1) DX推進の背景にある上下水道事業に共通する課題
- ①ヒトの課題
  - 人口減少に伴う職員の減少（課題）
  - ベテラン職員の定年に伴う大量退職（課題）――事業運営の根幹を担ってきた人材が急速に不在に
- ②モノの課題
  - 施設の老朽化が進行（課題）
    - 高度成長期以降に整備した施設が更新時期
    - 改築・更新が老朽化資産の増加に間に合っていない
- ③カネの課題
  - 水需要の減少に伴う給水収益が減少（課題）
    - 上下水道事業→固定的な支出が多い→小規模の事業中心に経営に厳しさ

(2) 最も重要と考える課題とDXを活用した複数の解決策
- 上下水道事業の運営は多くの業務で人に依存→最も重要と考える課題→①ヒトの課題
  - →業務の効率化・省力化に加えて付加価値の向上が必要
- ①施設維持管理へのAI導入
  - 浄水場や下水道処理場を対象に、AIを活用した運転操作や薬品注入の自動化システムを導入
    - ベテラン職員の経験等に依存してきた業務の品質維持と省力化
    - 客観的なデータに基づく原因特定と判断の見える化
    - 常時監視業務を行っていた職員を他業務へ配置
- ②共通プラットフォームの導入・活用
  - 設備・機器情報や事務系システムが取り扱うデータを標準形式で一元的に管理・運用
  - 横断的かつ柔軟に利活用できる仕組み
    - 業務の効率化やマネジメントの向上
- ③RPAの導入
  - 料金関連業務等に代表される定型業務や単純業務を対象としてRPAを導入
    - 職員の事務負担の軽減及び効率化
      - 対象業務を担当していた職員の他業務へ配置
      - 付加価値の高い業務に注力

(3) 新たに生じうるリスクとそれへの対策
- ①新たに生じうるリスク
  - DXの導入により、従来以上に膨大なデータの管理・保護が求められる＋働き方の多様化にも対応が必要→セキュリティ上のリスク
    - 当該システムへのアクセスにより、悪意を持った外部の人間に情報が入手
- ②リスクへの対策
  - セキュリティ対策
    - セキュリティモデルの構築――後付けではなく、企画・設計段階からセキュリティを確保
      - 社内IT、クラウド（外部サービス利用）、リモートワーク等、従来にない箇所に守るべき資産があることを認識
    - セキュリティ確保下でのコスト縮減
      - 上下水道プラットフォームの構築等→セキュリティを含めたシステム全体の共同利用促進→ベンダーロックインからの解放によるコストや人的工数の削減

(4) 技術者として業務遂行において必要な要件・留意点
- ①倫理面（真実性の確保）→システムが複雑化することで、ブラックボックス化が進みすぎないよう、説明責任を果たすこと
- ②社会の持続可能性→継続的に導入効果を評価→過大な投資とならないこと、職員の技術継承に取り組むこと

［参考文献］：厚生労働省、令和2年度全国水道関係担当者会議、脱炭素水道システム構築へ向けた調査等一式報告書（令和2年6月）
国土交通省、インフラ分野のデジタル・トランスフォーメーション
日本下水道協会、報告書：下水道共通プラットフォーム構築の方向性について（令和4年3月）

YW

上下水道事業の基盤強化（R3 出題問題）

(1) 上下水道事業に共通する複数の課題

- 【課題①】施設施設の基盤強化――老朽化、災害対策――経営環境の悪化から困難
- 【課題②】人的資源の基盤強化――多方面での人的資源――職員数の減少、高齢化
- 【課題③】財政面の基盤強化――財政的基盤の構築――水需要、料金収入の減少

(2) 最重要課題１つと複数の解決策

- 【最重要課題】人的資源の基盤強化
  理由：施設の基盤強化、財政面の基盤強化とも密接に関係
- 【解決策①】広域化
  - 経営面――スケールメリット
  - 災害対応能力――増強
  - 中小の事業者
    - 中核事業者からの技術的援助
    - 中核事業者からの人材支援
- 【解決策②】官民連携
  - 民間の力を活用
    - 適切な維持管理
    - 計画的な更新
    - サービス水準の維持・向上
  - 様々な連携手法
    - 包括的民間委託
    - DB、DBO
    - PFI
    - コンセッション

(3) 解決策に共通して新たに生じうるリスクと対策

- 【リスク】時間的リスク（実施までに時間がかかる）
  - 広域化の課題――事業者間の格差――事業者間での合意形成が困難
  - 官民連携の課題
    - サービスの安定性・持続性のリスク
    - サービス・財務内容の不透明性
    - チェック能力の喪失
    - （以上）――住民の賛同が得られない
- 【対策】
  - 広域化の課題への対策
    - アセットマネジメント
    - 将来の収支見通し
    - 長期的な観点での比較検討
    - （将来の収支見通し・長期的な観点での比較検討）――事業者間の合意形成
  - 官民連携の課題への対策情報公開制度、モニタリング制度――住民の合意形成

(4) 業務遂行の必要要件

- 【技術者倫理】
  - 正確な情報の伝達
  - 公益確保
- 【社会の持続性確保】
  - 最新技術の習得と拡充
  - 地球環境の保全等

［参考文献］：『水道の基盤を強化するための基本的な方針』厚生労働省ウェブサイト、
https://www.mhlw.go.jp/content/000552618.pdf、
『人口減少下における維持管理時代の下水道経営のあり方検討会』国土交通省ウェブサイト、
https://www.mlit.go.jp/mizukokudo/sewerage/mizukokudo_sewerage_tk_000646.html TA

規模　**事業規模②**

上下水道事業の安定・継続（R2　出題問題）

- **上下水道事業に共通する多面的観点からの課題**
  - 課題1：持続可能な企業経営（財源・人材の不足）
    - 財源不足――料金収入の減少――経費回収率の低下
    - 人材不足――上下水道職員の不足――技術力の低下
  - 課題2：施設能力の非効率（水需要・処理量の減少）
    - 人口減少――水需要・処理量の減少 ┐
    - 現状施設規模 ┘――アンバランス――施設能力の非効率（過剰）
  - 課題3：施設老朽化への対応（施設老朽化の進展）
    - 高度経済成長期築造施設の老朽化率上昇――経年化した施設割合の上昇
    - 維持管理・修繕費用の増加
    - 道路陥没事故の多発
    - 施設更新費用集中化
- **最も重要と考える課題と解決策**
  - 最重要課題・課題3：施設老朽化への対応（施設老朽化の進展）
  - 理由
    - 人口減少下における長期的な水需要の減少――非常に厳しい経営環境
    - 耐用年数を迎える大量施設――大規模更新時期の到来
      - 地震等大規模災害の発生――上下水道の機能喪失被害拡大――社会へ与える影響が甚大
  - 解決策
    - 解決策1：維持管理情報の活用
      - 維持管理情報を含む施設情報の台帳管理――一元的な管理の推進
        - 点検・調査履歴等の維持管理情報の集積・分析により活用
        - 維持管理情報を計画・設計、修繕・改築に活かす
          - 維持管理を起点としたマネジメントサイクルの確立
    - 解決策2：アセットマネジメントシステムの構築
      - 組織の実情・目的に応じたアセットマネジメントシステムの構築
        - デジタル化に対応した台帳電子化――共通プラットフォームの確立
        - リスクを顕在化させないように年次調整した保全コストの平準化
          - RCMやリスク評価に基づく保全計画によるコストシミュレーション
    - 解決策3：広域化やPPPの導入による改築更新計画
      - 老朽化施設を更新――料金の値上げを最小限――改築更新計画の再構築
        - 複数の市町村の広域化による経営の効率化の検討
        - 民間企業に経営権を売却する仕組みの導入を含めた官民連携手法の活用
- **解決策に共通して新たに生じうるリスクと対策**
  - 新たなリスク：行政側のマネジメント能力の不足
    - 維持管理や改築更新に係る計画――効率的・効果的に実施する仕組み
    - 広域化や官民連携等の高度な取組
    - 財源や人的資源の制約
      - 取り組みを促進するための職員の能力開発の遅延
        - 民間企業との連携等――行政側に求められるマネジメント能力の不足
  - リスク対策：ICT・AI等の情報技術の導入・活用
    - 各部門（計画、設計、修繕・改築、維持管理など）で発生するデータの一元管理
    - 上下水道複数施設の集中管理、遠隔制御等の情報を共有する仕組み
    - ICT・AIの導入による職員の省力化を図るシステム構築
      - 業務の全容を把握するマネジメント能力の向上
- **業務遂行において必要な要件**
  - 技術者倫理（公衆の利益の優先）：持続可能な企業経営
    - 多様な災害に対してオールハザードアプローチ
      - 社会インフラの根幹である下水道の機能保全
        - 市民の安全・安心の確保を第一
  - 社会の持続可能性（地球環境の保全）：地球環境の水循環システムを担う重要な事業
    - 地球温暖化の深刻化―水循環系を阻害する環境負荷リスク低減―俯瞰的な視点で継続研さん　ST

上下水道全般（必須科目）

地球規模	国内

災害や事故発生時における事業継続（R1　出題問題）

上下水道事業に共通する課題の抽出と分析

- 老朽施設の更新と財源の不足
  - 施設の老朽化
    - 施設の老朽化
    - 日常リスクの増大
    - 大規模災害リスクの甚大化
  - 財源の不足
    - 水需要減少に伴う収益の減少
    - 施設の一斉更新不可
- 自然災害対策
  - 耐震化対策――東海地震や首都直下型地震への対応
  - 浸水対策、土砂流入対策――地球温暖化に伴う集中豪雨の頻発への対応
- 応急対策の強化
  - 応急対策――非常時の人員体制整備
  - 優先実施業務の抽出と対応の目標時間設定
  - 近隣事業体との相互応援体制の構築
  - 病院や避難所における応急給水設備やマンホールトイレ等の整備
  - （以上）――総合的に整理した計画が必要

最も重要と考える課題と解決策

- 課題：老朽施設の更新と財源の不足
- 理由
  - 老朽施設の更新時に耐震化等自然災害対策も同時に推進可能
  - 老朽施設の更新、自然災害対策の推進により災害時に応急対策で対応する範囲を極小化可能
  - 更新のための財源を確保することで将来の持続性を担保することが可能
- 解決策―アセットマネジメントの実施
  - 資産台帳や点検・診断結果等を整理
    - 施設の重要度・老朽度・耐震性等を考慮した更新需要を算出
  - 財政収支見通しを試算しその妥当性を確認
  - 30 ～ 40 年間程度の中長期的な視点
  - （以上）――技術的・財政的に裏付けを持った更新計画を作成
  - 施設の統廃合及びダウンサイジング
    - 地域別の水需要予測を実施
      - 将来の水需給の不均衡を考慮した施設の統廃合及びダウンサイジングを実施
        - 更新事業費の抑制
    - 近隣事業体との広域化も検討
  - 官民連携手法の導入
    - 民間企業の経営・技術ノウハウ、人材を活用し、民間の競争力によるインセンティブを向上
      - 効率的な更新事業を実施
    - モニタリング体制構築の必要性
      - 官側での技術継承に留意

業務遂行において必要な要件

- 持続可能性の確保
- 継続研鑽
  - （以上）――最新の技術や知見を駆使して効率化を図ったうえで老朽施設を適切に更新
- 公衆の利益の優先
- 説明責任
  - （以上）――関係者の意見に耳を傾け、公平・公正な立場で課題を検討し、導き出した対策について説明

新たに生じるリスクと対策

- 新たに生じるリスク
  - 人口減少下では構造的財源不足に陥る可能性
- リスクへの対策
  - 上下水道料金の適正化
    - 説明責任
      - 上下水道事業の経営状況、施設状況、更新事業を実施しない場合のリスクなど
      - 図表や業務指標等を活用して分かりやすく
    - 現役世代と将来世代の負担について公平性を確保できるよう配慮

YM

規模　　事業規模③

PPP/PFI 推進アクションプラン（予想問題）

（1）上下水道分野が PPP/PFI アクションプランを推進するための 3 課題

- ①PPP/PFI 利用対象拡大への対応（課題）
  - 民間ノウハウの活用（観点）―幅広い公共サービスの活用に民間ノウハウが欠如
- ②PPP/PFI 手法の進化・多様化への対応（課題）
  - 地域課題の解決（観点）―地域全体の官民連携の取組が不十分
- ③PPP/PFI 導入に係る合意形成への対応（課題）
  - 情報共有（観点）―PPP/PFI 手法の有効性・必要性等の情報共有が不十分

（2）最も重要と考える課題と複数の解決策

- 最も重要と考える課題―「PPP/PFI 手法の進化・多様化への対応」
- ①ローカル PFI の推進による対策
  - PFI 事業等の地域経済社会に対する多様な効果を発現
    - 財政負担軽減、地域企業の参画、地域資源の活用、地域人材の育成
      - 効果発現の理解促進
        - ローカル PFI 推進のための環境整備
          - 案件形成、事業者選定、契約履行等
- ②広域化・集約化に向けた取組の高度化による対策
  - 民間の経営手法・創意工夫を活かす事業規模の確保
    - 先進的な事例等の収集・研究
      - 広域化、バンドリング、集約化・多機能化等を促進
  - コンセッションへ段階的に移行するための官民連携方式の推進
    - 公共施設等整備運営事業と併せた「ウォーター PPP」による導入拡大
      - 上下水道一体型までを視野に入れた整備促進
- ③PPP/PFI の取組に係る情報基盤の充実による対策
  - デジタル化の進展―PPP/PFI 事業の基礎データベースを広く周知
    - 取組事例、多様な効果等の情報の一元化―情報の共有、見える化の強化

（3）新たに生じうるリスクとそれへの対策

- ①新たに生じうるリスク
  - PPP/PFI 推進アクションプランの加速―推進の地域間格差の拡大
- ②リスクへの対策
  - 上下水道一体型の整備を視野に入れたより高度なマネジメントの必要性
    - 地域間格差が生じないような人材育成・確保に係る体制作り
      - PPP/PFI 地域プラットフォームの利活用
        - 官民連携による人材・高度技術・情報を補完できるシステムの構築

（4）業務遂行において必要な要件、留意点

- 上下水道事業の持続可能性
  - PPP/PFI―地域課題の解決・官民のパートナーシップ形成（要件）
- 倫理面（継続研鑽）―リスキリングなどによる継続的な能力開発（要件）
  - 脱炭素化、デジタル技術の社会実装―新たな政策課題に留意（留意点）

［参考文献］：・PPP/PFI 推進アクションプラン（令和 5 年改訂版）　令和 5 年 6 月内閣府民間資金等活用事業推進室
・ウォーター PPP の概要について　令和 5 年 6 月内閣府民間資金等活用事業推進室
・ローカル PFI の推進について　令和 5 年 6 月内閣府民間資金等活用事業推進室

ST

上下水道全般（必須科目）

地球規模	国内

上下水道事業におけるアセットマネジメント（AM）の必要性

AM の視点が無い場合のリスクとしての課題
AM の実践による対応策

課題
- 更新投資の対応困難なピーク発生
- 資金不足・企業債残高の増大
- 老朽化によるライフサイクルコスト（LCC）の増加

最も重要な抽出課題への対応策
- 最重要課題：老朽化によるライフサイクルコスト（LCC）の増加
  - リスクの放置――突発的事故の頻発化 ⇒ 社会的影響が極めて大きい
- 対応策
  - 予防保全的な観点から計画的な更新投資⇒ 上下水道施設全体の LCC の減少
  - 長期的な視点での更新⇒トータルコストが最小となる手段の選択
  - 新技術の開発・導入推進――センサー／ロボット／非破壊検査技術 ⇒維持管理・更新に係るコストの一層の縮減
  - AI 技術を利用したインフラメンテナンス――業務プロセスの改善⇒ 業務を再編を促す全体最適化

解決策に共通して新たに生じるリスクと対応
- 新たなリスク
  - 経営資源の減少 ⇒ アンバランスな経営 ⇐ 増加する施設
    - ヒト：職員の減少
    - モノ：施設の老朽化
    - カネ：予算の財源不足
    - 情報：技術ノウハウの継承不足
- リスク対策
  - 事業実施時のリスクマネジメント適用による限られた経営資源の有効活用
    - ヒト：目標管理体系の整備
    - モノ：長期的な保全費用予測
    - カネ：投資判断基準の整備
    - 情報：蓄積情報のシステム化
    - ――業務プロセスの改善 ⇒ コスト縮減とリスクの低減 ⇒ 人員財源不足を補う
  - アセットマネジメントを目指した制度・組織への転換
    - 保全、投資、財政計画を統合した経営計画
    - 体制整備や仕組みづくり――関係組織の充実

業務遂行において必要な要件
- ヒト、モノ、カネ、情報等の経営資源―有効活用とその最適化
  - カネ：財源不足に伴う料金値上げ
    - 需要者への説明会――リスクコミュニケーション（問題の発見と可視化）
    - 事業の抱える課題――アセットマネジメントの内容と効果
    - 需要者の理解を得る努力――リスクコミュニケーション（利害関係者の行動変容）
  - ヒト：人的資源のレベルアップ
    - 人材活用計画――社内公募制――モチベーションの向上、適性人材の発掘
      - CPD――継続研鑽、技術者倫理の向上

［参考文献］：「水道事業におけるセットマネジメント（資産管理）に関する手引き」構成労働省、平成 21（2009）年 7 月
「アセットマネジメントの基礎解説」国土交通省、平成 29（2017）年 3 月
「社会資本ストックの戦略的維持管理」国土交通省、平成 29（2017）年 3 月

ST

規模　事業規模④

上下水道事業における ICT 活用

1. ICT 活用の課題と導入効果

- 課題（背景）
  - 人口減少――使用水量の減少
  - 人材不足――少子高齢化
  - 施設の老朽化
  - → 事業基盤の強化――業務の効率化
    - 広域連携や官民連携
    - ICT の活用――モバイルデバイス
- 導入効果――住民サービスの向上
  - 人・モノ・カネの経営資源の「見える化」――経営の効率化・レベルアップ、良好な水質
  - 安全で災害に強いインフラ構築――効率的な施設管理、被災状況の早期把握、復旧支援の迅速化
  - イノベーション――持続的かつ質の高い上下水道事業展開、国際展開の推進

2. ICT 活用推進による課題の解決策

- 施設状態把握の高度化・効率化に向けた技術
  - センサー、ロボット、タブレット、クラウド――情報公開（水位周知下水道）、調査困難箇所、広域的な調査・計測　遠隔地で一括管理
- 事業経営の分析・評価に向けた技術
  - ビッグデータ――経営情報、現地調査情報（運転管理や点検業務）
  - 検索・データマイニング――経営分析――アセットマネジメント（最適な修繕時期、更新計画の作成）
- 施設運転の高効率化に向けた技術
  - 遠方監視・遠方操作――処理場、浄水場の統廃合、省人化
  - 管網（流量計＋電動弁）――時間単位での運用、管路異常時の早期発見　リアルタイム監視・操作
  - シミュレーション技術――オペレーションの補助・自動判断
  - インフォメーション技術――運転状況の表示・公開

3. 解決策によって生じるリスクと対策

- 目的と手段の認識
  - 目的――持続的かつ質の高い上下水道事業
  - 手段――ICT 活用――経営への影響に留意
    - スモールスタート――導入当初は必要最小限、順次に機能を拡張
- ICT 化の欠点の改善
  - ブラックボックス化――外部からの把握困難、人間にとっての「見える化」を図る（ex. ペーパーレスでも紙日報）
  - ICT への過度の依存
    - 人的な運転管理の適正化――技術継承や研鑽
    - ICT 故障時の緊急対策――マニュアル整備、手動復旧実地訓練
- セキュリティ対策
  - 外部侵入
  - 通信の途絶
  - 保存データの消失
  - ――ウイルス対策他システム防御／回線多重化、電源確保／バックアップ

4. 技術者倫理と社会の持続可能性の観点から業務遂行に必要な要件

- 有能性の重視――専門外あるいは力量を超える場合は他の専門家の適切な助力を求める
- 説明責任――ブラックボックス化の行き過ぎに留意し、社会や市民の信頼を得るよう業務を遂行する

［参考文献］：『地域経済・インフラ』会合（インフラ）会議資料、2017-2020 年、未来投資会議構造改革徹底推進会合
『情報通信白書』、2021 年、総務省
『下水道における ICT 活用に関する検討会報告書』、2014 年、国土交通省ホームページ

KN

上下水道事業における広域化共同化（予想問題）

（1）上下水道事業に共通する課題

- 内的要因
  - ヒト（人材）――熟練職員退職――技術の空洞化・継承不足
  - モノ（施設）――老朽化の進展――更新・再構
  - カネ（財政）――厳しい財政状況――使用料収入の低迷――人口減少・普及率の頭打ち
  - （以上）――サービス低下
- 外的要因――地震・集中豪雨――自然災害対策

（2）課題に対する解決策

- 解決策①：アセットマネジメントに基づく更新計画の策定（中長期的な視点）
  - 上下水道施設の LCC 全体にわたって管理運営
  - 更新需要や財政収支見通し
  - 実施優先順位の検討や事業費の平準化の検討
- 解決策②：料金値上げの検討
  - 必要な投資を見込んだ財政シミュレーションの実施―料金体系の検討
  - 利用者の使用量の分布の分析
  - （以上）――料金体系の検討
- 解決策③：広域化・共同化の取組検討
  - 経営資源の共有化、効率的活用
  - スケールメリットを生かした事業運営
  - （以上）――コスト縮減や技術の継承を含めた運営基盤の恒久的な維持向上

（3）新たに生じるリスクと対策

- 利害関係者に向けて説明責任を果たす必要――需要者から料金を徴収、国庫補助金を充当する事業
  - 対策①：需要者への説明会
    - 事業の抱える課題
    - 広域化の効果
    - 広域化に伴う工事（事業規模）
    - （以上）――不平不満――使用料金の値上げ／サービス低下――職員減少
    - 不平不満 ↓ 広域化の実現阻害
  - 対策②：協議会の設置――リスクコミュニケーション（合意形成への参加）――自治体間での利害対立解消
    - 水道（事業形態）
      - 用水供給事業
      - 末端給水事業
      - （以上）――広域化手法――管理一体化、経営一体化／施設共同化／事業統合（垂直・水平）／汚水処理施設の統廃合
    - 下水道（事業形態）
      - 公共下水道
      - 流域下水道
      - （以上）――広域化手法――汚泥処理の共同化／維持管理・事務の共同化／最適汚水処理施設の選択
    - その他汚水処理（農業集落・漁業集落排水施設等）

（4）業務遂行において必要な要件

- 要件①：対需要者――基礎自治体別事業格差（技術、経営）の影響調査――汚泥処理の共同化／維持管理・事務の共同化
  - 需要者への影響予測
  - 影響の低減化策検討――協議会の設置
- 需要者の理解を得る努力――リスクコミュニケーション（ステークホルダーの行動変容）の影響調査
  - 積極的情報発信――中長期的視点での効果 PR
    - 効果を定量的に明示――PI（業務指標）を活用
- 要件②：技術者の役割――需要者との信頼構築・説明責任
  - 正しい情報開示、わかりやすい説明、両面的コミュニケーション（対話）

［参考文献］：厚生労働省、水道広域化検討の手引き（2008 年 8月）
厚生労働省、全国水道関係担当者会議資料
国土交通省、下水道事業の広域化・共同化について（2018 年 2月）

YW

規模　　**事業規模⑤**

経営戦略の改定（予想問題）

（1）上下水道事業に共通する複数の課題

- 【課題①】――更新投資・修繕計画の見直し――アセットマネジメントの高度化
- 【課題②】――投資・財政計画期間の長期的視点――中長期(30～50年)の推計
- 【課題③】――収支ギャップの解消――取り組みの再検討

（2）最重要課題１つと複数の解決策

- 【最重要課題】更新投資・修繕計画の見直し
  理由：投資計画を技術面から見直す――収支ギャップ解消へ
- 【解決策①】更新需要の平準化
  - 管路・管渠の更新――優先・先送りの判断
- 【解決策②】更新費用の削減
  - ダウンサイジング・スペックダウン
  - 長寿命化
  - 効率的配置
  - 過剰投資・重複投資の精査
  - 優先順位が低い事業の取りやめ
  - ICTやIoTの活用
  - 広域化の推進
  - 民間資金・ノウハウの活用
- 【解決策③】新技術の導入
  - 省エネ・創エネ
  - DX

（3）解決策に共通して新たに生じうるリスクと対策

- 【リスク】事業体間の地域格差
  - 執行体制のさらなる脆弱化
- 【対策】広域化
  - 執行体制の強化
  - 改築更新費用や維持管理費用の削減
  - 事務負担の軽減
  - 技術継承
  - サービスの向上

（4）業務遂行の必要要件

- 【技術者倫理】
  - 正確な情報の伝達
  - 説明責任
- 【社会の持続性確保】
  - 経営戦略の目標を適切に設定する能力
    (経営戦略の目標＝社会インフラの持続)

［参考文献］：『「経営戦略」の改定推進について』総務省ウェブサイト、https://www.soumu.go.jp/main_content/000789736.pdf
『経営戦略策定・改定マニュアル』総務省ウェブサイト、https://www.soumu.go.jp/main_content/000789735.pdf

TA

設問 1

近年、上下水道事業では、人口減少に伴う収入の減少、深刻化する人材不足及び老朽化の増加等の課題に直面している。そのような中、国において、水道では水道施設の点検を含む維持・修繕の実施に関するガイドラインを改訂し、下水道では新下水道ビジョン加速戦略での重点項目において維持管理情報等を起点としたマネジメントサイクル（点検・調査、修繕・改築に至るサイクル）の確立の重要性を明記するなど、効率的・効果的に計画・設計、修繕・改築を行うための維持管理情報等の重要性が一層増している。

このような状況を踏まえ、下記の問いに答えよ。　［R5 出題問題］

（1）上下水道事業での点検・調査等による維持管理情報等の取得、蓄積、活用に関して、技術者としての立場で多面的な観点（ただし、費用面は除く）から３つの重要な課題を抽出し、それぞれの観点を明記したうえで、その課題の内容を示せ。

（2）前問（1）で抽出した課題のうち最も重要と考える課題をその理由とともに１つ挙げ、その課題に対する複数の解決策を具体的に示せ。

（3）前問（2）で示したすべての解決策を実行しても新たに生じうるリスクとそれへの対策について、専門技術を踏まえた考えを示せ。

（4）上記事項を業務として遂行するに当たり、技術者としての倫理、社会の持続可能性の観点から必要となる要件、留意点を述べよ。

○受験番号、答案使用枚数、選択科目及び専門とする事項の欄は必ず記入すること。

(1) 上下水道事業での点検・調査等による維持管理情報等の取得、蓄積、活用にあたり重要な課題

課題１：人員（人材）不足（ヒトの観点）

　高齢化及び人口減少により、技術力を有するベテラン職員が次々に退職している。一方で、それを補完する新たな人材の確保が困難となっており、上下水道施設管理のための情報取得や蓄積、活用に必要な人材が不足している。従って、人材確保と限られた人材による各種情報の取得・蓄積・活用が課題となる。

課題２：データベースシステムの構築が遅れている（モノの観点）

　施設情報や維持管理情報を効率的に活用するためにはICTを活用したデータベースシステムの構築が不可欠であるが、この構築は中小の市町村を中心に遅れており、取得した情報を事業運営に生かせていない。従って、必要な情報を取得・構築できるデータベースシステムの早期構築をいかに行うかが課題となる。

課題3：取得・蓄積すべき情報の把握ができていない（情報の観点）

新しい設備と改築更新時期が近い古い設備とでは、必要な維持管理情報が異なる等、取得・蓄積すべき情報は時間とともに変化する。しかし多くの市町村では、情報の活用方法を明確にしないまま情報を数多く収集し、情報整理に多くの時間と人材を要している。また情報の増加がデータベースの肥大化・複雑化を招いている。従って、情報の使用目的を明確にした上で、取得・蓄積する情報量を縮減するかが課題となる。

(2) 最も重要な課題及び複数の解決策

「情報整理」や「限られた人材による施設管理」が容易となる等、他の課題も一部解消できる「課題2」を最も重要であると考え、方策を次に示すものとする。

①「データベース構築はスモールスタート」とする。

必要な維持管理情報等は時間とともに変化するため構築するデータベースは、定期的に見直すことを前提に、構築費用や時間が少なく、必要な情報を使いやすく構築した「スモールスタート」とする。

②「情報は必要性を確認した上で最小限」とする。

取得、蓄積する維持管理等の情報は、活用方法を整理した上で、最小限のものとする。具体的には、定期的に見直すことを前提に、国が発行した「ガイドライン」に記載された全国事例や、維持管理現場の意見を参考に、取得・蓄積する情報を絞り込むものとする。

③「情報管理の強化」を実施する。

今後の維持管理は民間活力の活用が前提となり、官民で維持管理情報を共有することになると考えられる。このため、役割・責任区分の明確化を行うと共に、セキュリテイ対策としてアクセス権限の制限や不正利用の防止策を講じることで、情報漏洩を防止する。

(3) 解決策に共通して生じうるリスクと対策

①新たに生じるリスク：取得・蓄積する情報は、センサーの不具合や入力ミス等による異常値を排除した正

しい情報とする必要がある。一方、（2）②に示した情報を最小限とする施策は、データが少ない分、数値の異常を総合的に判断することが難しく、「取得・蓄積した情報が正確さに欠けた時に気付かない」というリスクが生じる可能性がある。

②**対策**：数値データの可視化（グラフ化）によりに異常値を発見する。例えば、稼働時間、中性化深さ等は、同種データの年次変化から判断し、水量や費用は、複数事業体データの散布図を参考にする。先進都市や近隣市町のリスク基準や許容限界との比較も効果的である。その他、システム安全工学手法を用いて、数値の異常に気づかずに運転管理やデータ構築を続けた場合のリスクを把握し、リスク評価を行った上で効果的なリスク対策を実施する「リスク管理」も効果的である。

（4）技術者としての倫理、社会の持続可能性の観点から必要となる要件、留意点

①**技術者としての倫理の観点**：データベースシステムを活用し、限られた人員で上下水道事業を持続的に遂行できるマネジメントシステムを構築することが、上下水道機能と公衆安全の確保・地球環境保全に繋がる。

②**社会の持続可能性の観点**：データベースシステムを活用することで、事故発生の防止・既存施設の延命化・日々の維持管理コストの縮減等が期待でき、持続的に上下水道事業を遂行するための一助となる。　以上

●裏面は使用しないで下さい。　●裏面に記載された解答は無効とします。　（YI・コンサルタント）24字×75行

参考文献：『水道施設の点検を含む維持・修繕 の実施に関するガイドライン R5年3月』厚生労働省医薬・生活衛生局水道課、pp.8-9
『維持管理情報等を起点としたマネジメントサイクル確立に向けたガイドライン（管路施設編）2020』国土交通省水管理・国土保全局下水道部 国土交通省国土技術政策総合研究所下水道研究部、pp.1-6
『維持管理情報等を起点としたマネジメントサイクル確立に向けたガイドライン（処理場・ポンプ場編）2021』国土交通省水管理・国土保全局下水道部 国土交通省国土技術政策総合研究所下水道研究部、pp.1-6

設問 2

東日本大震災では津波により多くの水道施設が被害にあったほか、下水道施設における被害は地震動によるものよりも大きかった。また、平成 30 年 7 月豪雨では多くの水道施設が被害を受け、全国 18 道府県で断水が発生したほか、令和元年東日本台風では下水道施設が浸水しその機能を停止した。

しかし、人々の生活さらには生命の維持のために重要なライフライン施設である上下水道施設は、災害時においてもその機能の確保が求められている。

そのため洪水・内水・津波・高潮等の水害発生時においても上下水道施設の機能を維持又は、万が一機能停止を余儀なくされた場合でも迅速に機能回復を可能とするための、ハード及びソフト面での対策が必要となる。

このような状況を踏まえ、以下の問いに答えよ。［R5 出題問題］

（1） 技術者としての立場で、水害に対し上下水道施設に共通する重要な課題を多面的な観点から３つ抽出し、それぞれの観点を明記したうえで、その課題の内容を示せ。

（2） 前問（1）で抽出した課題のうち最も重要と考える課題を 1 つ挙げ、その課題に対する複数の解決策を示せ。

（3） 前問（2）で示したすべての解決策を実行しても新たに生じうる課題とそれへの対策について、専門技術を踏まえた考えを示せ。

（4） 前問（1）～（3）の業務遂行において必要な要件を、技術者としての倫理、社会の持続可能性の観点から題意に即して述べよ。

○受験番号、答案使用枚数、選択科目及び専門とする事項の欄は必ず記入すること。

（1） 上下水道施設に共通する重要な課題

　上下水道施設が水害によって受ける災害として近年顕著なものに浸水災害、土砂災害がある。このため、浸水想定区域や土砂災害警戒区域等を勘案して被害を想定することになる。これらに対し上下水道施設に共通する重要課題として以下のようなものがある。

（a） 水害に対する脆弱性（モノの観点）

　浸水災害により、水処理施設等が水没し、また、土砂災害により構造物や設備自体が損壊する。一方、管路施設においては土砂災害に伴う道路崩壊等により管路の流失・閉塞などが発生する。このように水害によっても施設の機能が停止してしまう。従って、水害に対する施設の強靭化が課題となる。

(b) 応急復旧までの困難性（時間の観点）

上下水道施設の普及とともに管路施設の総延長も増加してきた。反面、複数箇所で管路施設が被災してしまうと応急復旧までに多くの時間と費用を要することになる。従って、いかに短期間で被災した管路施設を応急復旧させるかが課題となる。

(c) 気象情報の複雑化（情報の観点）

近年、防災気象情報はその予測精度を段階的に向上させている。これらの情報を有効活用できれば水害対策にもつながるが、キキクル（危険度分布）の変更など気象情報自体が複雑化している。従って、いかに複雑化した気象情報を的確に情報分析して、迅速に防災情報として利活用できるかが課題となる。

(2) 最も重要と考える課題と複数の解決策

「水害に対する脆弱性」を最も重要な課題と考える。施設に対する水害対策は、施設自体の被害発生を抑制する対策と、影響の最小化対策に大別される。

① 水処理施設等の被害発生抑制対策

大規模な浸水被害を予防するため、防水壁の設置など、敷地内への浸水防止対策を検討する。また、開口部の浸水高さ以上への設置、防水構造化なども有効である。土砂災害警戒区域・危険箇所にあるものについては、法面の状況等を定期的に調査し、必要に応じて補修を行う。施設等に土砂が流入する恐れがあるものについては防御壁の設置など、流入防止措置を講じる。

② 管路施設の被害発生抑制対策

水害による斜面や道路の崩壊、埋設地盤の浸食などにより、管路の破断や流出などが発生する。そのため、まず、土砂災害警戒区域等から被害の恐れがある区域を把握する。また、がけ崩れ危険地域等の把握や点検等を行い、必要な対策を検討する。特に河川や斜面など水害による被害を受けやすいルートに埋設された管路施設は安全なルートへの変更も検討する。

③ 影響の最小化対策

水処理施設等が水没してもその機能を維持するための対策として自家発電設備の整備がある。水害を受けやすい地域においては自家発電設備などの停電対策を講じる。また、BCPの策定とこれに基づく災害時対応や事前対策の実施も影響最小化の重要施策である。

(3) 新たに生じうる課題とその対策

前述の対策を講じても新たに生じうる課題は気候変動の影響である。気候変動により災害のさらなる激甚化や頻発化が予想されるが、防災対策には多くの費用と年月を要する。そのため、防災対策に加え、減災対策も重要であり、BCPの継続的な見直し、BCPと地域防災計画との整合性などが有効である。さらには、上下水道施設の災害回復力（レジリエンス）も高めていく必要がある。発災後の調査、応急復旧などにあたっては、他の地方公共団体や関連する民間企業のみならず、地域との連携も災害レジリエンス向上の一つとなる。また、定期的な教育訓練等により貴重な災害の記録を次世代に継承することも災害レジリエンスの向上につながる。

(4) 業務遂行における必要な要件

本業務では水害に対し公衆の安全を守ることが最優先である。業務を履行しても公衆の安全を十分に確保できないと判断した場合には技術者倫理の観点から速やかに代替案を提案し、適切に解決することが求められる。また、技術者は地球環境の保全等、持続可能な社会の実現に貢献しなければならない。業務の履行が環境・経済・社会に負の影響を与えると判断した場合には可能な限りそれらを低減することが求められる。

以上

●裏面は使用しないで下さい。　●裏面に記載された解答は無効とします。　（TA・コンサルタント）24字×76行

参考文献：『風水害対策マニュアル策定指針【事前対策・事後対策編】』厚生労働省ウェブサイト、https://www.mhlw.go.jp/content/10900000/000706029.pdf
『下水道BCP策定マニュアル2022年版（自然災害編）』国土交通省ウェブサイト、https://www.mlit.go.jp/mizukokudo/sewerage/content/001602896.pdf

設問 3

近年、デジタル化が進み、国では2021年9月1日にデジタル庁が発足するなど、デジタルトランスフォーメーション（以下「DX」という。）社会の構築として、あらゆる分野で検討が開始されている。

インフラを支える上下水道事業においても、人口減少による料金、使用料収入の減少、技術者の不足や老朽化施設の増加など様々な課題を抱える中で安定的に事業を継続させるため、今後、DXの活用について検討が求められる。

このような状況を踏まえ、下記の問いに答えよ。　［R4出題問題］

（1）上下水道に共通するDXに関する状況を踏まえ、技術者としての立場で多面的な観点から3つの課題を抽出し、それぞれの観点を明記したうえで、その課題の内容を示せ。

（2）前問（1）で抽出した課題のうち最も重要と考える課題を1つ挙げ、その課題に対してDXを活用した複数の具体的な解決策を示せ。

（3）前問（2）の対策を実行しても新たに生じうるリスクとそれへの対策について、専門技術を踏まえた考えを示せ。

（4）上記事項を業務として遂行するに当たり、技術者としての倫理、社会の持続可能性の観点から必要となる要件、留意点を述べよ。

○受験番号、答案使用枚数、選択科目及び専門とする事項の欄は必ず記入すること。

（1）上下水道事業に共通する課題

事業運営を実施する事業体の観点から、経営資源の面で生じている課題を記載する。

①ヒト：人口減少に伴う職員の減少に加え、拡張整備の時代を経験し、事業運営の根幹を担ってきたベテラン職員の定年に伴う大量退職が見込まれる。

②モノ：高度成長期以降に整備した施設が更新時期を迎えるなど、施設の老朽化が進行しており、その対策が急務となっているものの、改築・更新が老朽化資産の増加に間に合っていない。

③カネ：水需要の減少に伴う給水収益が減少しており、固定的な支出が多い上下水道事業においては、特に小規模の事業を中心に、経営は一層厳しさを増す。

（2）最も重要と考える課題と解決策

①課題：浄水場や下水道処理場の施設の運転監視、管路の維持管理、改築・更新等の適正な資産管理、料金関連を含む事務手続き等、上下水道事業の運営は多く

の業務で人に依存している。そのため、持続的な事業運営を行ううえで、(1) ①に記載したヒトの課題が最も重要な課題と考える。

②解決策：①で記載した課題解決に向けては、業務の一層の効率化、省力化に加え、付加価値の向上が必要であり、その具体的な解決策を以下に示す。

②－1：施設維持管理へのAI導入

浄水場や下水道処理場を対象に、AIを活用した運転操作や薬品注入の自動化システムを導入し、従来、ベテラン職員の経験等に依存してきた運転管理業務について品質は維持しながら省力化を行う。導入により、客観的なデータに基づく原因特定と判断の見える化を行い、常時監視業務を行っていた職員を他業務に配置することも可能となる。

②－2：共通プラットフォームの導入・活用

上下水道に係る設備・機器情報や事務系システムが取り扱うデータを標準形式で一元的に管理・運用し、横断的かつ柔軟に利活用できる仕組みの導入及び活用を行うことにより、業務の効率化やマネジメントの向上を図ることが可能となる。

②－3：RPAの導入

料金関連業務等に代表される定型業務や単純業務を対象としてRPAを導入し、職員の事務負担の軽減及び効率化を行う。導入により、対象業務を担当していた職員の他業務への配置や付加価値の高い業務に注力することが可能となる。

(3) 新たに生じうるリスクとそれへの対策

①新たなリスク：DXの導入により、従来以上に膨大なデータの管理・保護が求められる中で、働き方の多様化にも対応できるようにするために、セキュリティ上のリスクが生じる。具体的には、従来、職員が庁内で完結していた作業をAI等が組み込まれた外部システムにインプットすることになるため、当該システムへのアクセスにより、悪意を持った外部の人間に情報が入手されてしまうリスクである。

②リスクへの対策：以下の対策を実施する。

②－1：セキュリティモデルの構築

　情報セキュリティを企画・設計段階から確保する方策を取り入れる。具体的には社内ITのみならず、クラウドなどの外部サービス利用、リモートワーク等、従来にない箇所に守るべき資産が増えていることに鑑み、後付けではないセキュリティモデルを構築する。

②－2：セキュリティ確保下でのコスト縮減

　セキュリティの高度化とそのコストはトレードオフの関係にあるため、例えば上下水道プラットフォームの構築等によりセキュリティを含めたシステム全体の共同利用を促進し、ベンダーロックインからの解放によるコストや人的工数の削減に資する。

(4)　業務遂行において必要な要件と留意点

　DXの導入については、専門家の適切な助力を求めながら実行することが重要である。ただし、DX推進のために既往システムのさらなる機能改修、機能追加により、システムが複雑化することで、ブラックボックス化が進みすぎないよう、説明責任を果たすことに留意し、真実性の確保に努める。

　また、DX導入後にも継続的に導入効果を評価し、過大な投資とならないことや、職員の技術継承に取り組むことで持続可能な事業の実施に努める。　　　以上

●裏面は使用しないで下さい。　●裏面に記載された解答は無効とします。　（YW・コンサルタント）24字×75行

参考文献：厚生労働省、令和2年度全国水道関係担当者会議、脱炭素水道システム構築へ向けた調査等一式報告書
国土交通省、インフラ分野のデジタル・トランスフォーメーション
日本下水道協会、報告書：下水道共通プラットフォーム構築の方向性について

設問 4

上下水道は、生活基盤を支えるインフラとして重要な役割を果たす一方で、その事業活動においては、多くの資源やエネルギーを消費し、温室効果ガスや廃棄物等を大量に排出している。このため、上下水道には、事業活動に伴う環境負荷を低減し、地球温暖化の抑制や持続可能な社会の構築に貢献していくことが求められている。

このような状況を踏まえ、以下の問いに答えよ。　［R4 出題問題］

（1）上下水道分野において事業活動に伴う環境負荷を低減するために、技術者としての立場で多面的な観点から３つの課題を抽出し、それぞれの観点を明記したうえで、課題の内容を示せ。

（2）抽出した課題のうち最も重要と考える課題を１つ挙げ、その課題に対する複数の解決策を示せ。

（3）すべての解決策を実行しても新たに生じうるリスクとそれへの対策について、専門技術を踏まえた考えを示せ。

（4）前問（1）～（3）の業務遂行において必要な要件を、技術者としての倫理、社会の持続可能性の観点から述べよ。

○受験番号、答案使用枚数、選択科目及び専門とする事項の欄は必ず記入すること。

(1)　上下水道分野の環境負荷を低減するための課題

①多様な省エネルギー対策の推進

　上下水道事業は水・資源・エネルギーが集約された大規模施設事業であり、水の輸送や処理に関して、大量のエネルギーを消費する。このため、カーボンニュートラルの観点から、エネルギー利用の効率化に向けた多様な省エネ対策の推進が課題となっている。

②再生可能エネルギー利活用の推進

　カーボンニュートラルの実現に向け、再生可能エネルギーの利活用による温室効果ガス（GHG）の排出削減が求められている。このため、上下水道事業はその事業特性を活かし、水力、太陽光、バイオマスなどを利活用し、脱炭素化を図る新たな電力源を創出することが課題となっている。

③省資源対策の推進

　上下水道事業の建設・維持管理には大量の資源と電力等の大量のエネルギーを投入すると共に汚泥等の大量の廃棄物を排出している。このため、3Rに基づく設計思想の徹底を図ると共に、集めた物質等を資源・エネルギーとして活用・再生する循環型システムへ転換することが課題となっている。

(2) 最も重要と考える課題と複数の具体的な対策

最も重要と考える課題は、「多様な省エネルギー対策の推進」への課題であり、当該課題に対する解決策は、次のとおりである。

① 省エネルギー設備の導入による対策

水道事業においては、送水ポンプのインライン化による流入エネルギーの有効利用及び既設配水池・受水槽の廃止、ポンプ場における受水圧の利用による加圧エネルギーの削減等による省エネを図る。

下水道事業においては、エネルギー消費量の大きい水処理施設等のさらなる省エネ対策が必要であり、主ポンプや送風機の省エネには、運転方法を見直すことにより改善できる事例が多いことから、主ポンプのインバータ制御、反応タンクのインレットベーンの導入等が考えられる。また、下水処理場における二軸管理（処理水質と消費エネルギーを両立させた最適管理）を実施することにより、季節によって運転方式を変えて、水質とバランスを保ちながら省エネを図る。

②ZEB（ゼロ・エネルギー・ビル）による対策

浄水場・下水処理場に係る建築物の新設、改築・更新時には、省エネ基準を欧米並みの40％を超える水準に早期に引き上げることで、停電時にもエネルギー供給が可能となる、レジリエンス型ZEBの導入促進を図る。

③ 流域全体を俯瞰した施設計画の見直しによる対策

現在の上下水道施設は高度経済成長時代に計画されたものが多く、施設規模の余裕が生じている。このため、水需要に見合った上下水道システムを再構築し、上下水の運用を総合的に検証することで、適正な施設計画等による施設運営の効率化を図り、施設更新時にシステム全体の見直しにより省エネ対策を実現する。

(3) 新たに生じうるリスクとそれへの対策

2030年度までに特に注力するGHG排出量削減には、(2)で述べた省エネ対策を中心として、グリーンエネルギー導入などの再エネ対策も実効性を伴う必要がある。しかし、2050年度カーボンニュートラルを実現するには、現状のエネルギー起源のGHG削減対策だけでは十分に達成できないリスクが想定される。
　リスクへの対策として、上下水道事業における高度で先進的な取組に対応する必要がある。例えば、上下道事業における仮想発電所事業の参画、下水道事業における二酸化炭素回収・有効利用・貯留技術（CCUS）等などカーボンオフセット導入が必要不可欠である。

(4) 前問(1)～(3)の業務遂行において必要な要件

　2030年度のGHG政府削減目標、更に2050年度カーボンニュートラルの実現には、上下水道事業のみならず、あらゆる事業主体が総力を結集して連携強化を図りながら、この困難な目標に立ち向かう必要がある。
　上下水道技術者として、広範な水循環を担うインフラを持続可能とするためにも、更なる有効な対策を創出するためには、たゆまぬ自己研さんが必要である。
　特に急速に複雑に変化する社会的課題を解決するには、DX・GX化に対応したリスキリングによる人材育成が強く求められており、喫緊の最重要要件である。
以上

●裏面は使用しないで下さい。　●裏面に記載された解答は無効とします。　（ST・元地方自治体）24字×76行

参考文献：2050年カーボンニュートラルに伴うグリーン成長戦略（令和3年6月18日　内閣官房外9省）
下水道政策研究委員会　脱炭素社会への貢献のあり方検討小委員会報告書（令和4年3月　国土交通省）
水道事業におけるエネルギー対策（厚生労働省HP）

設問 5

PPP/PFIは、公共の施設とサービスに民間の知恵と資金を活用する手法であり、新しい資本主義の中核となる新たな官民連携の柱となるものである。第19回民間資金等活用事業推進会議（令和5年6月2日）において、令和4年度からの10年間で30兆円の事業規模目標の達成に向け、PPP/PFIの質と量の両面からの充実を図るため、PPP/PFI推進アクションプラン（令和5年改訂版）が決定された。

こうした状況を踏まえ、上下水道事業がPPP/PFI推進アクションプランを推進するにあたり、技術者として以下の問いに答えよ。

このような状況を踏まえ、下記の問いに答えよ。［予想問題］

(1) 技術者としての立場で多面的観点から3つ課題を抽出し、それぞれの観点を明記した上で、その課題の内容を示せ。

(2) 前問（1）で抽出した課題のうち最も重要と考える課題を1つ挙げ、その課題に対する複数の解決策を示せ。

(3) 前問（2）の対策を実行しても新たに生じうるリスクとそれへの対策について、専門技術を踏まえた考えを示せ。

(4) 上記事項を業務として遂行するに当たり、技術者としての倫理、社会の持続可能性の観点から必要となる要件、留意点を述べよ。

○受験番号、答案使用枚数、選択科目及び専門とする事項の欄は必ず記入すること。

(1) 多面的観点からの3つの課題

① 利用対象拡大への対応（民間ノウハウ活用の観点）

現状のPPP/PFIはハコモノ建設中心の活用に留まっており、幅広い公共サービスの活用に民間ノウハウの観点が充分に活かされていない。このため、インフラ等の維持管理・運営に民間ノウハウが期待できる公共施設、新たに活用が期待される公共施設等へ、いかにPPP/PFI活用の範囲を拡大させるかが課題である。

② PPP/PFI手法の進化・多様化への対応（地域課題の解決の観点）

地域課題の解決の観点からは、施設・分野を横断した地域全体の経営視点を持った官民連携の取組が充分に行われていない。このため、事業企画等の上流段階から、地域内外の人材や事業者を積極的に取り込むことで、多様なアイデア・技術・資金等を効率的に運用し、地域への再投資が効率的に行われるよう、いかに官民連携手法等を進化・多様化させるかが課題である。

**③ PPP/PFI導入に係る合意形成への対応（情報共有の観

点）

情報共有の観点からは、管理者等や住民でPPP/PFI手法の有効性・必要性を共有することが必要であるにもかかわらず、必ずしも充分に情報共有されていない。このため、地域の実情や課題に応じた適切なPPP/PFIの手法選択やプロセス等の合意形成について、いかに情報の共有・見える化を図るかが課題である。

(2) 最も重要と考える課題とその解決策

私が最も重要と考える課題は、上述②の「PPP/PFI手法の進化・多様化への対応」に係る課題である。当該課題に対する解決策は以下のとおりである。

① ローカルPFIの推進

財政負担軽減のみならず、地域企業の参画や地域資源の活用、地域人材の育成などPFI事業等の地域経済社会に対する多様な効果がもたらすことを志向するローカルPFIの推進を図る。PFI事業等による効果発現の理解促進のため、案件形成、事業者選定、契約履行等あらゆる段階においてローカルPFIが推進される環境整備を行う。

② 広域化・集約化に向けた取組の高度化

民間の経営手法や創意工夫を活かすことができる事業規模を確保するべく、事業の広域化、バンドリング、集約化・多機能化等を促進するため、先進的な事例等を収集・研究する。また、上下水道においては、コンセッションに段階的に移行するための官民連携方式（管理・更新一体マネジメント方式）を公共施設等整備運営事業と併せて「ウォーターPPP」として導入拡大が図れるようになる。さらに上下水道一体型までを視野に入れた整備が促進されると考えられる。

③ PPP/PFIの取組に係る情報基盤の充実

PPP/PFI事業に対する取組意欲を高めるとともに、個々の課題解決を通じた実施促進に資するよう、デジタル化の進展に伴うPPP/PFI事業の基礎データベースを広く周知する。この動向を踏まえて、取組事例や多様な効果などのPPP/PFIに関する情報の一元化と拡充を図り、情報の共有、見える化の強化を図る。

(3) 新たに生じうるリスクとその対策

PPP/PFI推進アクションプラン加速により新たに生じるリスクには、大都市から小規模市町村における推進の地域間格差の拡大がある。

こうしたリスクに対応するため、ウォーターPPPのような取組が本格化してくると、上下水道一体型の整備を視野に入れたより高度なマネジメントが求められるようになる。このため、マネジメント能力の高度化に対応できるよう、地域間格差が生じないような人材育成・確保に係る体制作りが求められる。体制作りには、PPP/PFI地域プラットフォームの利活用を図るなど、官民が連携して人材・高度技術・情報を補完できるシステムを構築することが特に重要である。

(4) 技術者としての必要となる要件、留意点

PPP/PFIは、地域課題の解決に資する取組を実現するとともに、官民のパートナーシップ形成を通じ、上下水道事業の持続可能性に貢献するものである。こうした取組には、脱炭素化、デジタル技術の社会実装など、新たな政策課題に対しても留意し、リスキリングなどによるたゆまぬ自己研さんを継続して能力開発を図ることが必要な要件である。

以上

●裏面は使用しないで下さい。　●裏面に記載された解答は無効とします。

(ST・元地方自治体) 24字×75行

参考文献：PPP/PFI推進アクションプラン（令和5年改訂版）令和5年6月内閣府民間資金等活用事業推進室
ウォーターPPPの概要について
令和5年6月内閣府民間資金等活用事業推進室
ローカルPFIの推進について
令和5年6月内閣府民間資金等活用事業推進室

設問 6

我が国は、2020年10月に、「2050年までに、温室効果ガスの排出を全体としてゼロにするカーボンニュートラル、脱炭素社会の実現を目指す」ことを宣言した。さらに、2021年4月に米国主催の気候サミットにおいて、「2030年度に温室効果ガスの2013年度からの46%削減を目指す」ことを宣言した。2021年5月に成立した改正地球温暖化対策推進法では、2050年までに温暖化ガスの排出量と森林などによる吸収量を均衡させる「実質ゼロ」を実現するとの政府目標を基本理念として条文に明記した。「2050カーボンニュートラル」を宣言した自治体は、人口1億人超（2021.9時点）に達しており、民間企業でも多くの企業が同様の表明をしている。　［予想問題］

(1) 上下水道事業においてもカーボンニュートラルの取り組みが求められている。これについて、技術者としての立場で多面的な観点から、上下水道に共通する課題を複数抽出し、その内容と観点を共に示せ。

(2) 前問（1）で抽出した課題のうち最も需要と考える課題を1つ挙げ、その理由を述べるとともに、その課題に対する複数の解決策を示せ。

(3) 解決策に共通して新たに生じうるリスクとそれへの対策について、専門技術を踏まえた考えを示せ。

(4) 前問（1）～（3）の業務遂行において必要な要件を、技術者としての倫理、社会の持続可能性の観点から述べよ。

○受験番号、答案使用枚数、選択科目及び専門とする事項の欄は必ず記入すること。

(1) 上下水道に共通する複数の課題

生産の4Mの視点から課題をまとめる。

課題①【観点】Man【内容】人材の不足：人口減少、財源不足、組織のスリム化等から、カーボンニュートラルに取り組むための職員確保が困難である。

課題②【観点】Machine【内容】設備の老朽化：施設・設備の老朽化が進み、エネルギー効率の低い設備での事業継続となり、カーボンニュートラルへの取り組みが遅れている。

課題③【観点】Material【内容】原材料の悪化：温暖化に伴う集中豪雨により、浄水場では原水水質の悪化、下水処理場では流入水量の急増など、処理に及ぼすマイナス要因が発生しており、生産効率の低下から、カーボンニュートラルの取り組みが遅れている。
課題④【観点】Method【内容】方法（仕組み）改善の遅れ：水需要・処理量の減少に対し、仕組みの再構築が遅れ、カーボンニュートラルの取り組みを含んだ形での対応が遅れている。

(2) 最重要課題1つの複数の解決策

【最重要課題】方法（仕組み）改善の遅れ
【理由】原材料の悪化、人材の不足は外部条件であり、設備の老朽化は、仕組み改善後に取り組まれるべき下位条件であるため。

解決策① 再エネによるエネルギー自給

上下水道事業は、自らが保有する資源を活用することで、再生可能エネルギーによる創エネの点から、カーボンニュートラルを図ることが可能である。下水汚泥はバイオマスであり、バイオマス発電として燃焼させてもCO_2発生は無いとみなされる。そして、人間活動から発生するため安定供給が可能で、電力の地産地消が図れる。消化タンクを有する処理場では、地域バイオマスを取り込んだ消化ガス発電も併せて実施する。太陽光発電は、気象条件に左右されるが、処理場・浄水場敷地内のあらゆるスペースが活用可能であり、かつ、メガソーラーで問題になっている土砂災害や景観障害も発生しない。上下水道一体の会計制度を採用することで、処理場でのバイオマス発電をベースロード電源とし、立地条件から浄水場が有利な太陽光発電を弾力的に拡張して運用する。

解決策② 施設の統廃合・ネットワーク化で省エネ

使用電力原単位は、上水道、下水道、両事業ともに0.5kWh/m^3前後である。下水道における使用電力構成は、処理場が9割、中継ポンプ場が1割である。処理場においてスケールメリット効果を、日平均水量10,000m^3/日と100,000 m^3/日で比較すると、使用電力原単位は3割程度、後者の方が低い。統廃合すると汚水中継ポンプ場での使用電力が増加するが、その増加は1割程度であり、統廃合による削減効果が上回る。

上水道における使用電力構成は、ポンプが9割でその他が1割である。ポンプの中では、送水工程>配水工程・取水導水工程＞浄水工程の順である。従って、統合により浄水場と配水池が遠距離になると不利になるため、近距離で小規模の浄水場の統合に限定する。

解決策③　広域連携と二軸管理で省エネ

　広域化・共同化には、施設、維持管理、事務の3段階があるが、維持管理の中の処理場運転管理の共同化である。近隣の自治体間で広域連携を図り、処理成績と使用電力量を用いた二軸グラフを作成し、各処理場の現状評価を行う。そして、目標とするベンチマークに位置する処理場の創意工夫を共有して改善を図る。

(3)　解決策に共通して新たに生じうるリスクと対策

【リスク】3つの解決策はいずれも他事業体、他部門、他施設との連携が必要な内容である。関係者との合意形成の不調が共通するリスクである。

【対策】各解決策を実施する場合の、LCC、LCCO$_2$等の科学的根拠を算出し、関係者に示して合意形成を図るとともに、議会を通して上下水道使用者でありかつ納税者である市民にも示し、合意形成を促進する。

(4)　業務遂行上の必要要件

【技術者倫理】公正かつ誠実な履行からは、情報開示で説明責任を果たす行為が、公益確保からは、管理者の責任が増加する創エネの取り組みが相当する。継続研さんからは、発電技術の習得が相当する。

【社会の持続可能性】LCC、LCCO$_2$に基づく解決策の採用判断が相当する。　以上

●裏面は使用しないで下さい。　●裏面に記載された解答は無効とします。　（YS・コンサルタント）24字×75行

参考文献：「日本の排出削減目標」外務省
https://www.mofa.go.jp/mofaj/ic/ch/page1w_000121.html
「改正地球温暖化対策推進法について」令和3年6月　環境省地球環境局
「2050年カーボンニュートラルを巡る国内外の動き」2021年1月27日環境省
「上水道・工業用水道・下水道部門における温室効果ガス排出等の状況」環境省
https://www.env.go.jp/council/38ghg-dcgl/y380-07/mat03.pdf
「下水道事業の広域化・共同化について」平成30年2月　国土交通省
「水質とエネルギーの最適管理のためのガイドライン～下水処理場における二軸管理～」平成30年3月　国土交通省

設問 7

上下水道事業においては、事業を取り巻く様々な環境変化により、持続可能な事業執行が困難になりつつあり、その対策のための一つの手法として「広域化・共同化」の推進が叫ばれている。上下水道事業における「広域化・共同化」について、以下の設問に答えよ。［予想問題］

（1）技術者としての立場で多面的な観点から上下水道事業に共通する課題を抽出し分析せよ。

（2）抽出した課題のうち最も重要と考える上下水道事業に共通の課題を１つ挙げ、その理由を述べるとともに、その課題に対する複数の解決策を示せ。

（3）解決策に共通して新たに生じうるリスクとそれへの対策について述べよ。

（4）業務遂行において必要な要件を技術者としての倫理、社会の持続可能性の観点から述べよ。

○受験番号、答案使用枚数、選択科目及び専門とする事項の欄は必ず記入すること。

(1) 上下水道事業に共通する課題

日本の上下水道事業は、世界をリードする技術レベルを有しており、巨大な資産を形成する産業となっている一方で、深刻な課題を抱えている。具体的には内的な要因として、ヒト・モノ・カネの視点、外的な要因として自然災害の視点から次のように整理する。

①人口減少や普及率の頭打ち等により、使用料収入は低迷し厳しい財政状況にある。

②中小規模の事業体では、その多くが技術基盤や財政基盤が脆弱である。

③高度成長期に敷設された管路や処理施設の老朽化が進み、早急に更新、再構築する必要がある。

④頻発する地震や集中豪雨などの自然災害への対策が急務となっている。

⑤熟練職員の退職に伴う技術の空洞化・技術継承問題や職員減少によるサービス低下問題を抱えている。

(2) 最も重要と考える課題と解決策

(a) 最も重要と考える課題

私は前述した③が最も重要な課題と考える。これは、上下水道は安定供給が社会的な使命であるが、資産規模が非常に大きいことから一斉に更新に取り組むことが難しいこと、将来的には人口減少に伴う水需要の減少を見据えて必要な規模に再整備が必要な点で高い水準の技術を必要とするためである。

（b）解決策

解決策①：アセットマネジメントに基づく更新計画の策定

　中長期的に上下水道施設のライフサイクル全体にわたって効率的かつ効果的に管理運営する視点を踏まえ、更新計画を策定する。更新需要や財政収支見通しに基づき、実施優先順位の検討や事業費の平準化の検討等を行う。

解決策②：料金値上げの検討

　人口減少下において事業を実施するうえで、必要な財源の確保を行うために料金値上げの検討を行う。必要な投資を見込んだ財政シミュレーションと、利用者の使用量の分布の分析等に基づく、料金体系の検討を行う。

解決策③：広域化・共同化の取組検討

　人材、資金、施設、情報等の経営資源の共有化と効率的活用、スケールメリットを生かした事業運営により、コスト縮減や技術の継承を含めた運営基盤の恒久的な維持向上を図ることが可能となる。

(3)　新たに生じうるリスクと対策

（a）リスク

　事業を実施するために必要な取り組みをする場合でも当該事業の利害関係者に向けて説明責任を果たす必要がある。とくに、上下水道事業は、需要者から料金を徴収して事業を実施していることや、国庫補助金を充てられる事業であることに留意する必要がある。

（b）対策

対策①：需要者への説明会

　需要者である地域住民は、使用料金や様々なサービスに敏感である。事業により使用料金の値上がりや、職員減少によるサービスが低下すると不平不満が募り、事業実現を阻害することになる。事業実施の効果及びメリットや実施に伴う関連工事等を十分に説明し、理解を得ることが必要である。

対策②：自治体・事業主体との協議会の設置

　特に広域化等の複数の自治体による取り組みは、技術面や経営面での事業格差が生じ、利害関係が起こる可能性がある。そのため協議会を設置し、関係自治体や事業主体間で合意形成を図る場において地域の実情に応じた様々な手法について幅広く検討を行い、適切な広域化を選択する必要がある。

（4）業務遂行において必要な要件

　技術者は、公衆である需要者との信頼関係を構築して、説明責任を果たすことが重要である。具体的には、正しい情報開示、分かり易い丁寧な説明、賛成論も反対論も合わせた両面的コミュニケーションによる対話を心掛けなければならない。意義や効果については、中長期的な視点で効果を示すことや、PI（業務指標）等の活用による効果の定量的な明示等による理解と支持を得る努力を継続的に行う。

以上

●裏面は使用しないで下さい。　●裏面に記載された解答は無効とします。　（YW・コンサルタント）24字×75行

参考文献：『水道広域化検討の手引き』厚生労働省HP、平成20（2008）年8月27日
『平成30年度全国水道関係担当者会議資料』平成31（2019）年3月20日
『下水道事業の広域化・共同化について』国土交通省、平成30（2018）年2月

設問 8

上下水道を取り巻く経営環境はいっそう厳しさを増している。平成26年8月に総務省より経営戦略の策定が通知され、令和2年度までの100%策定が要請された。経営戦略は経営基盤強化と財政マネジメント向上の柱と位置付けられるものであり、今後は策定された経営戦略に沿った取り組み等を踏まえ、質を高めていくための定期的な見直しを行うことが重要である。　［予想問題］

（1）経営戦略の改定に際し、技術者としての立場で多面的な観点から上下水道事業に共通する3つの課題を抽出し、それぞれの観点を明記したうえで、課題の内容を示せ。

（2）抽出した課題のうち最も重要と考える課題を1つ挙げ、その課題に対する複数の解決策を示せ。

（3）解決策に共通して生じうる新たなリスクとそれへの対策について、専門技術を踏まえた考えを示せ。

（4）業務遂行において必要な要件を技術者としての倫理、社会の持続可能性の観点から述べよ。

○受験番号、答案使用枚数、選択科目及び専門とする事項の欄は必ず記入すること。

(1)　上下水道事業に共通する経営戦略改定の課題

　上下水道事業の経営戦略は令和2年度末で100%近くの策定率となっており、改定のフェーズに移っている。改定率の目標は令和7年度までに100%とされており、より質の高い経営戦略への改定が求められている。これまで策定された経営戦略において、上下水道事業に共通する課題は以下の通りである。

(a)　更新投資・修繕計画の見直し

　アセットマネジメントを実施し、計画を策定、目標を設定しているが、達成年次や目標が明確ではなく、定性的な説明に留まっている事例がある。計画期間内における具体的な取組・目標等を明確にする必要があることから、アセットマネジメントを高度化する。

(b)　投資・財政計画期間の長期的視点

　将来を見据えた長期的な計画ではなく、10年間の計画にとどまっている事例がある。改定にあたり、可能な限り中長期（30～50年）の視点での推計も必要になる。ただし、中長期となるとシミュレーションの精度が課題となる。

(c) 収支ギャップの解消

経営戦略の計画と実績の乖離が著しい場合、収支ギャップ解消への取り組みを再検討する。その要因を特定し、収支ギャップ解消に向けた新たな取り組みを構築する。さらに、料金水準の適正化についての検討も進める。

(2) 最も重要と考える課題と複数の解決策

経営戦略の改定に向け、上下水道技術者が最も重要と考える課題は(a)更新投資・修繕計画の見直しである。具体的には、更新需要の平準化や更新費用の削減についての再検討、さらには新技術の導入などがある。これらについてPDCAサイクルを通じ、3年から5年内の見直しを行う。

(a) 更新需要の平準化

管路・管渠の老朽化に伴い、建設改良費は増加傾向にある一方、更新率は低い水準にとどまっている。点検・調査を行い、法定耐用年数を超えている管路・管渠の中でも改築・更新の必要性の高いものから投資を優先し、改築・更新の必要性の低いものについては投資を先送りする。

(b) 更新費用の削減

施設・設備のダウンサイジング・スペックダウン、長寿命化、効率的配置、過剰投資・重複投資の精査、優先順位が低い事業の取りやめ、ICTやIoTの活用等に加え、広域化の推進、民間資金・ノウハウの活用などによる更新費用削減も検討する。

(c) 新技術の導入

更新費用の削減が目標通りに達成できなかった場合、事業の規模等によってはそれ以上のダウンサイジングやスペックダウンを図ることが困難な場合もある。そのような場合には、新技術の導入など、新たな発想で取り組むべき方策を検討することも重要である。上下水道に共通する新たな方策としてはDX、省エネ・創エネなどがある。

(3) 解決策に共通するリスクとその対策

経営戦略の質には事業体間の地域格差がある。アセットマネジメントの高度化等により経営戦略の質の向上を図る必要があるが、中小事業体単独でのアセットマネジメントの高度化には限界がある。また、新技術導入も中小事業体単独では難しい場合もある。これらに共通するリスクとして中小事業体組織における執行体制のさらなる脆弱化がある。これを解決する一つの手段として広域化がある。広域化により改築更新費用や維持管理費用の削減といった効果がもたらされるが、執行体制の強化、事務負担の軽減、技術継承、サービスの向上なども期待できる。

(4) 業務遂行における必要な要件

経営戦略の策定や改定に携わる技術者には経営分析の知識が求められるが、住民に経営戦略を説明する場合にはこれらをわかりやすく説明する能力も要求される。経営のありのままの現状、さらに将来の料金改定も含め、客観的かつ事実に基づいた情報を用い、説明責任を果たす必要がある。また、経営戦略の目標は社会インフラの持続可能性であり、広域化や官民連携はそれを達成するための有効な手段となり、事業継続に貢献できるものと考えられる。以上

●裏面は使用しないで下さい。　●裏面に記載された解答は無効とします。　（TA・コンサルタント）24字×00行

参考文献：『「経営戦略」の改定推進について』総務省ウェブサイト、https://www.soumu.go.jp/main_content/000789736.pdf
『経営戦略策定・改定マニュアル』総務省ウェブサイト、https://www.soumu.go.jp/main_content/000789735.pdf

第二次試験（選択科目）
記述式試験の対策
2. 上水道及び工業用水道

出題問題・情報源・出題予想

キーワード体系表

- □ 水道施設計画
- □ 凝集・沈殿
- □ ろ過・膜ろ過
- □ 高度処理
- □ 消毒技術
- □ 配水池
- □ 管路
- □ 地下水
- □ 水質

専門知識を問う問題

応用能力を問う問題

問題解決能力及び課題遂行能力を問う問題

選択科目［上水道及び工業用水道］出題問題・情報源・出題予想

問題の種類	令和（R）5、4、3、2、元年度（2023～2019）試験	
	出題問題（太字は解答例を掲載）	情報源
専門知識 600字×1枚	**R05 Ⅱ-1-1 スマート水道メーターの３つの利活用方法とそれぞれの効果を説明し、導入における留意点を述べよ。**	スマート水道メーター導入の手引き（2018年3月）
	R05 Ⅱ-1-2 鉄、マンガンを含み、フミン質による着色がある原水における浄水処理方法を述べよ。	水道施設設計指針（2012年版） 水道維持管理指針（2016年版）
	R05 Ⅱ-1-3 急速ろ過池の洗浄方式を３種類挙げ、それぞれの特徴や留意点及び洗浄終了時から通水初期において講じられる措置を述べよ。	水道施設設計指針（2012年版）
	R05 Ⅱ-1-4 配水池内部の調査清掃方法を２つ以上挙げ、それぞれの利点と留意点について述べよ。	水道施設設計指針（2012年版）
	R04 Ⅱ-1-1 浄水処理に用いる凝集剤を２種類以上挙げそれぞれについて特徴及び使用に際しての留意点について述べよ。	水道施設設計指針（2012年版）
	R04 Ⅱ-1-2 表流水を原水とする浄水場に膜ろ過を導入する場合に膜処理の前段に組み合わされる一般的な前処理設備を１つ以上挙げそれぞれの期待される効果及び水処理上の留意点を述べよ。	水道施設設計指針（2012年版） 膜ろ過施設維持管理マニュアル2018
	R04 Ⅱ-1-3 管路のダウンサイジングによる効果と留意点についてそれぞれ１つ以上述べよ。	水道施設設計指針（2012年版） JWRCホームページ「将来の不確実性に対応した水道管路システムの再構築に関する研究」
	R04 Ⅱ-1-4 水道管の布設工事における、開削工法と非開削工法の、それぞれの概要と特徴について述べよ。	水道用語辞典（第二版）
	R03 Ⅱ-1-1 活性炭処理の種類とそれぞれの特徴と処理上の留意点について述べよ。	水道施設設計指針（2012年版）
	R03 Ⅱ-1-2 水道原水に係るクリプトスポリジウム等による汚染のおそれの判断と、対応措置について述べよ。	水道水中のクリプトスポリジウム等対策の実施について
	R03 Ⅱ-1-3 配水管網設計において、配水管網の機能とその設計目標について述べよ。	水道施設設計指針（2012年版）
	R03 Ⅱ-1-4 有収率向上のための対策を複数挙げ、それぞれの技術的要件について述べよ。	水道施設維持管理指針（2016年版）
	R02 Ⅱ-1-1 地表水を原水とする浄水場に紫外線処理を導入する場合、確保すべき施設整備の技術的要件を述べよ。	水道水中のクリプトスポリジウム等対策の実施について
	R02 Ⅱ-1-2 水道において塩素処理は重要なプロセスの１つである。浄水処理において塩素処理を実施する目的を複数挙げ、適切に目的を達するための実施方法、留意点を述べよ。	浄水技術ガイドライン（2010年版） 水道維持管理指針（2016年版）
	R02 Ⅱ-1-3 直結式給水の方式、拡大の効果及び留意点を述べよ。	水道施設設計指針（2012年版） 新水道ビジョン（H25厚生労働省）
	R02 Ⅱ-1-4 ポンプ圧送系管路におけるウォータハンマ発生の仕組みについて述べよ。また、負圧発生の防止と圧力上昇軽減の観点から、それぞれ複数の防止方法を述べよ。	水道施設設計指針（2012年版）

令和6（2024）年度試験	
予想問題（太字は解答例を掲載）	情報源
給水管の凍結及び凍結に伴う被害を防止するための対策を水道行政と給水設備の、それぞれの観点から述べよ。	水道施設維持管理指針（2016年版） 令和4年度全国水道関係担当者会議資料（令和5年3月14日） 管路事故・給水装置凍結事故対策マニュアル策定指針 空き家に関する情報共有について（事務連絡）（平成30年3月30日）
管路更生工法の注意点と、工法例を述べよ。	水道施設設計指針（2012年版）
令和４年４月１日から施行された大腸菌群数に係る環境基準の見直しについて、その背景と改正内容について述べよ。	「水質汚濁に係る環境基準の見直しについて」環境省ホームページ
小水力発電の特徴、導入メリット、設置上、技術上の留意点を述べよ。	水道施設設計指針(2012年版)
漏水防止対策について述べよ。	水道施設設計指針（2012年版） 水道維持管理指針（2006年版）
浄水処理に紫外線処理を導入する際の効果と留意事項について述べよ。	水道施設設計指針（2012年版） 水道水中のクリプトスポリジウム等対策の実施について
地震時における地盤の液状化現象を説明し、送・配水管の液状化対策について述べよ。	水道施設設計指針（2012年版）
配水池などのコンクリート構造物の躯体劣化状況調査における調査項目を３つ挙げ、その目的と方法を述べよ。	水道維持管理指針（2016年版）
貯水槽水道における課題と適正な管理方法について述べよ。	水道維持管理指針（2016年版）
上水道の給水管として使用される管の種類を４つ以上挙げ、その特徴を述べよ。	水道施設設計指針（2012年版）
浄水の膜処理に用いられる有機膜と無機膜の特徴について述べよ。	水道施設設計指針（2012年版）
地震直後において水道施設でとるべき応急対策について述べよ。	地震等緊急時対応の手引き（令和2（2020）年4月改訂）
水道広域化の必要性、その利点と課題について述べよ。	水道広域化検討の手引き（平成20（2008）年）
PPP/PFIの事業方式を３つ挙げ、その特徴を述べよ。	内閣府・民間資金等活用事業推進室（PPP/PFI推進室）ウェブサイト

選択科目［上水道及び工業用水道］出題問題・情報源・出題予想　つづき

問題の種類	令和（R）5、4、3、2、元年度（2023～2019）試験	
	出題問題（太字は解答例を掲載）	情報源
専門知識 600字×1枚	R01　Ⅱ-1-1　地下水利用における水質障害・汚染の種類を複数挙げ、それぞれの対策について述べよ。	水道維持管理指針（2016年版）
	R01　Ⅱ-1-2　凝集沈殿池（横流式）の処理の仕組みと運転における複数の留意点を述べよ。	水道維持管理指針（2016年版）
	R01　Ⅱ-1-3　配水管における残留塩素濃度の変化要因を挙げ、管内での残留塩素濃度を適切に保つための複数の方策について述べよ。	水道維持管理指針（2016年版）
	R01　Ⅱ-1-4　配水池の役割と設計時の留意点について、それぞれ複数述べよ。	水道施設設計指針（2016年版）
応用能力 600字×2枚	**R05　Ⅱ-2-1　大規模地震などの非常時における他ルートによるバックアップ体制、特に河川幅の広い一級河川を横断する送配水管の複線化を行う建設工事を計画することとなった。あなたがこの業務の担当責任者として業務を進めるに当たり、以下の内容について記述せよ。** **（1）河川幅の広い一級河川を横断する送配水管の複線化を行うに当たり、2つ以上の工法を選び、調査・検討すべき事項とその内容について説明せよ。** **（2）上記のうち1つの工法を選び、選んだ理由を示すとともに、その業務を進める手順を列挙して、主な検討項目の留意すべき点、工夫すべき点を述べよ。** **（3）上記の業務を効率的、効果的に進めるための関係者との調整方策について述べよ。**	水道施設設計指針（2012年版） 水道用語辞典第二版
	R05　Ⅱ-2-2　河川表流水を水源とする急速ろ過方式の浄水場において、夏季を中心として、かび臭原因物質である2-MIB（2-メチルイソボルネオール）とジェオスミンが検出され、検出頻度が増加傾向にある中、対策の検討が求められている。あなたが、この検討業務の担当責任者として進めるに当たり、以下の内容について記述せよ。 **（1）調査、検討すべき事項とその内容について説明せよ。** **（2）業務を進める手順とその際に留意すべき点、工夫を要する点を含めて述べよ。** **（3）業務を効率的、効果的に進めるための関係者との調整方策について述べよ。**	水道施設設計指針（2012年版） 水道維持管理指針（2016年版）
	R04　Ⅱ-2-1　水道水は、水質基準を満足するよう、原水の水質に応じた水道システムを整備・管理することにより安全性が確保されているが、水道水へのさまざまなリスクが存在し、水質汚染事故や異臭味被害が発生している。水道をとりまくこのような状況の中で、水道水の安全性を一層高め、今後とも利用者が安心して飲める水道水を安定的に供給していくためには、水源から給水栓に至る統合的な水質管理を実現することが重要である。このためには、水源から給水栓に至る各段階で危害評価と危害管理を行い、安全な水の供給を確実にする水道システムを構築する「水安全計画」（WaterSafetyPlan: の策定が提唱されている。あなたが、この「水安全計画」を新たに策定する業務を進めるに当たり、以下の内容について記述せよ。 （1）水道システムの把握と危害分析について、調査検討すべき事項とその内容について説明せよ。 （2）管理措置と対応方法の設定を進める手順を列挙して、それぞれの項目ごとに留意すべき点、工夫を要する点を述べよ。 （3）「水安全計画」の運用も含め、業務を効率的、効果的に進めるための関係者との調整方策について述べよ。	水安全計画策定ガイドライン（2008年）

令和6（2024）年度試験	
予想問題（太字は解答例を掲載）	情報源
人口減少等により水需要が減少していく中で、維持管理に適する管路網を再構築することが求められている。 このような状況を踏まえ、下記の問いに答えよ。 (1) 水道の管路網再構築を行うに当たり、調査・検討すべき事項とその内容について説明せよ。 (2) 業務を進める手順を列挙し、主な検討事項の留意すべき点、工夫すべき点を述べよ。 (3) 業務を効率的、効果的に進めるための関係者との調整方策について述べよ。	人口減少社会における水道管路システムの再構築及び管理向上策に関する研究報告書（公益財団法人水道技術研究センター）
水道事業における省力化、運営の効率化及び給水サービスの向上ならびに社会インフラとしての有効活用の視点から、スマート水道メーターの導入が求められている。 あなたがこのスマート水道メーターの導入検討業務を担当責任者として進めるにあたり、以下の内容について記述せよ。 (1) スマート水道メーターの導入検討について、調査、検討すべき事項とその内容について説明せよ。 (2) 業務を進める手順を列挙し、留意すべき点、工夫を要する点を含めて業務を進める手順について述べよ。 (3) 業務を効率的、効果的に進めるための関係者との調整方策について述べよ。	スマート水道メーター導入の手引き（2018）年
全国の水道事業者における電力消費は年間 73.3 億 kWh と、日本全体の電力消費の 0.8%を占めている（平成 28 年度実績）。地球温暖化対策計画（2021 年 10 月 22 日閣議決定）で定める CO_2 排出量の削減目標を達成するためには、各事業体において「脱炭素水道システム」の普及に向けた取り組みが必要である。 あなたが、脱炭素水道システム構築の担当責任者として進めるにあたり、以下の内容について記述せよ。 (1) 調査、検討すべき事項とその内容について説明せよ。 (2) 業務を進める手順を列挙し、留意すべき点、工夫を要する点を含めて業務を進める手順について述べよ。 (3) 業務を効率的、効果的に進めるための関係者との調整方策について述べよ。	令和2年度全国水道関係担当者会議、脱炭素水道システム構築へ向けた調査等一式報告書

選択科目［上水道及び工業用水道］出題問題・情報源・出題予想　つづき

問題の種類	令和（R）5、4、3、2、元年度（2023～2019）試験	
	出題問題（太字は解答例を掲載）	情報源
応用能力 600字 ×2枚	R04　Ⅱ-2-2　南海トラフ地震による地震危険度が高い地域に位置する中核都市において、水道の地震対策を効率的に実施するために、計画を策定することになった。あなたがこの業務の担当責任者として業務を進めるに当たり、下記の内容について記述せよ。 （1）水道の地震被害想定を行うに当たり、調査・検討すべき事項とその内容について説明せよ。 （2）業務を進める手順を列挙し、主な検討項目の留意すべき点、工夫すべき点を述べよ。 （3）業務を効率的、効果的に進めるための関係者との調整方策について述べよ。	水道の耐震化計画等策定指針（2015年）
	R03　Ⅱ-2-1　水道施設の適切な管理等のために、水道施設台帳を作成して保管するとともに、水道施設の計画的な更新を行い、その事業の収支の見通しを公表するよう努めることが求められている。あなたが、この水道施設台帳を新たに整備する業務を進めるに当たり、以下の内容について記述せよ。 （1）調査、検討すべき事項とその内容について説明せよ。 （2）留意すべき点、工夫を要する点を含めて業務を進める手順について述べよ。 （3）水道施設台帳の運用も含め、業務を効率的、効果的に進めるための関係者との調整方策について述べよ。	簡易な水道施設台帳の電子システム導入に関するガイドライン
	R03　Ⅱ-2-2　河川表流水を水源とし、急速ろ過方式を採用する浄水場において、いわゆるゲリラ豪雨と呼ばれる局地的大雨の影響により、年に数回の頻度で原水が極めて高濁度となる事象が発生しており、対策の検討が求められている。あなたが、この検討業務を担当責任者として進めるに当たり、以下の内容について記述せよ。 **（1）調査、検討すべき事項とその内容について説明せよ。** **（2）業務を進める手順を列挙して、それぞれの項目ごとに留意すべき点、工夫を要する点を述べよ。** **（3）業務を効率的、効果的に進めるための関係者との調整方策について述べよ。**	高濁度原水への対応の手引き
	R02　Ⅱ-2-1　近年、震災や風水害が続いており、広域な断水など甚大な被害が発生している。水道事業は、災害時においても給水への影響を最小限にするリスクマネジメントが求められている。このリスクマネジメントの業務内容としては、リスクの特定、分析、評価、対応の観点から被害の予防対策や軽減対策を調査、検討することが挙げられる。あなたが、このリスクマネジメント業務を進めるに当たり下記の内容について記述せよ。 （1）調査、検討すべき事項とその内容について説明せよ。 （2）業務を進める手順とその際に留意すべき点、工夫を要する点を含めて述べよ。 （3）業務を効率的、効果的に進めるための関係者との調整方策について述べよ。	危機管理対策マニュアル策定指針
	R02　Ⅱ-2-2　河川表流水を水源とする浄水場において、横流式沈澱池からのフロック流出が問題となっており、改善が求められている。あなたが、この改善業務を担当責任者として進めるに当たり、以下の内容について記述せよ。 **（1）調査、検討すべき事項とその内容について説明せよ。** **（2）業務を進める手順とその際に留意すべき点、工夫を要する点を含めて述べよ。** **（3）業務を効率的、効果的に進めるための関係者との調整方策について述べよ。**	水道施設設計指針（2012年版） 水道維持管理指針（2016年版）

令和6（2024）年度試験	
予想問題（太字は解答例を掲載）	情報源
最近、水道用資機材に関し不適切な行為が発生した。これは、水道水の安全・安定給水の全般に係る問題として、迅速かつ適切に対処することが求められている。あなたが、不適切行為の再発防止に向けた業務を進めるに当たり、以下の内容について記述せよ。 （1）不適切行為の再発防止に向け、調査、検討すべき事項とその内容について説明せよ。 （2）業務を進める手順を列挙し、留意すべき点、工夫を要する点を含めて業務を進める手順について述べよ。 （3）業務を効率的、効果的に進めるための関係者との調整方策について述べよ。	厚生労働省：水道の諸課題に係る有識者検討会
近年、水道施設に関して大規模な事故が発生している。このような状況を踏まえ、あなたが、施設の点検を含む維持・修繕の推進を担当責任者として進めるに当たり、以下の内容について記述せよ。 （1）施設の点検を含む維持・修繕について、調査、検討すべき事項とその内容について説明せよ。 （2）業務を進める手順を列挙し、それぞれの項目ごとに留意すべき点、工夫を要する点を述べよ。 （3）業務を効率的、効果的に進めるための関係者との調整方策について述べよ。	厚生労働省：水道の諸課題に係る有識者検討会
上水道においても電力使用量の削減が求められているが、水道施設における省エネルギー対策を推進するに当たり、下記の内容について記述せよ。 （1）調査、検討すべき事項とその内容について説明せよ。 （2）留意すべき点、工夫を要する点を含めて業務を進める手順について述べよ。 （3）業務を効率的、効果的に進めるための関係者との調整方策について述べよ。	水道施設におけるエネルギー対策の実際 2009
貯水池の富栄養化が進行すると、異臭発生や水質障害が起こる。貯水池の水質保全対策を進めるに当たり、下記の内容について記述せよ。 （1）調査、検討すべき事項とその内容について説明せよ。 （2）留意すべき点、工夫を要する点を含めて業務を進める手順について述べよ。 （3）業務を効率的、効果的に進めるための関係者との調整方策について述べよ。	水道施設設計指針（2012 年版）
地表水を原水とし、急速ろ過方式で給水している浄水場において、膜ろ過処理の導入を検討することとした。計画策定の責任者として、下記の内容について記述せよ。[H27出題類似問題] （1）調査、検討すべき事項とその内容について説明せよ。 （2）留意すべき点、工夫を要する点を含めて業務を進める手順について述べよ。 （3）業務を効率的、効果的に進めるための関係者との調整方策について述べよ。	水道施設設計指針（2012 年版）

選択科目［上水道及び工業用水道］出題問題・情報源・出題予想　つづき

問題の種類	令和（R）5、4、3、2、元年度（2023～2019）試験	
	出題問題（太字は解答例を掲載）	情報源
応用能力 600字×2枚	R01　Ⅱ-2-1　効果的な管路更新計画策定には管路診断が不可欠である。この管路診断業務を担当責任者として進めるに当たり、下記の内容について記述せよ。 （1）調査、検討すべき事項とその内容について説明せよ。 （2）業務を進める手順について、留意すべき点、工夫を要する点を含めて述べよ。 （3）業務を効率的・効果的に進めるための関係者との調整方法について述べよ。	水道維持管理指針（2016年版）
	R01　Ⅱ-2-2　河川表流水を原水とする急速ろ過方式の浄水場においてスラッジの脱水効率の低下が問題となっており、改善が求められている。あなたが、この改善業務を担当責任者として進めるに当たり、下記の内容について記述せよ。 （1）調査、検討すべき事項とその内容について説明せよ。 （2）業務を進める手順について、留意すべき点、工夫を要する点を含めて述べよ。 （3）業務を効率的、効果的に進めるための関係者との調整方策について述べよ。	水道施設設計指針（2012年版）
問題解決能力及び課題遂行能力 600字×3枚	R05　Ⅲ-1　水道事業は我が国の生活基盤を支えるインフラとして重要な役割を果たしており、水道管路の総延長は72万kmに達し、膨大な資産を有している。水道事業の年間電力消費量は74億kWh/年、CO_2排出量は422万tCO_2/年となっている。 2015年の国連サミットにおいて、持続可能で多様性と包摂性のある社会の実現のために、持続可能な開発目標（SDGs）が2030年を年限とした17項目の国際目標が設定された。SDGsの達成に向けて、政府においてはアクションプランを公表しており、水道事業においても計画的な取り組みが求められている。 （1）水道事業においてSDGsの達成に向けて、「6. 安全な水とトイレを世界中に」、「7. エネルギーをみんなにそしてクリーンに」、「9. 産業と技術革新の基盤をつくろう」の目標に対して、技術者としての立場で多面的な観点で、2つ以上の目標から3つの重要な課題を抽出し、それぞれの観点を明記したうえで、課題の内容を示せ。 （2）前問（1）で抽出した課題のうち最も重要と考える課題を1つ挙げ、その課題に対する複数の解決策を示せ。 （3）前問（2）で示したすべての解決策を実行しても新たに生じうるリスクとそれへの対策について、専門技術を踏まえた考えを示せ。	全国水道関係担当者会議（令和3年度、4年度） Sustainable Development Report2023 Sustainable Development Solutions Network（2023年6月）
	R05　Ⅲ-2　日本の水道は、人口減少に伴い給水収益の減少や水道事業者の技術者不足に加え、高度経済成長期において集中的に整備してきた水道施設の老朽化の増大が顕著となっている。また、耐震化の遅れや多数の水道事業者が小規模であり経営基盤が脆弱である。これらの課題を解決し、将来にわたり、安全な水の安定供給を維持していくためには、水道事業の基盤強化を図ることが急務となっている。 上記の状況と改正水道法による国の基盤強化の基本的な方針を踏まえ、水道分野の技術者として、以下の問いに答えよ。 （1）水道事業の持続性を確保するために、技術者としての立場で多面的な観点から検討すべき課題を3つ抽出し、それぞれの観点を明記したうえで、課題の内容を示せ。 （2）前問（1）で抽出した課題のうち最も重要と考える課題を1つ挙げ、その課題に対する複数の解決策を示せ。 （3）前問（2）で示したすべての解決策を実行してもあらたに生じうるリスクと解決策について、専門技術を踏まえた考えを示せ。	水道法改正法の概要（厚生労働省ホームページ） 水道の基盤を強化するための基本的な方針（厚生労働省） 令和4年度全国水道関係担当者会議（厚生労働省ホームページ）

令和6（2024）年度試験	
予想問題（太字は解答例を掲載）	情報源
アセットマネジメント手法の導入による水道施設の改築、更新計画を立案するにあたって、以下の点について述べよ。 （1）調査、検討すべき事項とその内容について説明せよ。 （2）留意すべき点、工夫を要する点を含めて業務を進める手順について述べよ。 （3）業務を効率的、効果的に進めるための関係者との調整方策について述べよ。	水道事業におけるアセットマネジメントに関する手引き（平成21（2009）年）
2021年10月3日に発生した六十谷水管橋（和歌山市企業局）の落橋事故では、約6万戸の世帯が約1週間の断水を招くなど、水道利用者に深刻な影響を与える甚大な事故となった。この事例のような水管橋の落橋に伴う大規模な断水を生じないようにするため、あなたが水道分野の技術者として対策を進めるに当たり、以下の内容について記述せよ。 **（1）水管橋の落橋に伴う大規模な断水を生じないようにするため、技術者としての立場で多面的な観点から検討すべき課題を3つ抽出し、それぞれの観点を明記したうえで、その課題の内容を示せ。** **（2）抽出した課題のうち最も重要と考える課題を1つ挙げ、その課題に対する複数の対応策を示せ。** **（3）対応策によって新たに生じうるリスクと解決策について、専門技術を踏まえた考えを示せ。**	水道施設の点検を含む維持・修繕の実施に関するガイドライン（令和5年3月厚生労働省医薬・生活衛生局水道課） 水管橋等の維持・修繕に関する検討報告書（令和5年3月厚生労働省医薬・生活衛生局水道課）
東日本大震災をはじめ、水道施設に甚大な影響を与える地震に対して十分配慮した施設整備等を進める必要がある。経営環境が厳しい水道事業体において、持続可能な水道事業の運営を担う技術者として、以下の問いに答えよ。 （1）技術者としての立場で多面的な観点から3つの課題を抽出し、それぞれの観点を明記したうえで、課題の内容を示せ。 （2）前問（で抽出した課題のうち最も重要と考える課題を1つ挙げ、その課題に対する複数の解決策を示せ。 （3）前問（で示したすべての解決策を実行しても新たに生じうるリスクとそれへの対策を、中長期的な視点を踏まえて示せ。	水道の耐震化計画化等策定指針（平成20（2008）年）

選択科目［上水道及び工業用水道］出題問題・情報源・出題予想　つづき

問題の種類	令和（R）5、4、3、2、元年度（2023～2019）試験	
	出題問題（太字は解答例を掲載）	情報源
問題解決能力及び課題遂行能力 600字×3枚	**R04　Ⅲ-1　我が国の水道事業においては、人口減少等に伴う水需要の減少や施設の老朽化に伴う更新需要の増大など、経営環境が厳しさを増している。このような中で、将来にわたり安定した事業経営を継続するため、抜本的な改革等の取組を通じ、経営基盤の強化と財政マネジメントの向上を図ることが求められている。収支を維持することが厳しい事業環境の水道事業体において経営戦略の改定を検討するとともに、持続可能な水道事業の運営を担う技術者として、以下の問いに答えよ。 （1）技術者としての立場で多面的な観点から3つの課題を抽出し、それぞれの観点を明記したうえで、課題の内容を示せ。 （2）前問(で抽出した課題のうち最も重要と考える課題を1つ挙げ、その課題に対する複数の解決策を示せ。 （3）前問（で示したすべての解決策を実行しても新たに生じうるリスクとそれへの対策を、中長期的な視点を踏まえて示せ。**	水道施設の点検を含む維持・修繕の実施に関するガイドライン
	R04　Ⅲ-2　2019年10月1日に施行された改正水道法において、水道事業者等は水道施設を良好な状態に保つため、その維持・修繕を行わなければならないこととされた。また、改正法の施行に伴い、法に定める基準として、水道法施行規則が改正され、水道施設の点検方法や頻度と範囲、点検により異状を確認した際の維持・修繕の措置、コンクリート構造物における点検及び修繕の記録等の基準が定められた。上記の状況を踏まえ、水道分野の技術者として以下の問いに答えよ。 （1）コンクリート構造物の水道施設を良好な状態に保つために、技術者として多面的な観点から検討すべき課題を3つ抽出し、それぞれの観点を明記したうえで、その課題の内容を示せ。 （2）抽出した課題から最も重要と考える課題を1つ挙げ、その課題に対する複数の対応策を示せ。 （3）対応策によって新たに生じるリスクと解決策について、専門技術を踏まえた考えを示せ。	経営戦略策・改定マニュアル 経営戦略策定・改定ガイドライン
	R03　Ⅲ-1　中小規模の水道事業者の多くは、人口減少に伴う水需要の減少、水道施設の老朽化、深刻化する人材不足等に直面しており、技術的・財政的に様々な課題を抱えている。さらに、市町村合併等が行われた地域の水道事業者においては、浄水場等の水道施設が点在し、運転監視装置の設備機器構成や仕様が異なることにより、運転管理や保全管理が複雑になっている場合があり、適切な維持管理を難しくしている。上記の状況を踏まえ、水道分野の技術者として以下の問いに答えよ。 （1）水道施設の監視制御システムを整備するに当たり、技術者として多面的な観点から検討すべき課題を3つ抽出し、それぞれの観点を明記したうえでその内容を示せ。 （2）抽出した課題から最も重要と考える課題を1つ挙げ、その課題に対する複数の対応策を示せ。 （3）対応策によって新たに生じるリスクと解決策について、専門技術を踏まえた考えを示せ。	水道情報活用システム導入の手引き
	R03　Ⅲ-2　我が国の水道事業を取り巻く事業環境は、人口減少に伴う給水収益の減少、施設・管路の老朽化等に伴い、急速に厳しさを増している。このため、市町村の区域を超えた広域的な水道事業者間の多様な連携（広域連携）などによって今後の事業基盤を確立することも効果的である。 一方で、料金格差等の課題があるため、短期的には経営統合の実現が困難な地域も多くみられる。このような地域における広域連携方策を検討する技術者として、以下の問いに答えよ。 （1）技術者としての立場で多面的な観点から広域連携により解決できる課題を3つ抽出し、それぞれの観点を明記したうえで、課題の内容を示せ。 （2）抽出した課題のうちあなたが最も重要と考える課題を1つ挙げ、その課題に対する複数の解決策を示せ。 （3）提案した解決策を実行したとしても新たに生じうるリスクとそれへの対応について、中長期的な視点も含めて考えを示せ。	水道広域化推進プラン策定マニュアル

令和6（2024）年度試験	
予想問題（**太字は解答例を掲載**）	情報源
水道施設の多くは更新時期を迎えているが、財源や人的資源の問題から先送りになっているものも少なくない。このまま放置しておくと、水道サービスの低下や災害への対応も不十分となり、水道システムの安全性が損なわれてしまう。上記の状況を踏まえ、水道分野の技術者として以下の問いに答えよ。 (1) 水道施設更新に関して、技術者としての立場で多面的な観点から検討すべき課題を3つ抽出し、それぞれの観点を明記したうえで、課題の内容を示せ。 (2) 抽出した課題から最も重要と考える課題を1つ挙げ、その課題に対する複数の対応策を示せ。 (3) 対応策によって新たに生じるリスクと解決策について、専門技術を踏まえた考えを示せ。	水道事業におけるアセットマネジメントに関する手引き（平成21（2009）年）
近年、PPP/PFIなどの官民連携が積極的に進められているが、官民連携の推進にあたり、多くの課題も指摘されている。上記の状況を踏まえ、水道分野の技術者として以下の問いに答えよ。 (1) 官民連携に関して、技術者としての立場で多面的な観点から検討すべき課題を3つ抽出し、それぞれの観点を明記したうえで、課題の内容を示せ。 (2) 抽出した課題から最も重要と考える課題を1つ挙げ、その課題に対する複数の対応策を示せ。 (3) 対応策によって新たに生じるリスクと解決策について、専門技術を踏まえた考えを示せ。	PPP/PFI推進アクションプラン（令和5年改定版）
有機フッ素化合物には難分解性、高蓄積性、長距離移動性という性質があり、結果、環境中に広く残留している。また、人の健康や動植物の生息・生育に影響を及ぼす可能性も指摘されている。上記の状況を踏まえ、水道分野の技術者として以下の問いに答えよ。 (1) 有機フッ素化合物への対策に関して、技術者としての立場で多面的な観点から検討すべき課題を3つ抽出し、それぞれの観点を明記したうえで、課題の内容を示せ。 (2) 抽出した課題から最も重要と考える課題を1つ挙げ、その課題に対する複数の対応策を示せ。 (3) 対応策によって新たに生じるリスクと解決策について、専門技術を踏まえた考えを示せ。	PFOS、PFOAに関するQ&A集（2023年7月時点）
市街地から離れた小規模な集落等への送水方法の一つとして運搬送水が注目されている。ただし、運搬送水を実施するにあたり、課題も指摘されている。上記の状況を踏まえ、水道分野の技術者として以下の問いに答えよ。 (1) 運搬送水の実施に関して、技術者としての立場で多面的な観点から検討すべき課題を3つ抽出し、それぞれの観点を明記したうえで、課題の内容を示せ。 (2) 抽出した課題から最も重要と考える課題を1つ挙げ、その課題に対する複数の対応策を示せ。 (3) 対応策によって新たに生じるリスクと解決策について、専門技術を踏まえた考えを示せ。	運搬送水に係る留意事項（令和5年7月厚生労働省医薬・生活衛生局水道課）

選択科目［上水道及び工業用水道］出題問題・情報源・出題予想　つづき

問題の種類	令和（R）5、4、3、2、元年度（2023～2019）試験	
	出題問題（太字は解答例を掲載）	情報源
問題解決能力及び課題遂行能力 600字×3枚	R02　Ⅲ-1　配水区域を設定する際は、水源や浄水場の位置及び地形、水需要の実態等を考慮するが、これまで給水区域は、水需要の増加に伴い段階的な拡張を行ってきたことから、個々の配水区域は様々な問題を抱えており再編が必要になっている。配水区域の再編に際しては、配水区域内の水質の均等化に加え、水量・水圧のコントロールが容易となるように考慮するほか、管路事故や災害時にも対応が容易であることも求められる。これらを踏まえて下記の問いに答えよ。 （1）配水区域の再編に当たり、技術者としての立場で多面的な観点から課題を抽出し、その内容を観点とともに示せ。 （2）抽出した課題のうち最も重要と考える課題を1つ挙げ、その課題に対する複数の解決策を示せ。 （3）解決策に共通して新たに生じうるリスクとそれへの対策について、専門技術を踏まえた考えを示せ。	水道広域化検討手引き
	R02　Ⅲ-2　水道事業では、外部環境として、原水水質の悪化、水需要の減少及び自然災害の頻発化への対応等の多くの課題を抱えている。また、内部環境として、水道事業の基幹施設である多くの浄水施設で老朽化が進んでいる。このため、今後の水道水の安定供給に向けた浄水施設の更新や機能強化が求められている。上記の状況を踏まえ、水道分野の技術者として、以下の問いに答えよ。 （1）浄水施設に関して、上記の要因を考慮した多面的なそれぞれの観点（水質、水量、強靭）について複数の課題を抽出し、その内容を観点とともに示せ。 （2）前問（1）で抽出した課題のうち、強靭の観点に関して、近年の自然災害を踏まえ、最も重要と考える課題を1つ挙げ、その課題に対して浄水場で実施する場合の複数の解決策を具体的に示せ。 （3）前問（2）で提示した解決策に新たに生じうるリスクとそれへの対策について、専門技術を踏まえた考えを示せ。	新水道ビジョン（平成25年3月） 水道の耐震化計画等策定指針（平成27年6月） 地震等緊急時対応の手引き（平成25年3月） 水道事業における官民連携に関する手引き（令和元年9月）
	R01　Ⅲ-1　我が国の水道普及率は約98%となり、ほとんどの国民が水道を利用できるようになっている。一方で近年の水道を取り巻く環境は大きく変化し、特に水道水に対する安全性・快適性への関心がますます高まっていることから、今後はさらにレベルの高い水質管理を実践することが求められている。このような状況を考慮して、以下の問いに答えよ。 （1）安全・快適な水道水を供給するために、技術者としての立場で多面的な観点から課題を抽出し分析せよ。 （2）抽出した課題のうち、あなたが最も重要な技術的課題と考えるものを1つ挙げ、解決するための技術的提案を複数示せ。 （3）解決策に共通して新たに生じうるリスクとそれへの対策について述べよ。	厚生労働省ホームページ「水安全計画について」
	R01　Ⅲ-2　日本の水道は、水道の普及率が急上昇した高度経済成長期に、水道施設の整備が進んだが、現在、安全性・安定性やサービス水準等の質的な面で十分といい難い施設も多くある。また、その当時に整備された施設の多くが耐用年数を迎え老朽化している。このような状況の中で、将来にわたって、給水の安全性・安定性を維持していくためには計画的に水道施設の改良・更新を行い、施設の再構築を進めていくことが必要となる。これらを踏まえて下記の問いに答えよ。 （1）水道施設の再構築計画を立案するに当たり、技術者としての立場で多面的な観点から課題を抽出し分析せよ。 （2）抽出した問題のうち最も重要と考える課題を1つ挙げ、その課題に対する複数の解決策を示せ。 （3）解決策に共通して新たに生じうるリスクとそれへの対策について述べよ。	厚生労働省ウェブサイト、 東京都水道局ウェブサイト

令和6（2024）年度試験	
予想問題（太字は解答例を掲載）	情報源

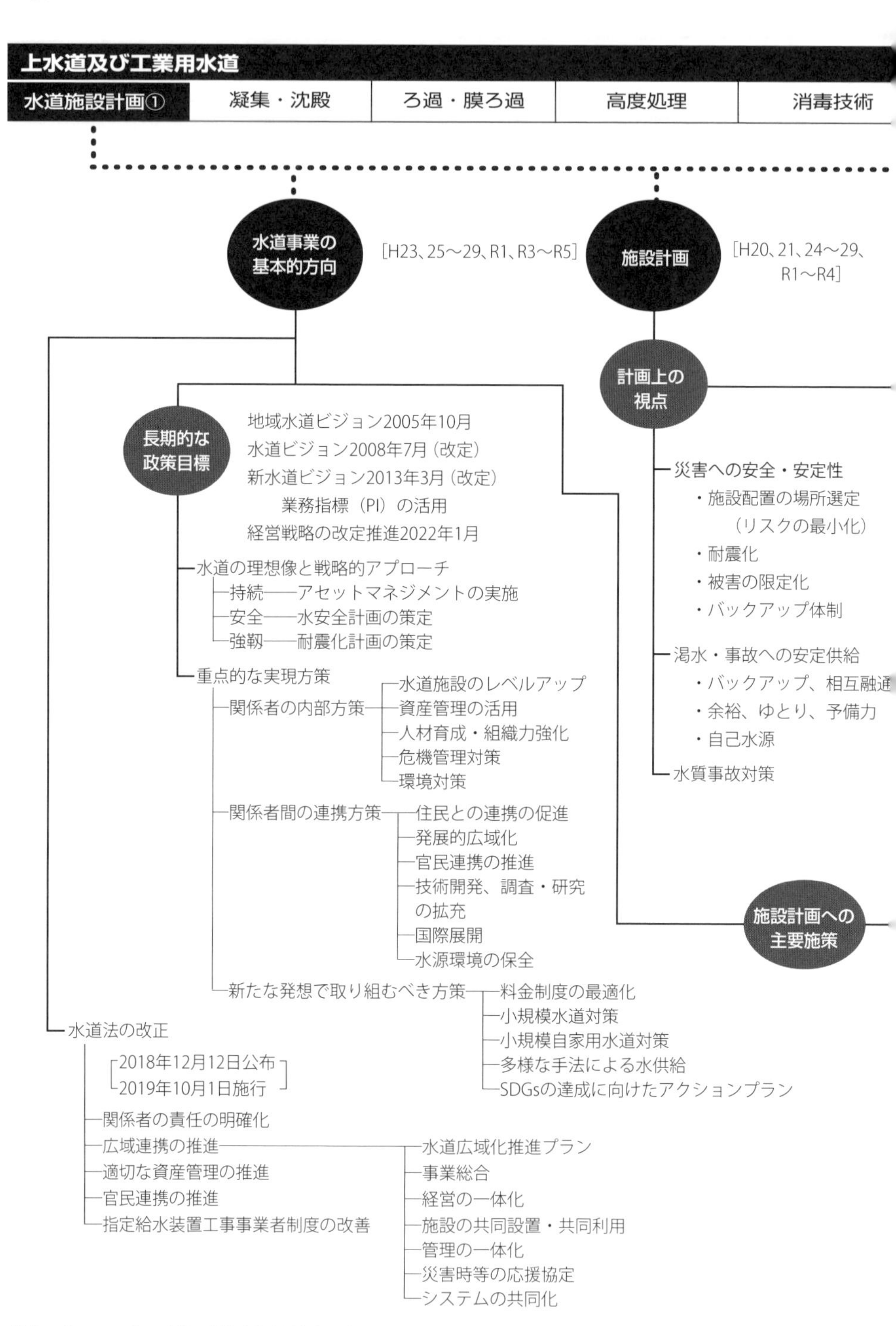
上水道及び工業用水道
水道施設計画①
凝集・沈殿
ろ過・膜ろ過
高度処理
消毒技術
水道事業の基本的方向
[H23、25〜29、R1、R3〜R5]
施設計画
[H20、21、24〜29、R1〜R4]
計画上の視点
災害への安全・安定性
・施設配置の場所選定（リスクの最小化）
・耐震化
・被害の限定化
・バックアップ体制
渇水・事故への安定供給
・バックアップ、相互融通
・余裕、ゆとり、予備力
・自己水源
水質事故対策
施設計画への主要施策
長期的な政策目標
地域水道ビジョン2005年10月
水道ビジョン2008年7月（改定）
新水道ビジョン2013年3月（改定）
業務指標（PI）の活用
経営戦略の改定推進2022年1月
水道の理想像と戦略的アプローチ
持続——アセットマネジメントの実施
安全——水安全計画の策定
強靭——耐震化計画の策定
重点的な実現方策
関係者の内部方策
水道施設のレベルアップ
資産管理の活用
人材育成・組織力強化
危機管理対策
環境対策
関係者間の連携方策
住民との連携の促進
発展的広域化
官民連携の推進
技術開発、調査・研究の拡充
国際展開
水源環境の保全
新たな発想で取り組むべき方策
料金制度の最適化
小規模水道対策
小規模自家用水道対策
多様な手法による水供給
SDGsの達成に向けたアクションプラン
水道法の改正
2018年12月12日公布
2019年10月1日施行
関係者の責任の明確化
広域連携の推進
適切な資産管理の推進
官民連携の推進
指定給水装置工事事業者制度の改善
水道広域化推進プラン
事業総合
経営の一体化
施設の共同設置・共同利用
管理の一体化
災害時等の応援協定
システムの共同化

凡例：［H00、R0］の表記は記述試験出題年を示す

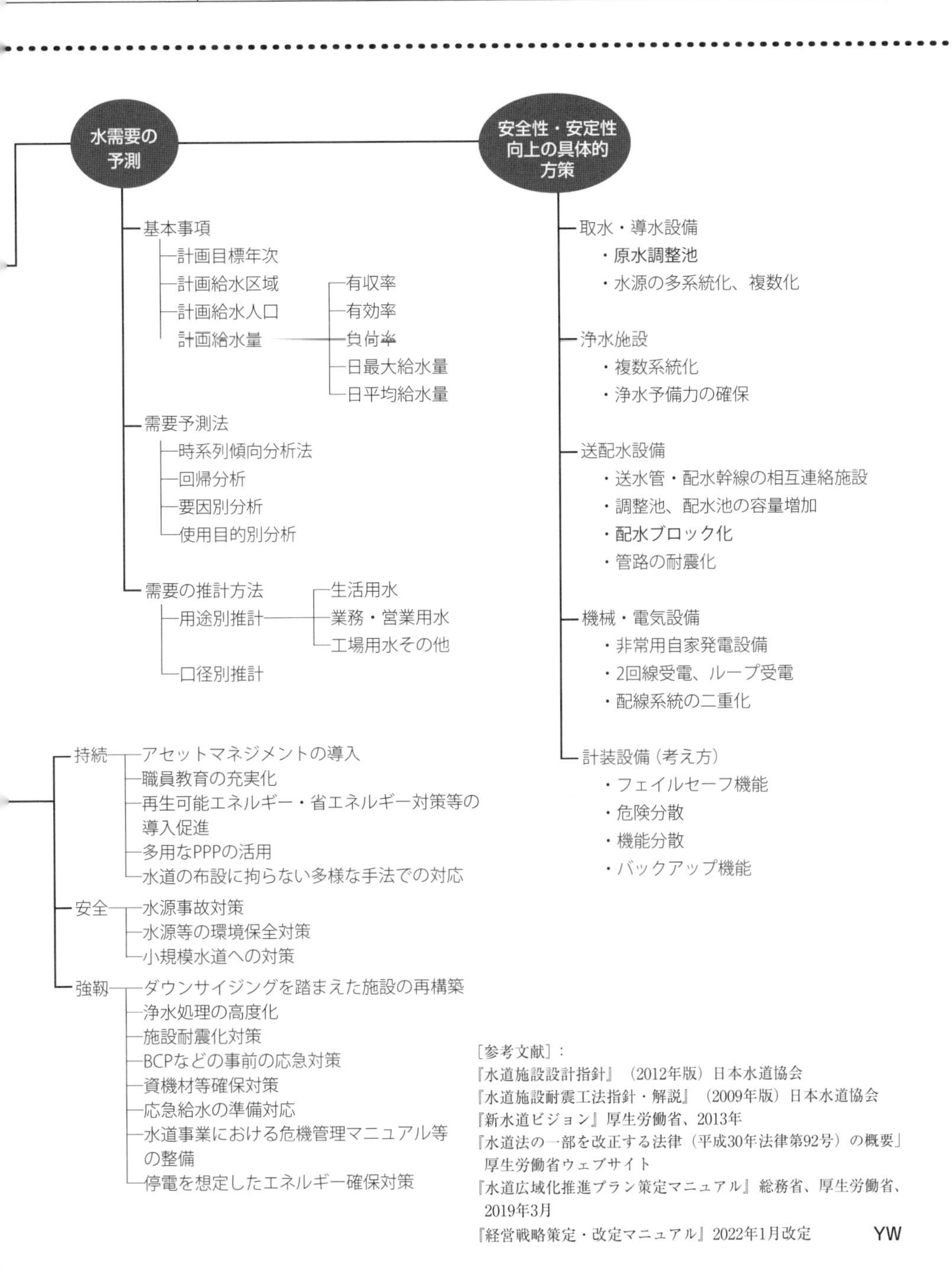

［参考文献］：
『水道施設設計指針』（2012年版）日本水道協会
『水道施設耐震工法指針・解説』（2009年版）日本水道協会
『新水道ビジョン』厚生労働省、2013年
「水道法の一部を改正する法律（平成30年法律第92号）の概要」厚生労働省ウェブサイト
『水道広域化推進プラン策定マニュアル』総務省、厚生労働省、2019年3月
『経営戦略策定・改定マニュアル』2022年1月改定

YW

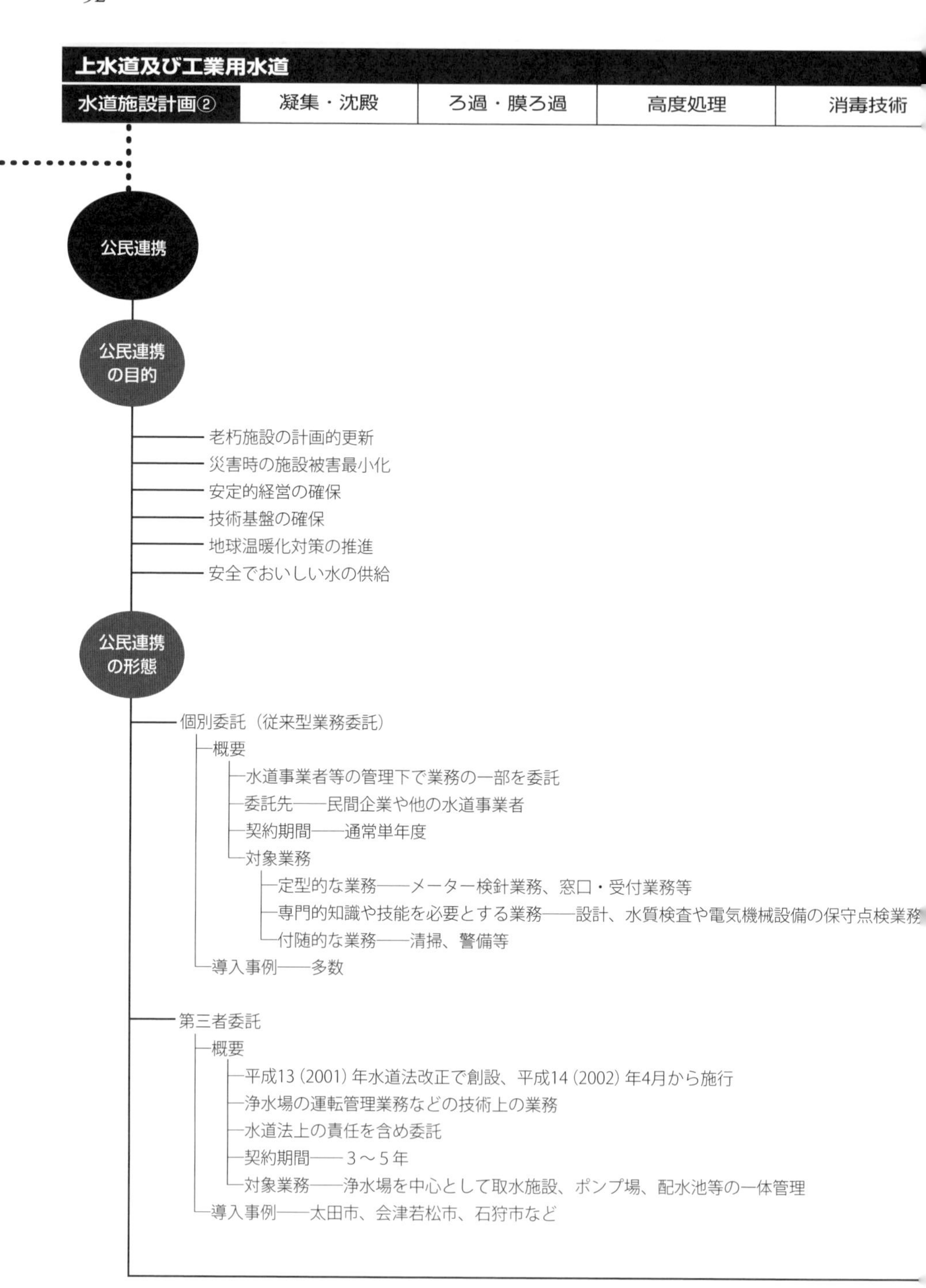
公民連携
公民連携の目的
老朽施設の計画的更新
災害時の施設被害最小化
安定的経営の確保
技術基盤の確保
地球温暖化対策の推進
安全でおいしい水の供給
公民連携の形態
個別委託（従来型業務委託）
概要
水道事業者等の管理下で業務の一部を委託
委託先――民間企業や他の水道事業者
契約期間――通常単年度
対象業務
定型的な業務――メーター検針業務、窓口・受付業務等
専門的知識や技能を必要とする業務――設計、水質検査や電気機械設備の保守点検業務
付随的な業務――清掃、警備等
導入事例――多数
第三者委託
概要
平成13（2001）年水道法改正で創設、平成14（2002）年4月から施行
浄水場の運転管理業務などの技術上の業務
水道法上の責任を含め委託
契約期間――3～5年
対象業務――浄水場を中心として取水施設、ポンプ場、配水池等の一体管理
導入事例――太田市、会津若松市、石狩市など

配水池	管　路	地下水	水　質

- DBO（Design Build Operate）
  - 概要
    - 施設の設計、建設、維持管理、修繕等の業務——民間事業者が包括的に実施
    - 施設整備に伴う資金調達—水道事業者等が担う
    - 契約期間——10～30 年
    - 対象業務——施設の設計、建設、維持管理、修繕等の業務全般
  - 導入事例——紫波町、松山市、大牟田市、荒尾市、佐世保市の施設備整備及び運転管理業務

- PFI（Private Finance Initiative）
  - 概要
    - 公共施設等の設計、建設、維持管理、修繕等の業務——民間事業者の資金とノウハウで包括的に実施
    - 事業形態——サービス購入型、ジョイントベンチャー型、独立採算型
    - 事業方式——BOT（Build Operate Transfer）、BTO（Build Transfer Operate）、BOO（Build Operate Own）
    - 契約期間——10～30 年
    - 対象業務——施設の設計、建設、維持管理、修繕等の業務全般
  - 導入事例
    - 東京都水道局、神奈川県企業庁、埼玉県企業局、愛知県企業庁で発電設備や排水処理設備の整備
    - 横浜市、夕張市、岡崎市の浄水施設の整備及び運転管理業務

- コンセッション方式
  - 概要
    - 施設の所有権を公的主体が有したまま施設の運営権を民間事業者に設定
    - 事業方式——民間事業型、地方公共団体事業型
    - 対象業務——事業方式により異なる
  - 導入事例——なし

- 完全民営化
  - 概要
    - 民間事業者が水道資産を保有した上で水道事業を経営
    - 対象業務——水道事業の経営を行うために必要な業務全て
  - 導入事例——地方公共団体が経営する水道事業では事例なし

［参考文献］：『水道事業における官民連携に関する手引き（改訂版）』厚生労働省健康局水道課、令和元年（2019年）4月

AY

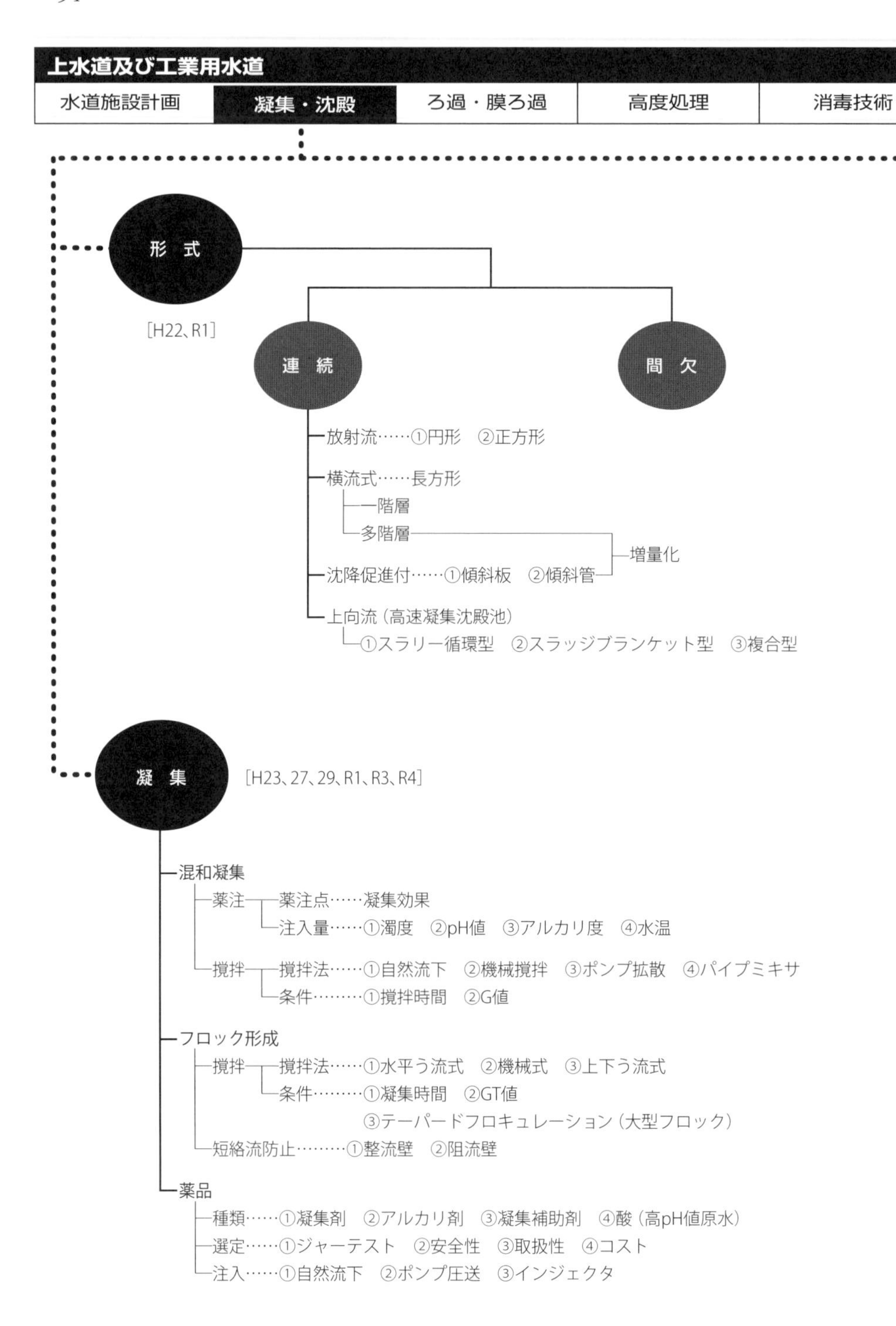
形 式
[H22、R1]
連 続
間 欠
放射流……①円形 ②正方形
横流式……長方形
一階層
多階層
増量化
沈降促進付……①傾斜板 ②傾斜管
上向流（高速凝集沈殿池）
①スラリー循環型 ②スラッジブランケット型 ③複合型
凝 集
[H23、27、29、R1、R3、R4]
混和凝集
薬注
薬注点……凝集効果
注入量……①濁度 ②pH値 ③アルカリ度 ④水温
撹拌
撹拌法……①自然流下 ②機械撹拌 ③ポンプ拡散 ④パイプミキサ
条件………①撹拌時間 ②G値
フロック形成
撹拌
撹拌法……①水平う流式 ②機械式 ③上下う流式
条件………①凝集時間 ②GT値
③テーパードフロキュレーション（大型フロック）
短絡流防止………①整流壁 ②阻流壁
薬品
種類……①凝集剤 ②アルカリ剤 ③凝集補助剤 ④酸（高pH値原水）
選定……①ジャーテスト ②安全性 ③取扱性 ④コスト
注入……①自然流下 ②ポンプ圧送 ③インジェクタ

配水池	管　路	地下水	水　質

沈　殿　[H21、24、28、29、R1、R2、R4]

- 短絡流、偏流、密度流（沈殿効率）
  - 流入……①均一流入（ゲート）　②流入整流壁　③流入水頭
  - 流出……①中間取出し　②流入整流壁　③越流トラフ配列
  - 流れ……①中間整流壁　②傾斜池底　③強風
  - 比重差……①水質変動（水温、濁度）　②日光
- 上澄水
  - トラフ……①越流トラフ負荷　②設置場所
  - 浮遊物……①遮断板　②オリフィス
- 条件
  - 流速……①レイノルズ数　②フルード数　③層流
  - 水深……①沈殿時間　②汚泥貯留
  - 表面積負荷……①除去率　②水温　③沈降速度　④粒子除去率
- 維持管理……①藻類　②予備池

排　泥　[H22、25]　……　**有効利用**
- 農業利用（園芸土、客土材）
- 土地造成資材
- セメント原料
- 埋め戻し材

- 集泥方式
  - 重力……池底面勾配
  - 機械式………①走行式ミーダ式　②リンクベルト式　③水中牽引式
  - ホッパ式……①中央掻寄式　②レシプロ式
- 排泥法
  - 濃度………①排泥ピット　②汚泥処理能力　③排泥時間　④間欠インターバル
  - 流出法……①自然流下　②ポンプ式　③気圧式
- 維持管理
  - 閉塞防止……①排泥弁　②圧力水　③排泥管径　④最適流速
  - スラッジの圧密……①汚泥の浮上　②汚泥の固化

［参考文献］：『水道施設設計指針』（2012年版）日本水道協会

TI

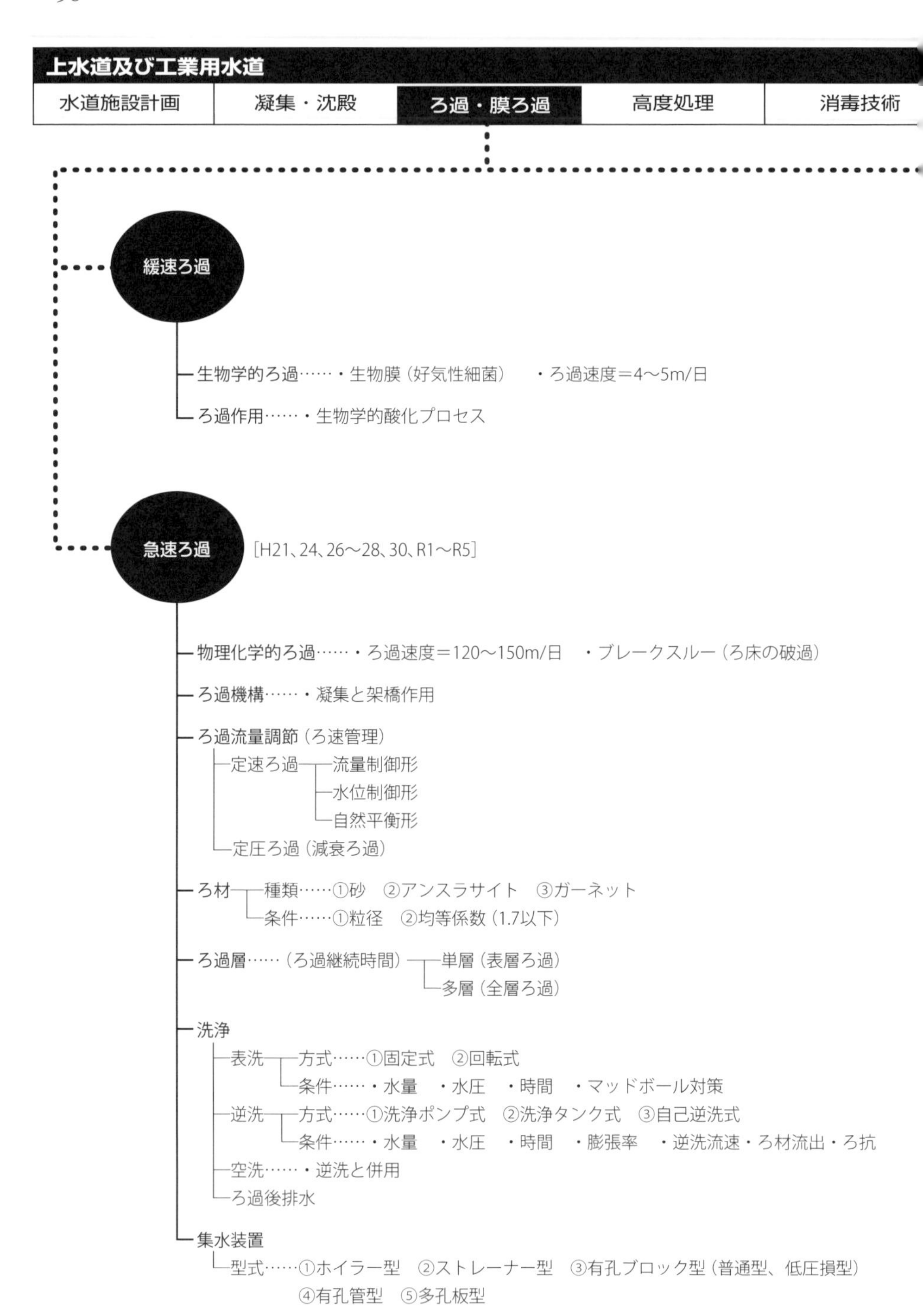
上水道及び工業用水道
水道施設計画
凝集・沈殿
ろ過・膜ろ過
高度処理
消毒技術
緩速ろ過
生物学的ろ過……・生物膜（好気性細菌）　・ろ過速度＝4～5m/日
ろ過作用……・生物学的酸化プロセス
急速ろ過
[H21、24、26～28、30、R1～R5]
物理化学的ろ過……・ろ過速度＝120～150m/日　・ブレークスルー（ろ床の破過）
ろ過機構……・凝集と架橋作用
ろ過流量調節（ろ速管理）
定速ろ過
流量制御形
水位制御形
自然平衡形
定圧ろ過（減衰ろ過）
ろ材
種類……①砂　②アンスラサイト　③ガーネット
条件……①粒径　②均等係数（1.7以下）
ろ過層……（ろ過継続時間）
単層（表層ろ過）
多層（全層ろ過）
洗浄
表洗
方式……①固定式　②回転式
条件……・水量　・水圧　・時間　・マッドボール対策
逆洗
方式……①洗浄ポンプ式　②洗浄タンク式　③自己逆洗式
条件……・水量　・水圧　・時間　・膨張率　・逆洗流速・ろ材流出・ろ抗
空洗……・逆洗と併用
ろ過後排水
集水装置
型式……①ホイラー型　②ストレーナー型　③有孔ブロック型（普通型、低圧損型）
④有孔管型　⑤多孔板型

配水池	管 路	地下水	水 質

膜ろ過

[H20～24、27、30、R4]

- 種類

	[目 的]	[モジュール形状]
限外ろ過膜（UF）	凝集沈殿・砂ろ過の代替	中空糸（有機膜）
精密ろ過膜（MF）	凝集沈殿・砂ろ過の代替	モノリス（無機膜）
ナノろ過膜（NF）	オゾン・活性炭の代替	スパイラル、中空糸
逆浸透膜（RO）	海水淡水化、無機イオンの除去	スパイラル、中空糸
大孔径ろ過膜（LP）	クリプト除去	中空系

- 特徴
  - UF/MF
    - 利点
      - ①容易な維持管理
      - ②凝集剤が不要
      - ③省スペース
      - ④現地工事費の低減
      - ⑤処理水質の向上及び安定
    - 問題点
      - ①膜の寿命及びコスト
      - ②膜損傷の検出技術
      - ③薬品洗浄（オンライン）
      - ④省エネルギー
      - ⑤ファウリング
  - NF
    - 利点 ①溶解性有機物の除去 ②2価イオンの除去 ③活性炭の代替技術
    - 問題点 ①膜寿命及びコスト ②前処理 ③回収率の向上
  - RO
    - 利点 ①脱塩 ②省エネルギー（蒸留法と比較）
    - 問題点 ①膜寿命及びコスト ②前処理 ③回収率の向上
  - LP
    - 利点 ①省エネルギー
    - 問題点 ②濁度除去性能

[参考文献]：『浄水技術ガイドライン2010』水道技術研究センター
『水道施設設計指針』（2012年版）日本水道協会
『水道維持管理指針』（2016年版）日本水道協会
『浄水膜（第2版）』膜分離技術振興協会
『膜ろ過施設導入ガイドライン（2015）』水道技術研究センター
『膜ろ過施設維持管理マニュアル2018』水道技術研究センター

TA

上水道及び工業用水道
水道施設計画
凝集・沈殿
ろ過・膜ろ過
高度処理
消毒技術
活性炭処理
[H21、23〜25、27、29、R3、R5]
物理化学的吸着・生物学的処理
形状……粉末・粒状
除去対象……2-MIB・ジェオスミン・鉄・マンガン・トリハロメタン及び前駆物質・色度・
フェノール類・農薬・トリクロロエチレン等・陰イオン界面活性剤・残留オゾン
ろ材
種類……石炭・ヤシ殻・木質
条件……粒径・均等係数・吸着量・細孔径
（粉末）
注入方式……湿式（ウェット炭）・乾式（ドライ炭）
条件……注入率・接触時間・接触方式
注意事項……微粉炭のリーク・可燃性
塩素消費……0.2〜0.25mg - Cl/mg - AC
（粒状）
接触方式……固定層（下向流）・流動層（上向流）
条件……ろ過速度・接触時間・ろ層厚・空間速度
注意事項……逆洗・生物の漏出
生物活性炭……有機物分解・アンモニア態窒素の除去・トリハロメタン生成能低減、
臭気物質、陰イオン界面活性剤の除去（オゾンとの併用）

配水池	管　路	地下水	水　質

オゾン処理　[H25〜27]

- 化学的酸化処理
- 除去対象……2 - MIB・ジェオスミン・色度・鉄・マンガン
  有機物の生分解性増大
- 副生成物……臭酸素……活性炭処理（後段に設置）
- 条件
  - 注入率
  - 注入制御……①流量比例　②溶存オゾン濃度一定　③排オゾン濃度一定
    ④　②と③の組み合わせ
  - 注入方式……散気管・下方注入・インジェクタ
- 排オゾン処理設備……活性炭吸着分解法・加熱分解・触媒分解法
- 許容濃度……0.1ppm以下（８時間平均値）

生物処理　[H25、27]

- 生物学的処理
- 除去対象……アンモニア態窒素・2 - MIB・ジェオスミン・藻類・有機物・鉄・
  マンガン・陰イオン界面活性剤
- 方式……生物接触ろ過方式・浸漬ろ床方式・回転円板方式
- 条件……水温・pH値・栄養塩類・溶存酸素・接触時間・ろ床面積
- 注意事項……阻害物質・低水温期・無機態窒素・アルカリ度

［参考文献］：
『水道施設設計指針』（2012年版）日本水道協会
『水道維持管理指針』（2016年版）日本水道協会
『浄水技術ガイドライン2010』水道技術研究センター

WF

消 毒

[H21～23、25～29、R2]

- 水道法……①遊離残留塩素濃度 0.1mg/L以上　②結合残留塩素濃度 0.4mg/L以上
- 条件……・持続性　・大量処理　・安全性　・安価
- 弱点……・トリハロメタン等の消毒副生成物の抑制
  - ・クリプトスポリジウム、ジアルジア等の原虫は塩素では完全に殺菌できない
  - ・時間とともに分解し、有効塩素は減少、塩素酸は増加する
- 注入量
  - 通常時
    - 塩素消費量――水中の被酸化物
    - 塩素要求量――水中の被酸化物（①遊離残留塩素濃度 0.1mg/L以上 ②結合残留塩素濃度 0.4mg/L以上）
    - 途中消費――配水施設
    - 均一残留――追加注入
  - 異常時……・消化器系伝染病の流行・断水後の給水開始・原水の悪化・浄水過程の異状
    - （①遊離残留塩素濃度 0.2mg/L以上 ②結合残留塩素濃度 1.5mg/L以上）
- 残留塩素形態――水質（アンモニア、pH）
  - ブレークポイント
  - 殺菌力
    - 遊離塩素……塩素臭有、持続性有
    - 結合塩素――クロラミン……無臭味、持続性無
  - 塩素剤――現行タイプ：次亜塩素酸ナトリウム、次亜塩素酸カルシウム（非常対策用）
    - 旧来タイプ：塩素ガス、さらし粉
    - 将来タイプ：二酸化塩素

配水池	管　路	地下水	水　質

- 注入法
  - 塩素ガス……安全性（操業上、地震時）
  - 次亜塩素酸ナトリウム、さらし粉
    - 溶液注入……①自然流下　②ポンプ圧送
- 代替消毒技術……残留塩素が法的に要求されるため不可
  - オゾン……・持続性無　・高価　・オゾン臭　・溶存酸素有　・臭素酸副生成
  - 紫外線……・安価　・持続性無　・クリプトスポリジウムの不活化
  - 二酸化塩素……トリハロメタン等の消毒副生成物の抑制
- 注入点
  - 前塩素処理——原水入口……トリハロメタン生成（前駆物質との反応）、マンガンの析出
  - 中塩素処理——沈殿池出口
  - 後塩素処理——ろ過池出口
- 前塩素処理の代替
  - 殺菌——オゾン処理
  - 酸化（鉄、マンガン、アンモニア性窒素）——生物処理
  - 分解——オゾン処理、活性炭吸着
  - 酸化（鉄、マンガン）——中塩素処理

［参考文献］：
『水道施設設計指針』（2012年版）日本水道協会
『水道維持管理指針』（2016年版）日本水道協会
『水道用次亜塩素酸ナトリウムの取り扱い等の手引き（Q&A）』日本水道協会
『水道における紫外線処理設備導入及び維持管理の手引き』水道技術研究センター

TA

貯留機能

[H22、25、R1、R5]

- 安定給水……断水の防止
  - 原因……①停電　②浄水場及び送水管事故　③水質事故　④清掃　⑤渇水　⑥自然災害
  - 対策
    - 容量……・計画一日最大給水量の12時間分
      ・計画給水人口が50,000人以下の場合、消火用水量を加算
    - 分散設置……・配水ブロック化──相互補給体制／事故分散
    - 高所設置……・水圧確保　・汚染防止　・災害時の用水確保
    - 地震対策……・緊急遮断弁設置　・分割仕切壁　・耐震補強
- 安全給水……水質の確保
  - 構造……・外部より流入防止（地下水、雨水、異物）
    ・耐塩素ガス　・凍結防止　・滞留させない構造
  - 残留塩素追加……到達時間の一定化──配水ブロック化
- 維持管理
  - 残留塩素管理
  - 配水量把握
  - 貯水量把握（水位監視）──貯水不足──浄水能力増加／貯水量能力増加
  - コンクリート構造物の維持管理──劣化測定、ひび割れ補修
  - 調査清掃
- 配水池の問題点
  - 破損漏水……①緊急遮断弁　②分割仕切　③RC、PCの劣化対策
  - 残留塩素……追加塩素──トリハロメタン生成量抑制
- 型式
  - 構造……①地下　②半地下　③地上
  - 材質……①RC　②PC　③FRP　④SS　⑤SUS

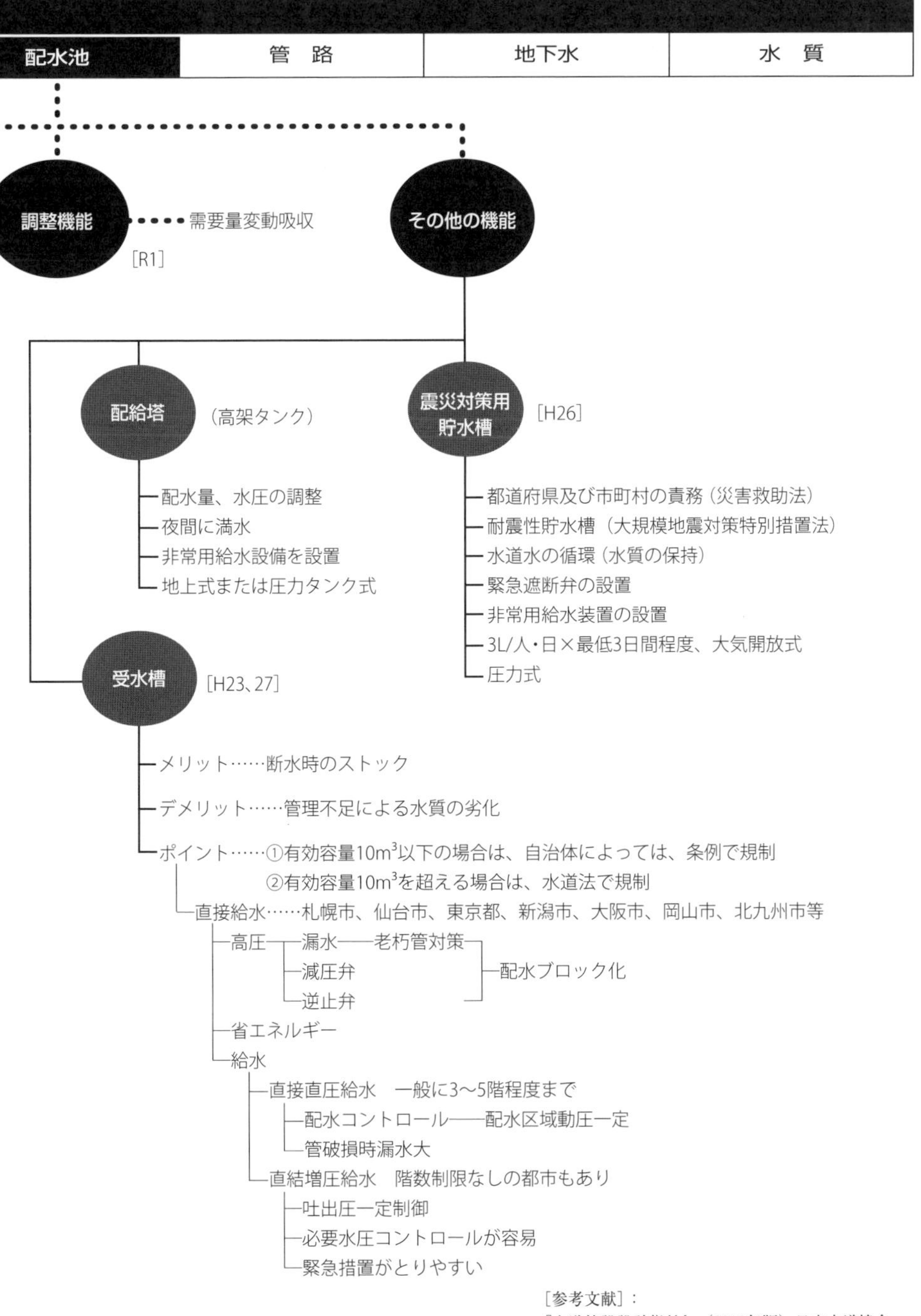

[参考文献]：
『水道施設設計指針』(2012年版) 日本水道協会
『水道維持管理指針』(2016年版) 日本水道協会

AY

上水道及び工業用水道

水道施設計画	凝集・沈殿	ろ過・膜ろ過	高度処理	消毒技術

路線計画の留意点 [H24～27、29、R2]

- 管路縦断――動水勾配線以下に埋設
- 埋設位置――サンドエロージョン現象
- 送水方式
  - 自然流下式――接合井の設置
  - ポンプ加圧式
    - 中継ポンプ場の設置
    - キャビテーション対策
    - ウォータハンマ対策
- 管径
  - ポンプ圧送の場合は経済的管径の考慮
  - 最小流速のチェック
- 最少動水圧150kPa、最大静水圧740kPa
- 導水施設――導水渠の平均流速：許容最大限度3.0m/s
  許容最小限度0.3m/s

一般埋設管路設計で考慮すべき事項 [H24、26、27、R3]

- 設計水圧
  - 最小動水圧0.15MPa
  - 最大動水圧0.74MPa
- 管種
  - ダクタイル鋳鉄管（DIP）
  - 鋼管（SP）
  - 硬質塩化ビニル管（VP）
  - ポリエチレン管（PP）
  - ステンレス鋼管
- 管厚計算
- 継手形式
  - DIP
    - 一般継手（K、T、U形）
    - 耐震継手（GX、NS、S、SII、US、PN形）
  - SP――溶接継手
  - VP
    - TS継手
    - RR継手
  - PP
    - 融着継手
    - 冷間継手
- 塗装仕様
- 防食対策
  - DIP――ポリエチレンスリーブ
  - SP
    - 塗覆装のレベルアップ
    - 電気防食
- 異形管防護
- 耐震性の向上
- 埋設間隔0.3m以上
- 異種金属接触腐食の防止
- 配水管に排水設備の設置

布設工法の留意点 [H25、26、R4、R5]

- 開削工法
  - 土被り
  - 掘削幅
  - 埋戻し材料
- 横断工法
  - 水管橋
    - パイプビーム形式、補剛形
    - 最も高い位置に空気弁設置
    - 橋脚部に伸縮継手
    - 鋼管、ダクタイル鋳鉄管
  - 橋梁添架形式
  - 伏越し
- 非開削工法
  - 推進工法
    - 刃口推進
    - セミシールド
    - 小口径推進
    - 推進管の種別
      - さや管推進
      - 本管推進
  - シールド工法
    - 開放型
    - 密閉型
- 不断水工法
  - 不断水分岐工法
  - 不断水バルブ設置工法

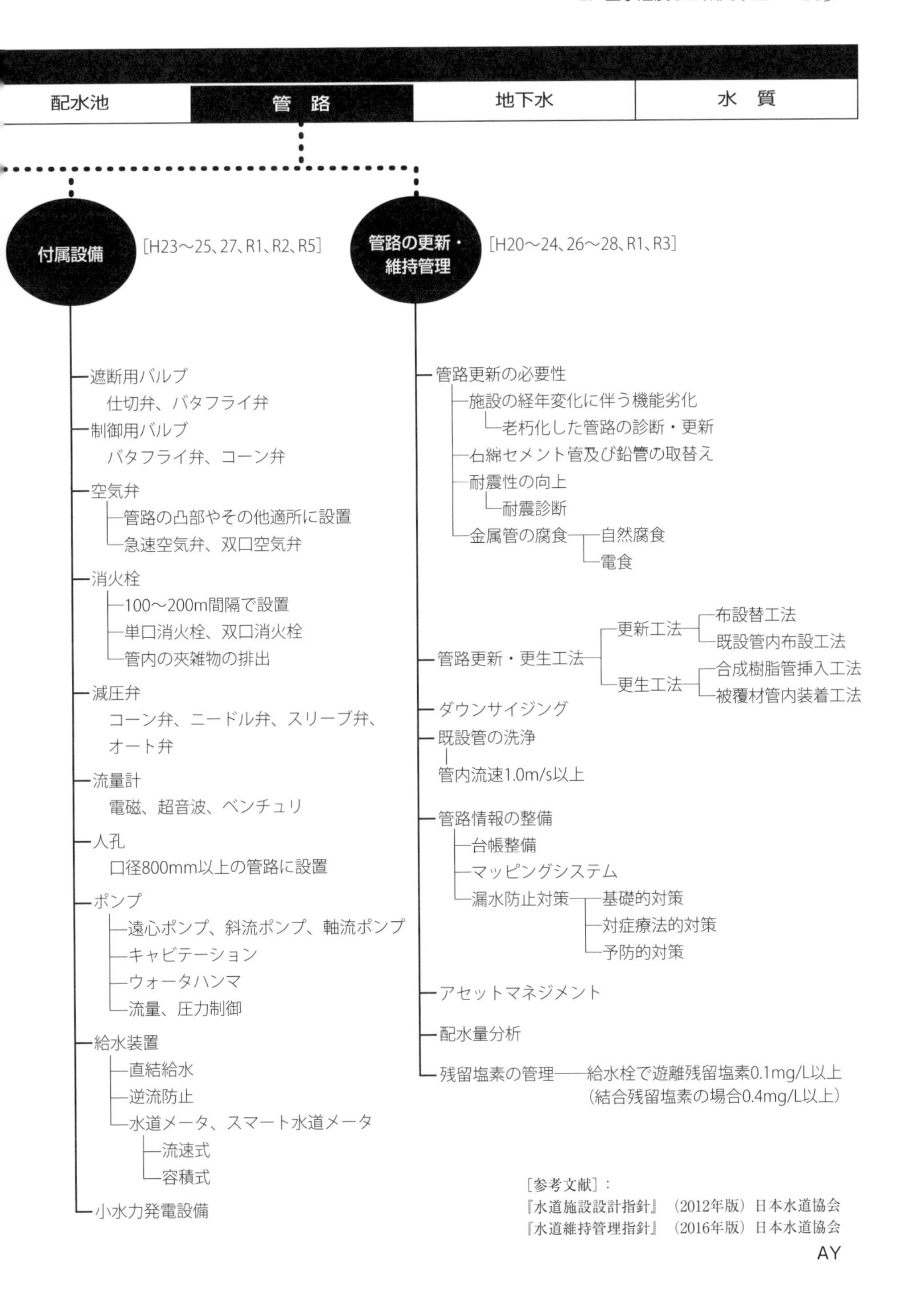
配水池
管 路
地下水
水 質
付属設備
[H23〜25、27、R1、R2、R5]
遮断用バルブ
仕切弁、バタフライ弁
制御用バルブ
バタフライ弁、コーン弁
空気弁
管路の凸部やその他適所に設置
急速空気弁、双口空気弁
消火栓
100〜200m間隔で設置
単口消火栓、双口消火栓
管内の夾雑物の排出
減圧弁
コーン弁、ニードル弁、スリーブ弁、
オート弁
流量計
電磁、超音波、ベンチュリ
人孔
口径800mm以上の管路に設置
ポンプ
遠心ポンプ、斜流ポンプ、軸流ポンプ
キャビテーション
ウォータハンマ
流量、圧力制御
給水装置
直結給水
逆流防止
水道メータ、スマート水道メータ
流速式
容積式
小水力発電設備
管路の更新・維持管理
[H20〜24、26〜28、R1、R3]
管路更新の必要性
施設の経年変化に伴う機能劣化
老朽化した管路の診断・更新
石綿セメント管及び鉛管の取替え
耐震性の向上
耐震診断
金属管の腐食
自然腐食
電食
管路更新・更生工法
更新工法
布設替工法
既設管内布設工法
更生工法
合成樹脂管挿入工法
被覆材管内装着工法
ダウンサイジング
既設管の洗浄
管内流速1.0m/s以上
管路情報の整備
台帳整備
マッピングシステム
漏水防止対策
基礎的対策
対症療法的対策
予防的対策
アセットマネジメント
配水量分析
残留塩素の管理
給水栓で遊離残留塩素0.1mg/L以上
(結合残留塩素の場合0.4mg/L以上)

[参考文献]:
『水道施設設計指針』(2012年版)日本水道協会
『水道維持管理指針』(2016年版)日本水道協会

AY

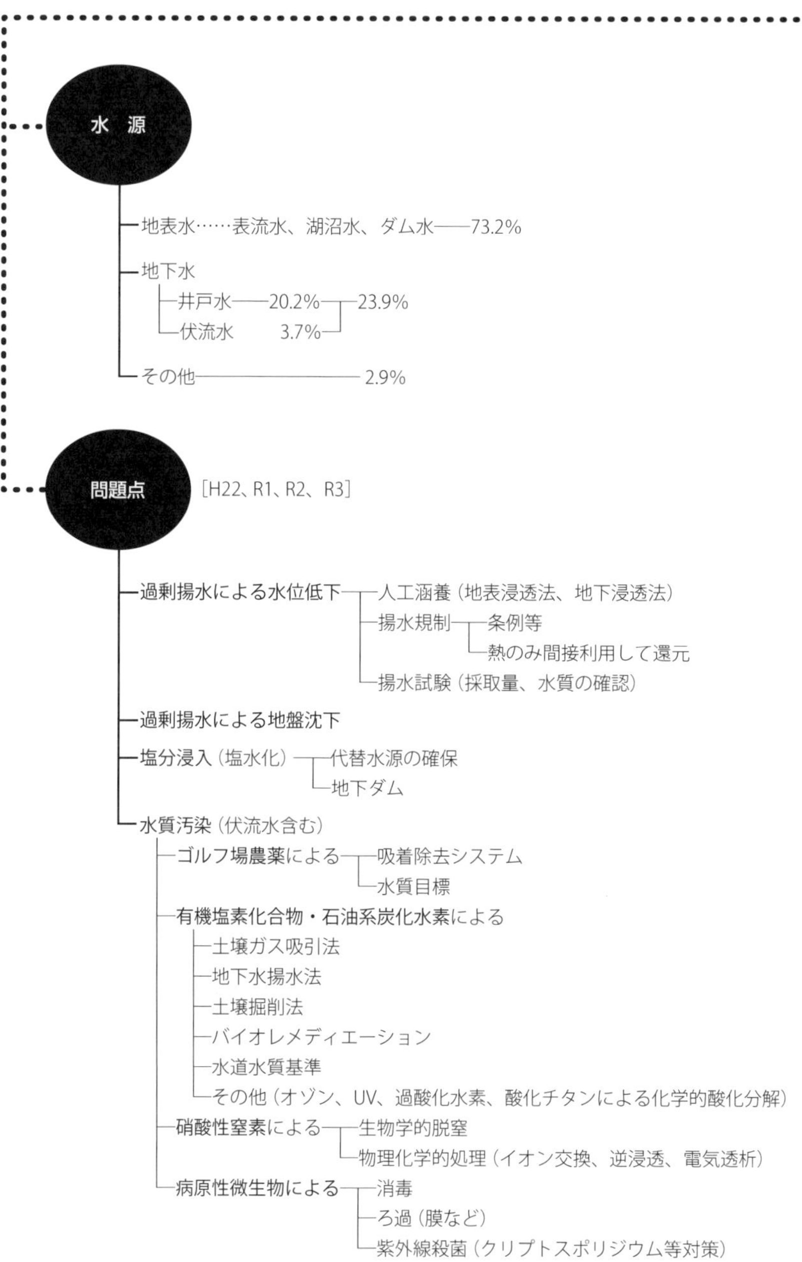
水　源
地表水……表流水、湖沼水、ダム水――73.2%
地下水
井戸水――20.2%――23.9%
伏流水　3.7%
その他―――2.9%
問題点
[H22、R1、R2、R3]
過剰揚水による水位低下
人工涵養（地表浸透法、地下浸透法）
揚水規制
条例等
熱のみ間接利用して還元
揚水試験（採取量、水質の確認）
過剰揚水による地盤沈下
塩分浸入（塩水化）
代替水源の確保
地下ダム
水質汚染（伏流水含む）
ゴルフ場農薬による
吸着除去システム
水質目標
有機塩素化合物・石油系炭化水素による
土壌ガス吸引法
地下水揚水法
土壌掘削法
バイオレメディエーション
水道水質基準
その他（オゾン、UV、過酸化水素、酸化チタンによる化学的酸化分解）
硝酸性窒素による
生物学的脱窒
物理化学的処理（イオン交換、逆浸透、電気透析）
病原性微生物による
消毒
ろ過（膜など）
紫外線殺菌（クリプトスポリジウム等対策）

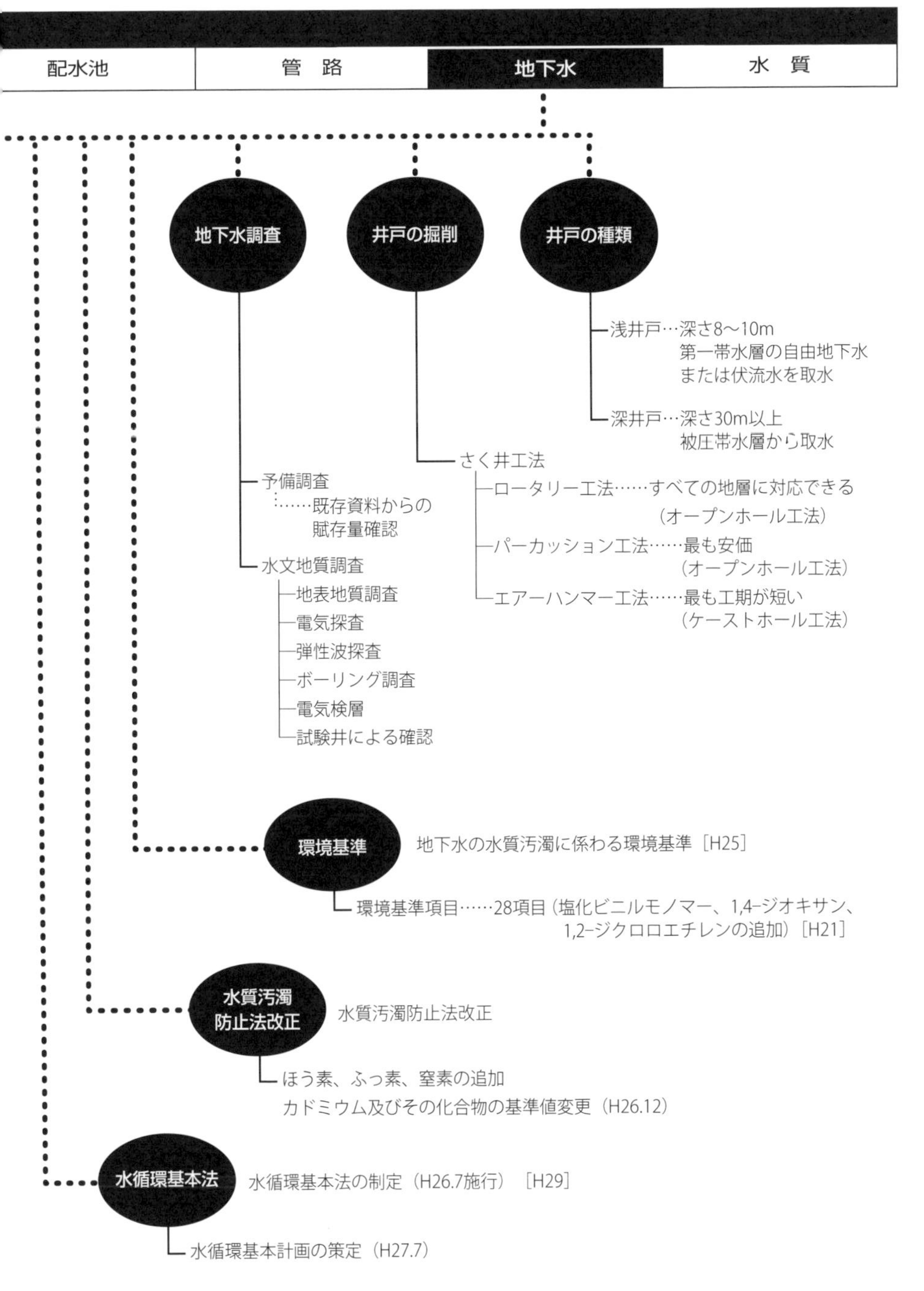

［参考文献］：『水道施設設計指針』（2012年版）日本水道協会
『高濁度原水への対応の手引き』水道技術研究センター

TI

上水道及び工業用水道

水道施設計画	凝集・沈殿	ろ過・膜ろ過	高度処理	消毒技術

水道水源の水質
[H23、25、27、R3、R5]

- 水源の種別
  - 水源
    - 地表水
      - 河川水（自流水）
      - 湖沼水
      - ダム水*（放流を含む）
    - 地下水
      - 伏流水
      - 不圧地下水
      - 被圧地下水
      - 湧水
    - その他——海水、かん水、天水等

  ＊ダム水とはダムによる貯留水をいう。
- 水道水源として適切な原水水質の目安
  - 生活環境の保全に関する環境基準
    - 河川——類型AA、A、B
    - 湖沼——類型AA、A
- 水源別に問題となる水質
  - 河川水——濁度、アンモニア性窒素、過マンガン酸カリウム消費量、陰イオン界面活性剤等
  - 湖沼水、ダム水——プランクトン藻類、臭気物質（特にカビ臭）、鉄、マンガン等
  - 地下水——色度、遊離炭酸、アンモニア性窒素、硝酸性窒素、鉄、マンガン、揮発性有機化合物等
- 水源水質の改善策（貯水池のみ）
  - 上流域の汚濁負荷量の削減対策
  - 硫酸銅による殺藻処理
  - 循環曝気——空気揚水筒
  - 底泥の浚渫
- 最近の水質汚染の特徴
  - 微量有機汚染（農薬、ダイオキシン、環境ホルモン等）——発癌性、変異原性
  - ノンポイント汚染
  - 病原性微生物——クリプトスポリジウム、ジアルジア
  - ゲリラ豪雨——急激な濁度変動

浄水処理方式と除去対象物質
[H22、R2～R5]

- 塩素消毒——細菌類
- 紫外線照射——クリプトスポリジウム
- 緩速ろ過方式——懸濁物質、アンモニア性窒素、鉄、マンガン、細菌類、臭気物質等
- 急速ろ過方式——懸濁物質、鉄、マンガン等
- 膜ろ過方式——懸濁物質、細菌類、クリプトスポリジウム等
- 高度浄水処理方式
  - 臭気物質、色度、トリハロメタン前駆物質、アンモニア性窒素、陰イオン界面活性剤

飲料水の水質基準
[H21、22、24、27]

- 新水道水質基準——亜硝酸性窒素の追加（H26.4）（51項目）
- 水質管理目標設定項目（26項目）
- 要検討項目（47項目）

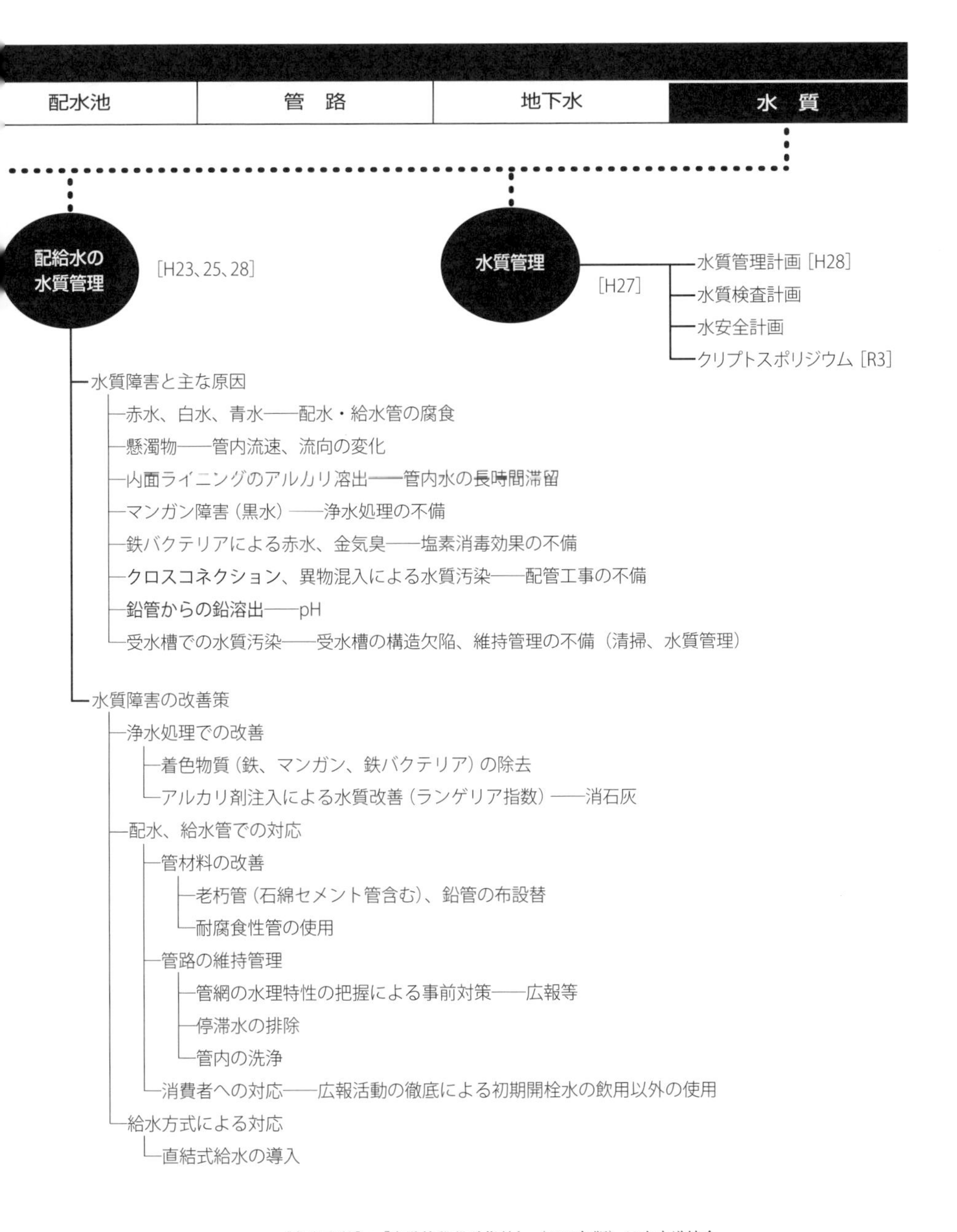

［参考文献］：『水道施設設計指針』（2012年版）日本水道協会
『水道維持管理指針』（2016年版）日本水道協会
『生物起因の異臭味水対策の指針』（1999年版）日本水道協会
『紫外線による消毒方法の実用化への展望』（2004年版）日本水道協会

WF

専門知識を問う問題

設問 1

スマート水道メーターの3つの利活用方法とそれぞれの効果を説明し、導入における留意点を述べよ。 [R5 出題問題]

○受験番号、答案使用枚数、選択科目及び専門とする事項の欄は必ず記入すること。

(1) スマート水道メーターの利活用方法と効果
(a) **漏水等検知への利活用**：水を使用していないと想定される状況下で一定期間、一定水量以上の指針値を計測し、漏水や蛇口の閉め忘れの検知に利用する。
・効果：高精度メーターを用い微小漏水を検知することで、無収水量の抑制や水道料金の削減に効果がある。
(b) **管路形態の最適化への利活用**：ブロック化した配水エリアなどから面的に計測データを収集し、水需要に合った適正な管口径や管路形態の検討に利用する。
・効果：現状の水需要や将来的な水需要計画を踏まえてダウンサイジング等を検討し、管路更新時に管路形態の適正化を図ることができる。
(c) **水需要予測への利活用**：配水系統などから面的に集計した水量実績より配水エリア単位での需要変動を分析し、時間や季節ごとの水需要予測に利用する。
・効果：需要予測エリアを細分化し、予測精度を高めることで、より効率的で省エネルギーな水運用など、運営の高度化に効果がある。
(2) 導入における留意点
　水量データの評価では解析対象が膨大になるため、効率的に解析するシステムの整備に留意する。水量データから使用者の生活パターンを推測することができるため、使用者情報を紐付ける場合は個人情報に対する配慮が必要である。電力などと同様の運用ルール、セキュリティーポリシーの適用に留意する。　以上

●裏面は使用しないで下さい。　●裏面に記載された解答は無効とします。　(TI・メーカー) 24字×25行

参考文献：『スマート水道メーター導入の手引き』(2018年3月) 水道技術研究センター

設問 2

鉄、マンガンを含み、フミン質による着色がある原水における浄水処理方法を述べよ。 ［R5 出題問題］

○受験番号、答案使用枚数、選択科目及び専門とする事項の欄は必ず記入すること。

　フミン質による着色がある原水の処理方法には、凝集沈澱、活性炭、及びオゾン処理がある。フミン質と鉄、マンガンを同時に含む場合は前出に加え薬品酸化、及びろ過処理を組み合わせる方法が有効である。
・薬品酸化処理では塩素、オゾン等で鉄、マンガンを酸化し不溶性化合物として析出させ、後段の凝集沈澱、急速ろ過で除去する。塩素を用いる場合、鉄は容易に酸化できるが、マンガンの酸化にはpH値を9以上に調整する必要がある。オゾンによる酸化はフミン質による色度除去に有効であるが、過注入による鉄、マンガンの着色や処理副生成物の増加に留意が必要である。
・凝集沈澱処理では不溶解性鉄、マンガンの除去に加えて凝集剤の注入量を増加させること、凝集処理pH値を6前後にすることで分子量の比較的大きいフミン酸を除去できる。
・ろ過処理では塩素酸化処理後にマンガン砂による接触ろ過でマンガンを除去する。マンガン砂を用いた接触ろ過では、pH値が7付近でもマンガンを除去できる。ただし、フミン質を含む場合トリハロメタンの生成が懸念されるため、中間塩素処理を行う必要がある。
・活性炭処理では、フミン酸、フルボ酸両方を除去できるが、フミン酸の除去能はフルボ酸より小さく、フルボ酸の吸着能を減少させるので留意が必要である。オゾン処理を行う場合は、処理副生成物対策として、後段に粒状活性炭処理の配置が必要である。　　以上

●裏面は使用しないで下さい。　●裏面に記載された解答は無効とします。　（TI・メーカー）24字×25行

参考文献：『水道施設設計指針』（2012年版）日本水道協会、pp.298-301、312-314、335-337、368
『水道維持管理指針』（2016年版）日本水道協会、pp.367-368

設問 3

急速ろ過池の洗浄方式を３種類挙げ、それぞれの特徴や留意点および洗浄終了時から通水初期において講じられる措置を述べよ。［R5 出題問題］

○受験番号、答案使用枚数、選択科目及び専門とする事項の欄は必ず記入すること。

　急速ろ過池の洗浄方式は①逆流洗浄に②表面洗浄を組み合わせた方式を標準とし、ろ層全体が効率よくかつ効果的に洗浄できるものとする。また、必要に応じて①逆流洗浄と③空気洗浄を組み合わせる場合もある。

①逆流洗浄：ろ層内に抑留された濁質をろ材から剥離し、それを分離してトラフから排出させるもので、必要な洗浄流速と均等な水流分布が保たれていることが必要である。

②表面洗浄：表層部には多くの濁質が抑留されるため、逆流洗浄のみでは排出できない表層部の濁質やマッドボール形成の抑制のため、逆流洗浄と表面洗浄を併用する。表面洗浄装置には固定式と回転式がある。

③空気洗浄：ろ層下部から空気を吹き込みろ材に付着した濁質を剥離するもので、逆流洗浄と併用し、表面洗浄は通常行わない。空気洗浄を採用する場合は空気の均等配分が重要である。わずかな圧力差があっても噴出空気量が大きくばらつくため、空気をろ層全体に均等に分散できる下部集水装置を選定する必要がある。

　上記方式による洗浄効果の判定は、通常洗浄排水の最終濁度（目標濁度2度以下）で行われる。また、ろ過池内に残留する濁質に起因する、洗浄直後のろ過水濁度の一時的上昇への対策としては、洗浄終了直前に洗浄速度を段階的に減少させるスローダウン洗浄方式がある。さらに、ろ過池出口の濁度が0.1度以下になるまで捨水を行うことでろ過水水質を維持する。　以上

●裏面は使用しないで下さい。　●裏面に記載された解答は無効とします。　（WF・コンサルタント）24字×25行

参考文献：『水道施設設計指針』（2012年版）日本水道協会、pp.221-226

設問 4

配水池内部の調査清掃方法を2つ以上挙げ、それぞれの利点と留意点について述べよ。［R5出題問題］

○受験番号、答案使用枚数、選択科目及び専門とする事項の欄は必ず記入すること。

　配水池の内部には、水あかが付着したり沈澱物が堆積したりするので、定期的に調査点検を実施する必要がある。配水池の調査点検方法を2つ挙げる。

1）断水工法

利点：干池した池内に入って作業するので、池全体を細部にわたって清掃でき、詳細な調査点検が行える。

留意点：①配水池内部へ入る場合には、滞留している塩素ガスにより中毒症状を起こすことがあるため、保護具着用などの防護措置をとること。

②清掃後は使用再開まで浄水を流入させながら排水する作業（引水排水）を行うことが望ましい。また配水池の使用開始前には水質検査を行うこと。

③配水池周辺の地下水位の変化にも留意し、浮力の検討を行うこと。

2）不断水工法

利点：配水池を運用した状態で清掃・点検するため点検中の配水量、バックアップ方法、消火用水量の確保等の検討が不要になる。

留意点：①作業中はできるだけ配水量を少なくし、水量や水位変化がないように配水池の運用を行うこと。

②潜水士、水中ロボットが配水池内の浄水に入るため、水質に影響を与えないよう厳密な安全衛生管理を行うこと。

③潜水士や水中ロボットは、連絡ケーブル、排水ホースを池外と繋ぐため、作業範囲を確認すること。以上

●裏面は使用しないで下さい。　●裏面に記載された解答は無効とします。　（AY・メーカー）24字×25行

参考文献：水道施設設計指針 2012 p.330-331, p.436

設問 5

管路のダウンサイジングによる効果と留意点についてそれぞれ1つ以上述べよ。
［R4 出題問題］

○受験番号、答案使用枚数、選択科目及び専門とする事項の欄は必ず記入すること。

　日本の総人口は平成20年をピークとして減少傾向に転じており、給水人口や給水量の減少を前提に、老朽化施設の更新需要に対応するための施策を講じなければならない。
　管路のダウンサイジングの際は、水需要予測を実施して送水量を予測する。計画送水量は、計画一日最大給水量を、計画配水量は計画時間最大配水量を基準とし、事業規模に応じて消火水量を考慮する。

1. 管路のダウンサイジングによる効果

・管路更新の際に口径を小さくすることにより流速が速くなるため、残留塩素の低下を抑えることができ、給水サービスの向上が期待できる。また、管路布設のためのイニシャルコストである材料費や工事費の低減が可能となり、かつ施工時の作業性の向上や工期の短縮等も期待できる。

2. ダウンサイジングの際の留意点

・口径が小さくなると、管路の圧力損失が増大するため、ポンプ運転の負荷が大きくなり、ランニングコストが増大する可能性がある。
・圧力損失が増大すると、最小動水圧が低下するため、中層建築物に直結増圧式を採用する場合は、水圧の確保に留意する。
・配水管の受持つ給水区域内の計画給水人口が10万人以下のものについては原則として、消火用水量を計画配水量に加算して検討する必要がある。　　以上

●裏面は使用しないで下さい。　●裏面に記載された解答は無効とします。　（AY・メーカー）24字×25行

参考文献：『水道施設設計指針』（2012年版）日本水道協会、p.8、p.439、p.435
JWRC ホームページ、将来の不確実性に対応した水道管路システムの再構築に関する研究 http://www.jwrc-net.or.jp/chousa-kenkyuu/rainbows/outline.html
総務省統計局 https://www.stat.go.jp/data/topics/topi1191.html

設問 6

水道管の布設工事における、開削工法と非開削工法のそれぞれの概要と特徴について述べよ。　［R4 出題問題］

○受験番号、答案使用枚数、選択科目及び専門とする事項の欄は必ず記入すること。

1. 開削工法

　開削工法は、地表面から地下掘削でトンネルの建設、構造物・管路の埋設を行う工法でオープンカット工法ともいう。比較的浅い掘削に採用されて経済的かつ安全な工法である。掘削時には土留め、切ばりを設置して、周辺地山の安定、沈下、水平変位の防止を図る。都市部での開削工法の採用は交通渋滞等からますます困難になり、他の工法との併用が多い。掘削断面の形状、のり切開削の方法、構築方法などにより全断面掘削工法、部分断面掘削工法、アイランド工法、トレンチ工法、逆巻工法、順巻工法などに分類される。

2. 非開削工法

　非開削工法は、既設埋設物が輻輳している場所、交通量が多い場所、建設公害が問題になる場所など、開削工法で施工が困難な場所に用いられる工法である。大別して、推進工法、シールド工法、トンネル工法がある。幹線道路、鉄道、河川・水路の横断、車両交通の多い道路、埋設物の輻輳している道路での縦断布設は、非開削工法で施工することが主流になっている。非開削工法の計画・設計にあたっては、立地条件の調査（土地利用状況、道路種別）、支障物件調査（家屋、地下埋設物）、地盤調査（地形、土質、地下水）、環境保全のための調査のような地盤調査（騒音、振動、交通量等）を行い、工法・工程を選定することが大切である。

以上

●裏面は使用しないで下さい。　●裏面に記載された解答は無効とします。　（AY・メーカー）24 字× 25 行

参考文献：『水道用語辞典』（第二版）日本水道協会、p.100、p.630

設問 7

給水管の凍結及び凍結に伴う被害を防止するための対策を水道行政と給水設備の、それぞれの観点から述べよ。 ［予想問題］

○受験番号、答案使用枚数、選択科目及び専門とする事項の欄は必ず記入すること。

（1） 水道行政の観点からの対策

・給水管の凍結防止対策、凍結した場合の対処方法や注意事項、及び漏水した場合の対応をホームページや広報紙等に掲載し、需要者へ事前の情報提供を行う。

・事業体の有する空き家情報を共有して、水道メータの検針データとともに水道を使用していない家屋等を特定し、チラシ等により周知した上で止水栓を閉止する。また需要者へは、冬季に不在になる場合には止水栓の閉止や水抜きの実施を秋季から注意喚起する。

・事業体ごとに凍結被害の予防対策、事故発生時の対応体制、応急対策についてマニュアルを策定する。

・各水道事業体が定める給水装置工事に関する設計基準に凍結防止の方法を明記し、対策を徹底する。

（2） 給水設備の観点からの対策

・給水管等は建物内部への敷設を原則とし、建物の構造等の建築計画と配管等の設備計画の両面から総合的に凍結防止対策を検討する。給水管は凍結時の耐久性、解氷の容易さ及び再使用の可否を考慮して選定する。

・屋内配管は水が抜ける構造とし、横走り管は1/100以上の勾配を設け、配管延長は極力短くする。

・埋設管は凍結深度以下に敷設し、深度を確保できない場合は防寒工法や耐寒性のある給水用具を採用する。

・屋外配管や埋設配管の露出部分は、断熱材で保温する。断熱材は耐久性、耐アルカリ性に富み、熱伝導率が低く耐寒性に優れたものを使用する。

以上

●裏面は使用しないで下さい。　●裏面に記載された解答は無効とします。　（TI・メーカー）24字×25行

参考文献：『水道施設維持管理指針』（2016年版）公益社団法人日本水道協会 pp.525-528
『令和4年度全国水道関係担当者会議資料』（令和5年3月14日）厚生労働省ウェブサイト
『管路事故・給水装置凍結事故対策マニュアル策定指針』厚生労働省ウェブサイト
『空き家に関する情報共有について（事務連絡）』（平成30年3月30日）厚生労働省医薬・生活衛生局水道課、国土交通省住宅局総合整備課

設問 8

管路更生工法の注意点と、工法例を述べよ。 ［予想問題］

○受験番号、答案使用枚数、選択科目及び専門とする事項の欄は必ず記入すること。

　管路更新は、管路の老朽化による漏水・破裂の予防、濁水防止、通水能力の回復等を目的に実施されてきた。管路更新の工法は更新工法と更生工法とに大別される。

1. 管路更生工法の注意点

　更生工法は、管内の錆こぶによって機能が低下した管路の通水能力の回復、及び赤水発生防止を図るものであり、鋳鉄管又は鋼管等を対象とする。この工法は種類が多く、それぞれ適用口径、使用材料など施工上の特徴がある。工法選択に際しては、既設管路状況などについて調査が必要になる。

調査項目の例：①管種、口径②管体強度③異形管および付属設備の設置位置④給水管の分岐位置⑤管網構成状況及び管路整備計画⑥設定耐用年数

2. 管路更生工法の例

1) 合成樹脂管挿入工法

　新管が挿入できる程度にクリーニングした既設管の内部にやや口径の小さい合成樹脂管を挿入して管内面と合成樹脂管外面との隙間にセメントミルクなどを圧入して重層構造とする工法である。管路の補強が図られ、管内面が平滑になる。

2) 被覆材管内装着工法

　クリーニングして乾燥させた管内に接着剤を塗布した薄肉状の管を引き込み、空気圧などで管内に圧着させてから加熱してライニング層を形成させる工法である。管路の曲線部も施工可能である。以上

●裏面は使用しないで下さい。　●裏面に記載された解答は無効とします。　（AY・メーカー）24字×25行

参考文献：『水道施設設計指針』（2020年版）日本水道協会、pp.499-501

応用能力を問う問題

設問 1

大規模地震などの非常時における他ルートによるバックアップ体制、特に河川幅の広い一級河川を横断する送配水管の複線化を行う建設工事を計画することとなった。あなたがこの業務の担当責任者として業務を進めるに当たり、以下の内容について記述せよ。　［R5 出題問題］

（1）河川幅の広い一級河川を横断する送配水管の複線化を行うに当たり、2つ以上の工法を選び、調査・検討すべき事項とその内容について説明せよ。

（2）上記のうち1つの工法を選び、選んだ理由を示すとともに、その業務を進める手順を列挙して、主な検討項目の留意すべき点、工夫すべき点を述べよ。

（3）上記の業務を効率的、効果的に進めるための関係者との調整方策について述べよ。

○受験番号、答案使用枚数、選択科目及び専門とする事項の欄は必ず記入すること。

（1）送配水管が河川横断する時の主な工法
工法1：水管橋や橋梁添架管
　水管橋とは河川などを横断するときに設ける管路専用の橋である。また、橋梁添架管とは河川などを横断するため、橋梁に添架した管水路である。
調査検討すべき事項：
・水管橋の場合は、自重、水圧、地震力、風圧及び積雪荷重等に対して安全な設計とすること。また、支持部分は、管の水圧、地震力、温度変化に対して安全な構造とすること。
・橋梁添架管の場合は、橋梁の可動端の位置に合わせて、必要に応じて伸縮継手を用いること。また、橋台付近の埋設管には可撓性のある伸縮継手を設け、屈曲部には必要に応じて防護工を施すこと。
工法2：非開削工法
　非開削工法とは既設埋設物が輻輳している場所、交通量が多い場所など開削工法が困難な場所で用いられる工法であり、推進工法とシールド工法に大別される。
調査検討すべき事項と内容：
・土質、障害物、環境等の事前調査を行うこと。

・工事の安全性や確実性を含め総合的に検討し適切な工法を選定すること。

(2) 工法の選定と理由・業務手順

① 工法の選定と理由

今回は、河川幅の広い一級河川であることや、大規模地震などの非常時における他ルートによるバックアップ体制も検討することから、津波被害にも強い非開削工法を採用することとした。

② 業務手順と主な検討項目

手順1：工法の選定

留意・工夫すべき点：

・施工延長が50～100m前後ならば推進工法が一般的であり、管径が大きく延長が長い大規模工事ではシールド工法を採用することが多い。

手順2：土質の調査

留意・工夫すべき点：

・事前調査において特に土質は、工法選定や工事の難易を左右するため、N値、地下水位、地層構成等を調査すること。砂層では粒度、間隙比透水係数を、シルト及び粘土層では含水比、液性限界、塑性限界、一軸圧縮試験等を調査すること。

・地山が不安定で切羽の崩壊、地表面の陥没や沈下のおそれがある場合は補助工法で地山の安定を図ること。

(3) 業務を進めるための関係者との調整方策

・河川管理者や配管ルートの至近、直上にある施設の所有者、現地の交通事業者等の関係者と業務計画を事前に共有し、課題の抽出・改善に努めること。

・シールド工法を選択する場合は、法規の規制が多いため、関係機関に対して手続きが増えることから、準拠すべき法律や対策は事前に検討すること。以上

●裏面は使用しないで下さい。　●裏面に記載された解答は無効とします。　（AY・メーカー）24字×50行

参考文献：水道施設設計指針 2012 pp.485-496
水道用語辞典　第二版　p.195, 402, 409, 630

設問 2

河川表流水を水源とする急速ろ過方式の浄水場において，夏季を中心として、かび臭原因物質である 2-MIB（2- メチルイソボルネオール）とジェオスミンが検出され、検出頻度が増加傾向にある中、対策の検討が求められている。あなたが、この検討業務の担当責任者として進めるに当たり、以下の内容について記述せよ。［R5 出題問題］

（1） 調査、検討すべき事項とその内容について説明せよ。
（2） 業務を進める手順とその際に留意すべき点、工夫を要する点を含めて述べよ。
（3） 業務を効率的、効果的に進めるための関係者との調整方策について述べよ。

○受験番号、答案使用枚数、選択科目及び専門とする事項の欄は必ず記入すること。

(1) 調査、検討すべき事項とその内容

(a) 原水水質、及び性状の把握

かび臭原因物質の濃度及び浄水処理の検討に必要なpH、水温等の水質項目の最大、最小、平均値、季節変動、及び将来予想値を調査する。また、河川流域の貯水池や水源域のダム、湖沼において、藻類の発生や河川への流出状況ならびに原因物質の濃度を調査する。

(b) 水質対応技術の調査、検討

原因物質を含む原水水質に応じた活性炭やオゾン処理等の処理技術を調査し、既存の急速ろ過方式を踏まえた浄水システムの構成や運転管理の方法を検討する。必要浄水量、施設規模、用地上の制約、配管系統、及び予備電源等の条件を調査し、処理施設の導入コストや電力消費量を調査する。また、原因物質の発生要因に応じて殺藻処理など水源の水質改善策を検討する。

(c) 処理目標、及び維持管理水準の調査、検討

かび臭原因物質の目標除去率や処理工程ごとの管理基準を検討する。その上で運転管理や水質管理など処理施設に求められる維持管理水準を調査、検討する。

(2) 業務手順とその際の留意点、工夫点

(a) 現状の把握と関連情報の収集、整理、分析

前項で挙げた事項に基づき、検討に必要な情報を収集、整理する。その際の工夫点として可能な限り多く、流域事業体の類似事例、関連文献、及び有識者意見を収集する。また、収集データの整理では分析、活用の観点からフォーマットの統一化に留意する。

(b) 対策の評価と導入検討

調査、検討の結果に基づき各対策を評価し、実導入に向けた検討を実施する。処理技術の評価では個別の処理能力だけでなく前後処理への影響、エネルギー効率、及び将来の水質予想を踏まえた施設構成について留意する。工夫点として浄水場での対応策だけでなく、水源の切換えや水質改善策を含め総合的に評価する。

(c) 実施計画の策定

施設の追加や処理工程の変更等、対策の実施計画を策定する。その際は浄水場の更新計画に合せて導入時期を調整し、工期の短縮や導入コストの抑制ができるよう工夫する。また、導入施設は水需要予測を踏まえた規模や地震、豪雨対策を考慮した構造とし、浄水場の持続性やBCPとの整合性に留意する。

(3) 業務を効率的、効果的に進めるための調整方策

現状の把握や対策検討の際には、運転管理、及び水質管理の部門からの意見収集や実務担当者の参加が、正確な実態把握や現実的な対策を決定する上で効果的である。また、同じ水系を水源とする事業体と水質情報、処理試験結果、施設運用方法等を共有することで効率的に対応策の調査、検討ができる。水源の水質改善策を検討する際は、近隣事業体と共同で計画することで、水系全域にわたる対策の立案や人的負担の軽減に効果的である。

以上

●裏面は使用しないで下さい。　●裏面に記載された解答は無効とします。　（TI・メーカー）24字×50行

参考文献：『水道施設設計指針』（2012年版）日本水道協会、pp.289-335、371-372
『水道維持管理指針』（2016年版）日本水道協会、pp.252-255、857、866-873

設問 3

河川表流水を水源とし、急速ろ過方式を採用する浄水場において、いわゆるゲリラ豪雨と呼ばれる局地的大雨の影響により、年に数回の頻度で原水が極めて高濁度となる事象が発生しており、対策の検討が求められている。あなたが、この検討業務を担当責任者として進めるに当たり、以下の内容について記述せよ。 ［R3 出題問題］

(1) 調査、検討すべき事項とその内容について説明せよ。

(2) 業務を進める手順を列挙して、それぞれの項目ごとに留意すべき点、工夫を要する点を述べよ。

(3) 業務を効率的、効果的に進めるための関係者との調整方策について述べよ。

○受験番号、答案使用枚数、選択科目及び専門とする事項の欄は必ず記入すること。

(1) 調査、検討すべき事項とその内容

(a) **降雨予測と水質変動**：降水量と継続時間の予測、降雨位置と濁水の流下時間、濁度最高値と推移、浄水処理に影響する水質項目の推移を調査し、降雨に伴う原水水質の変動予測や水質監視方策を検討する。

(b) **浄水処理**：処理可能な濁度の上限、薬品注入シミュレーション、二段凝集など処理変更の要否、ろ過池洗浄水量、配水池管理水位、排水処理能力、水質検査体制等を調査し、高濁度への処理方策を検討する。

(c) **浄水場施設**：薬剤貯留量と制御範囲、浄水施設の容量や排水能力、スラッジ貯留可能量、濁度計等水質計器の仕様、機器類の整備状況を調査し、高濁度に対応するための設備追加、変更の要否を検討する。

(d) **取水制限、給水停止の対応**：配水池水位降下予測、予備水源への切換え、応急給水及び他事業者への応援要請を調査し、取水制限や給水停止時の対応策、関係者への連絡体制、住民への広報手段を検討する。

(2) 業務を進める手順とそれぞれの留意点、工夫点

(a) **現状の把握と関連情報の収集、整理、分析**

　前項で挙げた事項に基づき、検討に必要な情報を収集、整備する。その際は可能な限り多くの、過去や近隣事業体での類似事例、関連文献、有識者からの意見など幅広く収集する。また、収集データを共通の様式で整理すると分析、活用の観点から有効である。

(b) 高濁度原水への対応方針及び管理基準の設定

水質予測、浄水処理、施設等の情報から高濁度発生時の水質管理基準や処理目標、取水制限や給水停止時の対応方針を決定する。その際は河川管理や水道行政等の関係機関から取水点上流域の特性や給水停止に伴う影響等、正確な情報を踏まえ決定する。

(c) 浄水処理から給水停止までの対応方策の検討

配水池貯水量確保等の事前対策、薬液注入率増加等の処理強化、ピークカット時の設備調整手順等を検討する。その際は複数の案に対し実効性や安全性とともに、給水再開時の影響を含め総合的に評価する。

(d) 対応マニュアルの整備と訓練の実施

マニュアルを整備し、これに基づく訓練を実施する。マニュアルは運用担当者以外の使用も考慮し簡便な表現とし、携帯可能なサイズとする。突発的な対応を想定し、複数の職員配備案に基づき訓練を実施する。

(3) 業務を効率的、効果的に進めるための調整方策

調査や方策検討の際は、運用、水質管理部門からの意見収集や実務担当者の検討への参加が、正確な実態把握や現実的な方策を決定する上で効率的である。対応訓練は、浄水場職員以外に水道行政部局等の関係機関と共同で計画、実施すると、迅速な対応体制の構築、給水停止の判断、組織間の意思疎通、問題点の洗出し等に効果的である。また、自治体と連携し住民への広報や訓練参加を呼び掛けることで、給水停止時の影響の軽減や利用者の理解の向上に効果的である。　以上

●裏面は使用しないで下さい。　●裏面に記載された解答は無効とします。　(TI・メーカー) 24字×50行

参考文献：『高濁度原水への対応の手引き』公益財団法人 水道技術研究センターウェブサイト、
http://www.jwrc-net.or.jp/chousa-kenkyuu/handbook_koudakudo.html

設問 4

河川表流水を水源とする浄水場において、横流式沈澱池からのフロック流出が問題となっており、改善が求められている。あなたが、この改善業務を担当責任者として進めるに当たり、以下の内容について記述せよ。
［R2 出題問題］

（1） 調査、検討すべき事項とその内容について説明せよ。

（2） 業務を進める手順とその際に留意すべき点、工夫を要する点を含めて述べよ。

（3） 業務を効率的、効果的に進めるための関係者との調整方策について述べよ。

○受験番号、答案使用枚数、選択科目及び専門とする事項の欄は必ず記入すること。

（1） 調査、検討すべき事項とその内容

横流式沈澱池のフロック流出の原因としては、下記の項目が考えられる。下記3点の各項目について調査し、この問題の原因となっているかどうかを確認する。

① 密度流の発生

沈澱池内水温と、流入する原水水温の差から生じる密度流により乱流を生じたり、風により沈澱池全体に循環流が発生すると、フロックが沈降せず流出する。

② 凝集剤注入の不適正要因

原水濁度の変動に凝集剤の注入が追随できていない場合、凝集及びフロック形成の悪化によって沈澱障害が生じ、フロックが流出する。

③ プランクトンによる要因

プランクトンや有機物が多い原水は凝集沈澱処理不良となったり、藻類の光合成により発生したガスにより沈降したフロックが再浮上することがある。

（2） 業務手順とその際の留意点、工夫を要する点

① 設計値の確認

現状の凝集沈澱池の設計値が適性がどうか、設計指針等で確認する。またそれに当たっては流量などの運転条件においても設計値を逸脱していないことや、構造的に短絡流や密度流が生じていないかに留意する。

② 運転状態の確認

運転状態の確認においては、昼夜の差や季節の影響などを含めて総合的に実施し、施設の大幅な改造をせず、できるだけ運転条件の変更などで改善が期待できるよう検討を行う。例えば沈澱池の沈降率は、フロックの沈降速度を大きくすること、流量を小さくすることで向上が期待できる。

③ 薬品注入の最適化

ジャーテストにより凝集剤注入量を最適化する。その際はpHとアルカリ度を測定してそれぞれが最適な数値となるよう、pH調整剤の併用なども考慮する。

プランクトンによる影響が考えられる場合も薬品注入の適正化で改善する可能性がある。

(3) 効率的、効果的実施のための関係者との調整方策

沈澱池のフロック流出対策を効率的に進めるためには、その要因である運転管理及び水質管理の両面から調査検討する必要がある。そのため、運転管理部門及び水質管理部門と情報交換を実施し、原因を的確、迅速に特定する。その際には、過去の記録を調査するだけではなく、実務担当者に直接聴き取りを行い、現場の実態を正確に把握することが重要である。

合わせて、整流壁の設置など大規模な改修が必要な場合には、コストや実施計画、スケジュールなどを関係部署に提示し、円滑な実現に向け随時関係部署との協議や調整が必要である。

また、同じ水系を水源とする他事業体における同様の事象への対策や、関係機関における対策技術等の情報収集、ヒアリングも改善検討に有効である。　以上

●裏面は使用しないで下さい。　●裏面に記載された解答は無効とします。　（WF・水処理メーカー）24字×49行

参考文献：『水道施設設計指針』（2012年版）日本水道協会 p.194-195
『水道維持管理指針』（2016年版）日本水道協会 p.298-299

設問 5

全国の水道事業者における電力消費は年間 73.3 億 kWh と、日本全体の電力消費の 0.8%を占めている（平成 28 年度実績）。地球温暖化対策計画（2021 年 10 月 22 日閣議決定）で定める CO_2 排出量の削減目標を達成するためには、各事業体において「脱炭素水道システム」の普及に向けた取り組みが必要である。
あなたが、脱炭素水道システム構築の担当責任者として進めるにあたり、以下の内容について記述せよ。 ［予想問題］

（1） 調査、検討すべき事項とその内容について説明せよ。
（2） 留意すべき点、工夫を要する点を含めて業務を進める手順について述べよ。
（3） 業務を効率的、効果的に進めるための関係者との調整方策について述べよ。

○受験番号、答案使用枚数、選択科目及び専門とする事項の欄は必ず記入すること。

1. 調査、検討すべき事項とその内容
　2050年のカーボンニュートラルの実現に向けた取り組みとして省エネルギー・再生可能エネルギー対策の推進等が掲げられており、これらの実現のためには温室効果ガス（GHG）の排出量の正確な把握と、GHG排出量の削減方策について網羅的に検討し、中長期的な視点から脱炭素水道システム構築に向けたロードマップの構築が必要である。
①GHG排出量の把握
　対象とする事業体における水道システムと施設諸元、運転情報、電力使用量等からGHG排出量を把握する。
②GHG削減方策の整理・効果の分析
　先行する事例や先進的な技術情報から、①で整理したGHG排出量を削減するための方策をリストアップし、削減効果を分析したうえで導入可能性を検討する。
③脱炭素水道システム構築に向けたロードマップ作成
　②から取組の優先度を決定し、関係計画の見直しも含めたロードマップを作成する。
2. 業務を進める手順とその際の留意点・工夫する点
　業務は以下の①～③の手順で進める
①GHG排出量の把握
　事業体の地理的な特性や施設の特徴も踏まえ、後述

する②でGHG削減方策を検討するため、施設別かつ水供給工程別にGHG排出量を整理することに留意する。その他、水道システムを検討するために、地域別の水需要量等の基礎情報についても併せて整理する。

②GHG削減方策の整理・効果の分析

GHG削減方策は、投資規模に比例して削減効果が高まることが多い一方で、大規模な投資を行う方策の実現には期間を要することが一般的である。そのため、検討開始から実施に至るまでの期間を考慮できるように、GHG削減方策は、投資規模と削減効果を合わせて整理することに留意する。また、他事業体や民間企業へのヒアリング等により最新情報の把握に留意する。

③脱炭素水道システム構築に向けたロードマップ作成

ロードマップは将来の事業環境を踏まえて作成することと、先行する関連計画を踏まえることに留意する。人口減少、施設の老朽化が進む中で持続的な事業運営を行うため、水道システムの再構築を盛り込んだ施設整備計画等が作成されている場合には、当該計画の進捗も踏まえて整合を図る点と、脱炭素水道システムを構築するため見直しを図る点を見極めて方針を検討し、ロードマップに反映させることに留意する。

3. 業務を効率的に進めるための関係者との調整方策

中長期的な取組となることと、大規模な投資を伴う可能性があることから、ステークホルダーへの丁寧な説明が必要である。例えば、導入するGHG削減方策は投資対効果を明示することや、投資に必要な財源確保方策についても併せて示して理解を求めることが重要である。

以上

●裏面は使用しないで下さい。　●裏面に記載された解答は無効とします。　（YW・コンサルタント）24字×50行

参考文献：厚生労働省、令和２年度全国水道関係担当者会議、脱炭素水道システム構築へ向けた調査等一式報告書

設問 6

人口減少等により水需要が減少していく中で、維持管理に適する管路網を再構築することが求められている。

このような状況を踏まえ、下記の問いに答えよ。［予想問題］

（1）水道の管路網再構築を行うに当たり、調査・検討すべき事項とその内容について説明せよ。

（2）業務を進める手順を列挙し、主な検討事項の留意すべき点、工夫すべき点を述べよ。

（3）業務を効率的、効果的に進めるための関係者との調整方策について述べよ。

○受験番号、答案使用枚数、選択科目及び専門とする事項の欄は必ず記入すること。

(1) 管路網再構築時の調査・検討項目とその内容

①再構築期間の設定：人口が減少することで施設のダウンサイジングを検討するための期間を設定。②使用水量の設定：水理解析で管路網状態をシミュレーションする際の対象地区内における給水点毎の水量（以下、節点水量）を将来予測。③水理・水質の条件設定：水理解析結果の判定に流速や水圧、残留塩素濃度の値を設定。④管路更新の優先順位・口径設定：管路を地域毎にグループ分けして路線を作り、路線毎に更新優先順位と口径を設定。

(2) 業務を進める手順と留意・工夫すべき点

①再構築期間の設定

留意点：再構築期間が20年程度では人口が十分に減少せず将来の水需要が見通せない場合がある。

工夫点：国土交通省が開示しているメッシュ状に分割した人口推計が利用できる。しかし、人口変化の推定期間は2050年までであるので、さらに長期の推定を行う場合、外挿補間により長期の人口変化を把握する。

②節点水量の設定

留意点：1）水量の調整に使用する時間係数は、給水人口や配水地区の地域特性を考慮する。2）消火栓を設置するときの設置基準、設置場所、同時開栓数に関する基準や、火災の発生場所を検討する。

工夫点：配水区域内に大口の水需要者がいる場合は、大口需要者の使用量の変動や移転、廃業に大きく影響されるのでこの付近の時間係数等は別途検討する。

③水理・水質の条件設定
留意点：水理解析結果の判断に使用する流速や水圧、残留塩素濃度の値は、水道施設設計指針の基準値遵守に加えて目標値を設定する。
工夫点：残留塩素濃度については、解析結果が目標値から外れた場合は、管末排水や注入率の変更、および浄水水質の向上などの対策を検討する。また、流速や水圧は④で述べる路線毎の増径や減径で調整する。
④管路更新の優先順位・口径設定
留意点：埋設年数が異なる管路をまとめて路線とする場合は、各管路の年数と路線延長から路線毎の平均埋設年数をもとに、路線の更新優先順位を決定する。この際に口径の見直しも行う。
工夫点：口径は流速や水圧の解析結果をもとに見直す。1）更新路線の流速が上限規定値を超過する場合は増径を検討する。反対に下限規定値を下回る場合は、減径を検討する。2）対象地区で水圧が規定値を下回る計算結果が出た場合は、動水勾配が最も大きな路線を抽出し、増径を検討する。
(3) 業務を効率的・効果的に進めるための調整方策
　本検討は、将来の水道管路施設の根幹を決める計画になることから、初期段階から計画部門や財務部門等、関係者総員で取り組む。また、住民や議会等と意思疎通を図り、合意形成を図ることが重要である。　以上

●裏面は使用しないで下さい。　●裏面に記載された解答は無効とします。　(AY・メーカー) 24字×50行

参考文献：公益財団法人 水道技術研究センター、人口減少社会における水道管路システムの再構築及び管理向上策に関する研究（Pipe Σ プロジェクト）報告書

問題解決能力及び課題遂行能力を問う問題

設問 1

水道事業は我が国の生活基盤を支えるインフラとして重要な役割を果たしており、水道管路の総延長は72万kmに達し、膨大な資産を有している。水道事業の年間電力消費量は74億kWh/年、CO_2排出量は422万tCO_2/年となっている。
2015年の国連サミットにおいて、持続可能で多様性と包摂性のある社会の実現のために、持続可能な開発目標（SDGs）が2030年を年限とした17項目の国際目標が設定された。SDGsの達成に向けて、政府においてはアクションプランを公表しており、水道事業においても計画的な取組が求められている。［R5出題問題］

（1）水道事業においてSDGsの達成に向けて、「6.安全な水とトイレを世界中に」、「7.エネルギーをみんなにそしてクリーンに」、「9.産業と技術革新の基盤をつくろう」の目標に対して、技術者としての立場で多面的な観点で、2つ以上の目標から3つの重要な課題を抽出し、それぞれの観点を明記したうえで、課題の内容を示せ。

（2）前問（1）で抽出した課題のうち最も重要と考える課題を1つ挙げ、その課題に対する複数の解決策を示せ。

（3）前問（2）で示したすべての解決策を実行しても新たに生じうるリスクとそれへの対策について、専門技術を踏まえた考えを示せ。

○受験番号、答案使用枚数、選択科目及び専門とする事項の欄は必ず記入すること。

1. SDGs目標から抽出される課題
（1）水資源の有効利用と保全（目標6）
　近年の降雨形態の変化や、地球温暖化に伴う気候変動の影響により、水資源の豊富な日本であっても水の安定供給性が低下しつつある。また、渇水リスクの増大等も指摘されており、これらに起因する社会的経済活動への影響を緩和し、水利用の安定性を確保するため、ダム等の水資源開発施設の整備等、供給側の対策や、水資源の有効利用等を計画的に推進するなど、昨今の状況に応じた対策を逐次進めることが課題である。
（2）脱炭素化の推進（目標7）
　近年の国策的省エネルギー対策により年々微減しているものの、日本国内全体の電力使用量のうち水道事業の占める割合は約1%で、更なるエネルギー循環型システムの導入が必要である。しかし重要インフラという性質上、安定性や信頼性の確保を考慮しながら進めなければならず、十分な導入には未だ課題がある。

(3) IoT、DX等の活用による運営基盤強化（目標9）

日本の水道施設は海外と比較して高度に整備されているが、水需要の減少や設備の老朽化に伴い、より効率的な事業運営や緊急時の迅速な復旧が課題となっている。このため、IoTやDX等の先端技術を活用し、自動検針や漏水の早期発見、ビッグデータの収集・解析による配水の最適化や故障予知診断など、水道事業の運営基盤強化を図ることが課題である。

2. 最も重要と考える課題及びその複数の解決策

(1) 最も重要と考える課題

前出のうち「脱炭素化の推進」は、目標7に直結しているとともに、SDGsの他の多くの目標にも関わるものである。例えば国際的な研究組織「持続可能な開発ソリューション・ネットワーク」の2023年レポートで、目標13「気候変動に具体的な対策を」における日本の評価は、CO_2排出量が多いことが低評価で「深刻な課題が残る」とされている。今後、総合的にSDGs目標の達成率を高めるためにも本課題が最も重要であると考え、この解決策を以降に示す。

(2) 課題に対する複数の解決策

解決策①再生可能エネルギーの導入

再生可能エネルギーは太陽光発電やバイオマス発電等種々あるが、特に水道施設は小水力発電のポテンシャルを有しており、近年では小水力発電設備の低コスト化も進展している。水道施設におけるエネルギー使用の特性を考慮した再エネ設備の導入促進によって消費エネルギー・CO_2排出を削減し、インフラの低炭素化に寄与する。

解決策②省エネルギー設備、制御および管理の導入

水道施設の更新に伴う水道施設の広域化・統廃合・再配置による省エネルギー化の推進にあたり、高効率設備への更新や制御システムの導入など、CO_2排出抑制を考慮した更新検討を行う。具体的にはインバータや高効率モーター等省エネルギー機器・設備の導入と、位置エネルギーに優れる水源からの優先取水、受水圧力の活用などが挙げられる。また、設備運転状況の適正化、計測記録、定期的な保守点検の実施などを行うことによっても省エネルギーに貢献できる。

併せて近年では水道施設の水供給調整能力を活用した、電力需給調整に貢献する可能性を追求する取り組みも行われている。

3. 解決策によって新たに生じるリスクとその対策

（1）リスク

再生可能エネルギーや省エネルギー設備の導入においては、コストが高価であり事業運営に影響を及ぼすリスクがある。世界での再エネ、省エネコストは低減が進んでおり、日本も同様に中長期価格目標の設定や技術開発などによってコスト低減を進めていかなければならない。

（2）リスクへの対策

近年では、国が水道事業者に対し省エネ・再エネ設備導入と導入時の財政支援（エネルギー対策特別会計）を積極的に実施しており、この仕組みを利用して導入を促進する。また、脱炭素化を含め、水道事業におけるアセットマネジメントの適正化については厚生労働省から支援ツールや手引きによる技術支援が行われており、これらを利用して導入の計画的実施を実施することが可能である。　以上

●裏面は使用しないで下さい。　●裏面に記載された解答は無効とします。　（WF・コンサルタント）24字×75行

参考文献：全国水道関係担当者会議　厚生労働省医薬・生活衛生局水道課（令和3年度、4年度）
Sustainable Development Report2023　Sustainable Development Solutions Network（2023年6月）

設問 2

日本の水道は、人口減少に伴い給水収益の減少や水道事業者の技術者不足に加え、高度経済成長期において集中的に整備してきた水道施設の老朽化の増大が顕著となっている。また、耐震化の遅れや多数の水道事業者が小規模であり経営基盤が脆弱である。これらの課題を解決し、将来にわたり、安全な水の安定供給を維持していくためには、水道事業の基盤強化を図ることが急務となっている。

上記の状況と改正水道法による国の基盤強化の基本的な方針を踏まえ、水道分野の技術者として、以下の問いに答えよ。　［R5 出題問題］

（1）水道事業の持続性を確保するために、技術者としての立場で多面的な観点から検討すべき課題を3つ抽出し、それぞれの観点を明記したうえで、課題の内容を示せ。

（2）前問（1）で抽出した課題のうち最も重要と考える課題を1つ挙げ、その課題に対する複数の解決策を示せ。

（3）前問（2）で示したすべての解決策を実行してもあらたに生じうるリスクと解決策について、専門技術を踏まえた考えを示せ。

○受験番号、答案使用枚数、選択科目及び専門とする事項の欄は必ず記入すること。

1. 持続性確保のための検討課題

（1）人材の不足（ヒトの観点）

職員の高齢化により、事業運営や資産管理のノウハウを有したベテラン職員が退職をしている。加えて、人口減少社会を迎え、職員の新規確保も困難となっており、事業経営を担う人材が不足している。限られた人材で事業持続に向けた対応を効率的に行うかが課題である。

（2）施設の老朽化（モノの観点）

高度経済成長期に整備された施設が老朽化している。とくに水道事業の有する資産の大部分を占める水道管路は、耐用年数を超えた延長割合が年々上昇しており、年間2万件を超える漏水・破損事故が発生している。年月の経過とともに老朽化は進行し、これに起因する事故の増加が想定されることから、事故リスクを抑えつつ更新・維持修繕等を進めることが課題である。

（3）財源の不足（カネの観点）

人口減少に伴う料金収入の減少の一方で、施設の更新需要の高まりや物価上昇、動力費の高騰等に伴う支出増加により、給水原価が供給単価を上回っている水道事業が増加している。計画的な更新に向けて料金改定を含めた資金確保や限られた財源で効率的な経営を行うことが課題である。

2. 最も重要と考える課題と複数の解決策

（1） 最も重要と考える課題

私が最も重要と考える課題は、「人材の不足」である。人材不足は常時の事業経営に加え、緊急時の危機管理対応等にも支障を与える。また、この課題に取り組むことが、1の検討課題で示した資産の更新・維持修繕等や資金確保・限られた財源での経営を行うことにもつながる。改正水道法の基本的方針も踏まえ、持続性の確保に向けて喫緊に取り組むべき課題と考える。

（2） 課題に対する複数の解決策

対応策①：広域連携

近隣の水道事業等で広域的に連携して事業を行うことで、運営に必要な人材の確保に資する。加えて、施設の効率的運用、経営面でのスケールメリットを創出して経営基盤の強化に資する。広域化の取組と併せて、施設規模・配置の適正化、水道施設の耐震化や停電対策等の強靭化、脱炭素に向けた取組、アセットマネジメントの実施、その他コスト削減の取組等により実施効果をより高めることが可能となる。

実施に際しては、都道府県による推進の下で市町村を越えた広域的な見地から地域で抱える課題の解決に向けて、事業統合、経営の一体化、管理の一体化、施設の共同化等の形態を選択する。

対応策②：官民連携

民間企業との連携を行うことで、民間企業の有する技術力や経営ノウハウ、人材の活用により、運営に必要な人材の確保に資する。連携先の民間企業は、優れた技術を有していることや、地域の状況に精通していることが求められるが、水道事業としても長期的な視点に立ってこうした企業との連携を一層図ることが求められる。官民連携により、水道事業の持続性に加え、公共サービスの質の向上、経費節減も可能となる。

官民連携には、個別業務委託、複数の業務を一括した包括業務委託、第三者委託、DBO、PFI、コンセッション方式等の形態がある。官民連携の導入により期待する効果が十分発揮できるように、業務範囲や期間等の制度設計を行うことと、地域の実情を踏まえて選定することが重要である。

3. 新たに生じうるリスクとその解決策

（1）リスク

いずれも当該水道事業とは別の事業者との連携による取組であるため、関連するステークホルダーが増加する。これに伴い、実施に係る理解が得られず解決策を実行できないリスクが考えられる。

（2）解決策

直接の連携相手には、双方の責務を果たすことで共通認識を図り、事業実現に向けて取り組む。その他多数のステークホルダーには、事業実施に至る背景や期待される効果に加え、実施するうえでの留意点も含めて包み隠さず伝える。さらに、従来の紙媒体だけでなくインターネット等の複数媒体を活用して情報を伝え、理解を求めることが重要である。以上

●裏面は使用しないで下さい。　●裏面に記載された解答は無効とします。

（YW・コンサルタント）24字×75行

参考文献：水道法改正法の概要（厚生労働省ホームページ）
https://www.mhlw.go.jp/stf/seisakunitsuite/bunya/topics/bukyoku/kenkou/suido/suishitsu/index_00001.html
水道の基盤を強化するための基本的な方針（厚生労働省）
https://www.mhlw.go.jp/web/t_doc?dataId=00011570&dataType=0&pageNo=1
令和4年度全国水道関係担当者会議（厚生労働省ホームページ）
https://www.mhlw.go.jp/stf/seisakunitsuite/bunya/0000197003_00007.html

設問 3

我が国の水道事業においては、人口減少等に伴う水需要の減少や施設の老朽化に伴う更新需要の増大など、経営環境が厳しさを増している。このような中で、将来にわたり安定した事業経営を継続するため、抜本的な改革等の取組を通じ、経営基盤の強化と財政マネジメントの向上を図ることが求められている。

収支を維持することが厳しい事業環境の水道事業体において経営戦略の改定を検討するとともに、持続可能な水道事業の運営を担う技術者として、以下の問いに答えよ。 [R4 出題問題]

（1） 技術者としての立場で多面的な観点から３つの課題を抽出し、それぞれの観点を明記したうえで、課題の内容を示せ。

（2） 前問（1）で抽出した課題のうち最も重要と考える課題を１つ挙げ、その課題に対する複数の解決策を示せ。

（3） 前問（2）で示したすべての解決策を実行しても新たに生じうるリスクとそれへの対策を、中長期的な視点を踏まえて示せ。

○受験番号、答案使用枚数、選択科目及び専門とする事項の欄は必ず記入すること。

1. 経営戦略の改定を検討する上での３つの課題
(1) 経営資源の枯渇（コスト的観点の課題）
　経営資源は人材、資金、施設などの有形資産等からなり、これらのうち1つでも枯渇すれば経営状態の不安定化を招き、最悪の場合事業が破綻するリスクが高まる。年々進む人口減少や、新型コロナウイルス感染症など予期せぬ経営環境の変化にも対応できるよう、持続可能な経営資源確保のために、現実的な取組を検討することが課題となる。
(2) 不適当な更新・維持管理（施設的観点の課題）
　効率的な維持管理の計画的実施は、施設の長寿命化や過剰投資の抑制のために必要である。今後の施設老朽化割合が加速度的に進行していくことを踏まえ、将来的に発生する維持管理・更新費用を可能な限り抑制していくため、予防保全型維持管理へ早急に転換することが課題である。
(3) 抜本的改革への対応不足（持続的観点の課題）
　「経営戦略」は、事業廃止、民営化・民間譲渡、広

域化といった抜本的な改革の検討と相互に反映させる必要がある。抜本的な改革の検討については、結論を得るまでに相当の時間を要するため、事業経営の現状と課題を踏まえながら、日々の状況変化に対応しつつ、検討を継続していくことが中長期的な課題となる。

2. 最も重要と考える課題及びその複数の対応策

(1) 最も重要と考える課題

前出の課題のうち、「経営資源の確保」はコスト的観点から持続可能な事業経営を実現するうえで中枢となる事項であると考えるため、これを最重要課題として、解決策を以降に示す。

(2) 課題に対する複数の解決策

解決策①新技術やICT導入による業務の省力化

人口減少による事業従事職員数の減少や、熟練職員の退職等による技術力低下という、人的資源の減少に対しては、新技術やICTの活用が有効である。例えば、薬品注入制御や水質監視など施設の運転管理の自動化や、膜ろ過施設など無人化できるシステムの導入があげられる。

また、料金徴収や日々の維持管理については、アウトソーシングなどで対応できる。

解決策②財務状況の適切な分析と将来予測

将来にわたり健全な経営を継続するためには資金が不可欠であり、その試算においては現在の財務状況の把握と分析を的確に行うことが有効である。

この点において、アセットマネジメントの実施により、中長期的な観点から資産の老朽化状況に応じた更新投資の見通しと、それに対する財政収支見通しのバランスを考慮した計画を策定することが重要である。特に財務における戦略策定においては専門的知見が不可欠であることから、知見を持った外部人材の活用や総務省のアドバイザー派遣事業等の利用も有効である。

解決策③施設規模と配置の適正化

施設の現状把握を十分に実施したうえで、施設・設備の廃止・統合（ダウンサイジング）や性能の合理化（スペックダウン）を行う。施設の規模や配置が適正化され、維持管理経費等の効率化につながることが期待できる。この検討においては当該事業のみならず、近隣事業体との広域連携の導入も効果的である。

3. 解決策によって新たに生じるリスクとその対策

(1) リスク

　改定された経営戦略に基づき経営を実行し、その結果を評価する、すなわちPDCAサイクルを回すことが重要であるが、特に料金改定など住民の生活に直結する事項については、議会や住民の理解を得るために時間がかかり、計画通りに進まない可能性がある。

(2) リスクへの対策

　料金改定の際には、その必要性・妥当性について議会や住民の理解が不可欠であり、そのためには直近の料金算定期間内における原価計算の内訳など、詳細を見える化することが必要である。

　また、金額面だけでなく経営戦略で決定した経営理念や基本方針については、住民にもわかりやすく親しみやすいスローガンやキャッチフレーズ化することで、住民の理解向上が望める。併せて、パブリックコメントやアンケート等、継続的な住民参加により、さらなる意識向上が期待できる。

以上

●裏面は使用しないで下さい。　●裏面に記載された解答は無効とします。

(WF・コンサルタント) 24字×75行

参考文献：経営戦略策定・改定マニュアル　総務省（令和4年1月）
経営戦略策定・改定ガイドライン　総務省（平成31年3月）

設問 4

2019年10月1日に施行された改正水道法において、水道事業者等は水道施設を良好な状態に保つため、その維持・修繕を行わなければならないこととされた。

また、改正法の施行に伴い、法に定める基準として、水道法施行規則が改正され、水道施設の点検方法や頻度と範囲、点検により異状を確認した際の維持・修繕の措置、コンクリート構造物における点検及び修繕の記録等の基準が定められた。

上記の状況を踏まえ、水道分野の技術者として以下の問いに答えよ。

［R4 出題問題］

(1) コンクリート構造物の水道施設を良好な状態に保つために、技術者として多面的な観点から検討すべき課題を3つ抽出し、それぞれの観点を明記したうえで、その課題の内容を示せ。

(2) 抽出した課題から最も重要と考える課題を1つ挙げ、その課題に対する複数の対応策を示せ。

(3) 対応策によって新たに生じるリスクと解決策について、専門技術を踏まえた考えを示せ。

○受験番号、答案使用枚数、選択科目及び専門とする事項の欄は必ず記入すること。

1. 施設を良好な状態に保つために検討すべき課題

(1) 施設の老朽化（モノの観点）

　水道施設の多くは高度経済成長期に整備されたため、それらの老朽化が進行している。特にコンクリート構造物は主要な施設に用いられる場合が多く、経年劣化・損傷によって給水に甚大な支障が生じる可能性がある。従って、いかにして事故リスクを最小限に抑えつつ多数の施設の更新・維持修繕等を進めるかが課題となる。

(2) 人材の不足（ヒトの観点）

　高齢化及び人口減少により、技術力を有するベテラン職員が次々に退職している。一方で、それを補完する新たな人材の確保が困難となっており、水道施設を適切に管理していくための人材が不足している。従って、いかにして人材を確保するか、あるいは限られた人材で施設を管理していくかが課題となる。

(3) 財源の不足（カネの観点）

　現状、多くの事業では水道施設を適切に管理していくための財源が不足している。さらに、人口減少や節水機器の普及により料金収入の減少が進行しており、今後の財政状況はさらに厳しくなる見通しである。従って、いかにして財源を確保するか、あるいは限られた財源で施設を管理していくかが課題となる。

2. 最も重要と考える課題及びその複数の対応策

(1) 最も重要と考える課題

私が最も重要と考える課題は、「施設の老朽化」である。

老朽化施設の増大は、常時及び災害時における水道利用者への安定供給を脅かすためである。また、老朽化施設の更新にあたっては、多大な費用を要することとなる。そのため、施設の老朽化対策を計画的、効率的に実施していくことが、結果として財政状況の悪化を抑え、また職員の負担軽減にも繋がるものと考える。

(2) 課題に対する複数の対応策

対応策①施設の点検・修繕計画の策定

コンクリート構造物は、中性化、凍害、塩害等が要因となって、ひび割れや鉄筋の腐食等による劣化が生じる。これらの劣化や変状の程度の把握を目的として、初期・日常・定期・随時・緊急の点検について、内容や頻度、範囲を位置付ける。点検によりコンクリートの変色、ひび割れ、浮き、剥離等を確認した場合は、詳細調査を実施し、必要に応じて修繕等応急措置を施すなど、これら点検を行い必要な処置を適宜実施することで、老朽化の進行を遅らせることが可能となる。

対応策②水道施設の更新

点検結果よりコンクリート構造物の状態を診断・評価した結果、修繕等により機能回復や向上が困難な場合、又は新たに建設する方が経済的に有利と判断される場合には更新を実施する。コンクリート構造物は、浄水施設等の基幹施設に用いられる場合が多く、その規模や配置は、水道システム全体に影響する。更新にあたっては、将来の水需要や給水サービスのレベルを勘案し、施設の統廃合を含めた施設規模や配置の適正化、また様々なリスクに対する安全性の確保等、水道システム全体を俯瞰的に捉えて検討する。

3. 対応策によって新たに生じるリスクとその解決策

(1)　リスク
　施設の点検・修繕や更新を計画的に実施しようとしても、それらに対応する人員数、またノウハウを有する人材が不足するリスクが考えられる。
(2)　解決策
　官民連携の活用を解決策として提示する。官民連携により点検を実施する人員を確保し、また民間企業の得意とするICT技術を活用する。例えばドローンによる点検を行うことで、通常は目視できない箇所の点検が可能となる。また画像解析によるコンクリートの劣化診断を行うことで、効率的に修繕等の判断材料を得ることが可能となる。さらに施設更新時においては、様々な課題に対して水道システム全体を俯瞰的に捉えた考えが必要となるが、PPP/PFIの導入により、他事業体の事例や最新の技術の活用を踏まえた技術提案を求めることで、人員・ノウハウが不足する状態でも適切な更新の実施が可能となる。　以上

●裏面は使用しないで下さい。　●裏面に記載された解答は無効とします。　(YM・コンサルタント) 24字×73行

参考文献：水道施設の点検を含む維持・修繕の実施に関するガイドライン　厚生労働省（令和元年9月）

設問 5

2021年10月3日に発生した六十谷水管橋（和歌山市企業局）の落橋事故では、約6万戸の世帯が約1週間の断水を招くなど、水道利用者に深刻な影響を与える甚大な事故となった。この事例のような水管橋の落橋に伴う大規模な断水を生じないようにするため、あなたが水道分野の技術者として対策を進めるに当たり、以下の内容について記述せよ。 ［予想問題］

（1） 水管橋の落橋に伴う大規模な断水を生じないようにするため、技術者としての立場で多面的な観点から検討すべき課題を3つ抽出し、それぞれの観点を明記したうえで、その課題の内容を示せ。

（2） 抽出した課題のうち最も重要と考える課題を1つ挙げ、その課題に対する複数の対応策を示せ。

（3） 対応策によって新たに生じうるリスクと解決策について、専門技術を踏まえた考えを示せ。

○受験番号、答案使用枚数、選択科目及び専門とする事項の欄は必ず記入すること。

1. 落橋に伴う断水を生じさせないための検討課題

（1） 水管橋の老朽化（モノの観点）

水道施設の多くは高度経済成長期に整備されたため、それらの老朽化が進行している。特に水管橋については露出しており、埋設管と比較して風雨や日光、野鳥のフン等、外部環境の影響を受けやすい傾向がある。従って、いかにして事故リスクを抑えつつ多数の水管橋の更新・維持修繕等を進めるかが課題となる。

（2） 人材の不足（ヒトの観点）

高齢化及び人口減少により、技術力を有するベテラン職員が次々に退職している。一方で、それを補完する新たな人材の確保が困難となっており、水管橋を適切に管理していくための人材も不足している。従って、いかにして人材を確保するか、あるいは限られた人材で施設を管理していくかが課題となる。

（3） 財源の不足（カネの観点）

多くの事業体では水道施設を適切に管理していくための財源が不足している。さらに、人口減少や節水機器の普及により料金収入の減少が進行しており、今後の財政状況はさらに厳しくなる見通しである。従って、いかにして財源を確保するか、あるいは限られた財源で水管橋を適切に管理していくかが課題となる。

2. 最も重要と考える課題と複数の解決策

(1) 最も重要と考える課題

私が最も重要と考える課題は、「水管橋の老朽化」である。

老朽化した水管橋の増大は、常時及び災害時における水道利用者への安定供給を脅かすためである。また、老朽化した水管橋の更新にあたっては、多大な費用を要することとなる。そのため、水管橋の老朽化対策を計画的、効率的に実施していくことが、結果として財政状況の悪化を抑え、また職員の負担軽減にも繋がるものと考える。

(2) 課題に対する複数の対応策

対応策① 水管橋の点検・修繕計画の策定・実施

水管橋は、構造的特徴や部材に応じて、腐食や劣化の進展しやすい弱点部が異なることから、これらを考慮した点検・修繕を計画的に実施することで、性能低下を防ぎ、長寿命化を実現することが可能となる。点検については、初期・定期・随時・緊急の点検として、実施内容や頻度、範囲を位置付ける。なお、ドローンによる点検や、画像解析による劣化診断など新技術を活用することで、通常は目視できない箇所の点検や、効率的に修繕等の判断材料を得ることが可能となる。

対応策② 水管橋の更新

点検結果より水管橋の状態を診断・評価した結果、修繕等による機能回復や向上が困難な場合、又は新たに建設する方が経済的に有利と判断される場合には更新を実施する。なお基幹管路して位置付けられる水管橋や、一級河川など川幅の広い河川を横断している水管橋については、断水や同位置の更新が困難であるため、既設を活用しつつ、別途近隣の横断箇所を検討することとなる。この際、横断可能な箇所が限定されるだけでなく、前後の接続管路の布設可能ルートも限定される場合があるため、これらを含めた管路ルート全体として検討することが望ましい。

3. 対応策によって新たに生じるリスクとその解決策

(1) リスク

個別に水管橋の老朽化対策を実施したとしても、なお想定外の事象により落橋・破断し、断水するリスクが考えられる。

（2）解決策

バックアップ対策の充実を解決策として提示する。水管橋が落橋・破断した場合を想定したシミュレーションを実施したうえで、緊急時でも必要となる水量を確保できるように、水管橋に加えて推進工による河川横断をする二重化、基幹管路のループ化、他系統からの水運用等のバックアップ体制を構築する。その際、近隣事業体との広域連携により、緊急時連絡管を整備することも考慮する。さらに、復旧資機材の備蓄や応急給水用のボトル水の備蓄など、応急対策についても充実させることで、バックアップ体制構築前の期間においても、早期復旧や生活に必要な最低限の水量の確保を可能とする。以上

●裏面は使用しないで下さい。　●裏面に記載された解答は無効とします。　（YM・コンサルタント）24字×74行

参考文献：水道施設の点検を含む維持・修繕の実施に関するガイドライン（令和5年3月 厚生労働省医薬・生活衛生局 水道課）
https://www.mhlw.go.jp/content/10900000/001075799.pdf
水管橋等の維持・修繕に関する検討報告書（令和5年3月 厚生労働省医薬・生活衛生局 水道課）
https://www.mhlw.go.jp/content/10900000/001076789.pdf

第二次試験（選択科目）記述式試験の対策 3. 下 水 道

出題問題・情報源・出題予想

キーワード体系表

- □ 下水道計画
- □ 管きょ計画
- □ 雨水対策
- □ 管きょ工事
- □ 処理場・ポンプ場計画
- □ 水処理方式
- □ 汚泥処理方式
- □ 管きょの維持管理
- □ 処理場の維持管理
- □ 資源利用

専門知識を問う問題

応用能力を問う問題

問題解決能力及び課題遂行能力を問う問題

選択科目［下水道］出題問題・情報源・出題予想（「情報源」に記した参考文献名の詳細は、論文を参

問題の種類	令和（R）5、4、3、2、元（2023～2019）年度試験		国土交通省重点施策
	出題問題（太字は解答例を掲載）	情報源	
専門知識 600字×1枚	**R05　Ⅱ-1-1　雨水管理総合計画における雨水管理方針の項目を3つ以上抽出し、項目ごとに主な検討内容と留意点をそれぞれ述べよ。**	雨水管理総合計画策定ガイドライン（案）（R3年11月）	
	R05　Ⅱ-1-2　下水道管路施設について、硫化水素による腐食のメカニズムを踏まえた腐食防止対策を2つ挙げるとともに、それぞれの概要を述べよ。	1）前編	
	R05　Ⅱ-1-3　りん除去を図るための嫌気好気活性汚泥法について、概要を述べるとともに、各反応タンクでのりん蓄積生物（PAO）が担う機構を説明せよ。	1）後編、3）	
	R05　Ⅱ-1-4　汚泥処理設備における機械脱水の方式としてろ過方式、遠心分離方式が挙げられるが、その方式ごとに脱水機形式を1機種以上挙げてその脱水原理を簡潔に述べよ。また、脱水設備を導入するうえでの主な留意点について2項目以上述べよ。	1）後編	
	R04　Ⅱ-1-1　計画1日平均汚水量、計画1日最大汚水量、計画時間最大汚水量の定義と用途、算定の留意点	1）前編	
	R04　Ⅱ-1-2　下水道管路の圧送式輸送システムのリスク2つと対策	1）前編	
	R04　Ⅱ-1-3　標準活性汚泥法における最初沈殿池、最終沈殿池容量の設計因子2つ、設計上の留意点	1）後編	
	R04　Ⅱ-1-4　汚泥処理における3つ以上の工程から発生する返流水の発生源と留意が必要な水質項目、適切に返流水を処理する場合の計画面・維持管理面での留意点	1）後編	
	R03　Ⅱ-1-1　処理場・ポンプ場の係る耐水化と防水化について、対象外力（内水・外水）、対策手法	気候変動を踏まえた下水道による都市浸水対策の推進について提言	浸水対策
	R03　Ⅱ-1-2　分流式下水道の雨天時浸入水による事象（発生原因2つ、管路施設での対策）	3）	
	R03　Ⅱ-1-3　標準活性汚泥法の水中撹拌式以外のエアレーション方式2つ（概要、散気装置、採用への留意点）	1）後編	
	R03　Ⅱ-1-4　下水汚泥のエネルギー利活用の目的、下水汚泥の固形燃料化・消化の特徴、導入への留意点	下水汚泥エネルギー化技術ガイドライン（平成29年版）	脱炭素化の推進
	R02　Ⅱ-1-1　浸水対策手法（ハード対策）の種類、目的、留意点		
	R02　Ⅱ-1-2　下水道管きょの維持管理（巡視、点検、調査の特徴、方法）		
	R02　Ⅱ-1-3　OD法の設計・運転管理上の留意点、改築時の留意点		

令和6年度試験		国土交通省重点施策
予想問題（太字は解答例を掲載）	情報源	
Ⅱ-1-5　地震・津波に対して、①管路施設の減災計画、②処理場・ポンプ場施設の減災計画、及び③トイレ使用に関する減災計画を立案するに当たり、それぞれ考慮すべき事項を述べよ。	下水道地震対策緊急整備計画策定の手引き	地震対策
Ⅱ-1-6　下水道クイックプロジェクトでは下水道の社会実験を行い、新たな整備手法の評価を実施しており、広く普及を促進する整備手法として一般化されている。管路施設に関係する新たな整備手法を３つ挙げ、概要を述べよ。	1）前編	改築・更新
Ⅱ-1-7　りん回収技術の、フォストリップ法、晶析脱りん法、吸着脱りん法について、回収対象、生成物、処理フロー及び必要設備について述べよ。	1）後編	資源利用
Ⅱ-1-8　下水汚泥を肥料として緑農地利用する場合について、留意事項を述べるとともに、利用形態を２つ挙げてそれぞれの特徴を述べよ。	1）後編	資源利用

（計画分野）
減災計画の立案における留意点（2023）
合流式下水道の改善　３改善目標、対策、重要水域（2022）
雨水管理計画の策定　基本的考え方と照査降雨の定義（2021）
下水道 BCP　目的、計画概要、策定の留意点（2020）
雨水滞水池　機能、計画及び運用における留意点
（管きょ分野）
腐食のメカニズム・対策、点検計画の留意点（2023）
地震時のマンホール浮上　原因の防止、被害の軽減（2022）
管路の計画的維持管理　手順の概要、特徴（2021）
管路の耐震　工法選定の留意点、代表工法、概要と特徴（2020）
マンホールトイレ　特徴、設計・計画の留意点（2017）
（水処理分野）
標準法　タンク容量を決める設計因子・留意点（2023）
SRT　活性汚泥法施設設計での意義、SRT 大小での特徴（2022）
膜分離活性汚泥法　プロセス構成、特徴、設計上留意点（2021）
BOD　指標の意味、特徴、測定方法（2020）
処理場運転管理の二軸管理　目的、進め方、課題（2019）
OD 法　窒素除去原理、既設からの改造（2019）
（汚泥処理分野）
臭気発生場所、臭気除去方法（2023）
発電利用を意識して３脱水方式　原理と特徴（2022）
汚泥消化　目的、設計上留意点（2021）
汚泥エネルギー利用技術　各技術の概要、特徴
焼却と炭化　目的、技術概要、成果物の特長

参考文献
1）下水道施設計画・設計指針と解説 2019 年度版　日本下水道協会
2）下水道浸水被害軽減総合計画策定マニュアル（案）平成 28 年 4 月
3）下水道維持管理指針（実務編）2014 年度　日本下水道協会
4）管きょ更生工法における設計・施工ガイドライン　2017 年版

選択科目［下水道］出題問題・情報源・出題予想　つづき

問題の種類	令和（R）5、4、3、2、元（2023～2019）年度試験 出題問題（太字は解答例を掲載）	情報源	国土交通省重点施策
専門知識 600字×1枚	R02　Ⅱ-1-4　下水汚泥の焼却の目的、設備設計上の留意点・内容		
	R01　Ⅱ-1-1　分流式と合流式　特徴を多面的に比較		
	R01　Ⅱ-1-2　管きょ更生の自立管と複合管　特徴、適用工法、工法の概要		
	R01　Ⅱ-1-3　下水処理の硝化反応　概要と特徴		
	R01　Ⅱ-1-4　2方式の機械濃縮と重力濃縮　概要と特徴		
応用能力 600字×2枚	**R05　Ⅱ-2-1　A市は、下水道の整備を開始してから45年が経過する。下水道管の老朽化や腐食の進行が想定される下水道整備区域において、修繕や改築を計画的かつ効率的に行うための実施計画の策定が求められている。 あなたが、この業務の担当責任者に選ばれた場合、以下の内容について記述せよ。 （1）点検・調査手法と、その結果を踏まえて検討すべき事項とその内容について記述せよ。 （2）修繕か改築かの選択に際して、業務を進める手順とその際の留意点、工夫を要する点を含めて述べよ。 （3）業務を効率的、効果的に進めるため、関係者と調整する内容とその方策について述べよ。**	『下水道事業のストックマネジメント実施に関するガイドライン』（令和4年3月改定）国土交通省　水管理・国土保全局下水道部、国土交通省　国土技術政策総合研究所　下水道研究部、『下水道維持管理指針　実務編』（2014年版）日本下水道協会	老朽化対策
	R05　Ⅱ-2-2　近年、全国で発生している災害を受け、国では「防災減災、国土強靭化のための5か年加速化対策」を実施している。 このような状況において、B市では古くから下水道整備が進み、多くのストックを保有する中、豪雨による洪水や内水氾濫の被害が想定されている。また、大規模地震による被害も想定されていることから、下水道事業において災害を未然に軽減防止する対策計画の策定が急務となっている。 あなたは、この災害軽減防止対策計画を策定する業務の担当として選ばれた場合、以下の内容について記述せよ。 （1）調査検討すべき事項とその内容について説明せよ。 （2）災害軽減防止対策の項目を業務遂行順に列挙して、その項目ごとに留意すべき点、工夫を要する点を述べよ。 （3）業務を効率的、効果的に進めるため、関係者と調整する内容とその方策について述べよ。	『下水道ＢＣＰ策定マニュアル2022年版』（令和5年4月）国土交通省水管理・国土保全局下水道部	地震・津波対策
	R04　Ⅱ-2-1　ある流域において流域治水を考慮した「気候変動を踏まえた下水道による都市浸水対策計画の策定」をすることになった。 あなたがこの業務の担当者に選ばれた場合、下記の内容について記述せよ。 （1）調査・検討すべき事項とその内容について説明せよ。 （2）業務を進める手順を列挙して、それぞれの項目ごとに留意すべき点、工夫を要する点を述べよ。 （3）業務を効率的、効果的に進めるための関係者との調整方策について述べよ。	『雨水管理総合計画策定ガイドライン（案）』（令和3年11月）国土交通省水管理・国土保全局下水道部	浸水対策

令和6年度試験		国土交通省重点施策
予想問題（太字は解答例を掲載）	情報源	
近年、水災害の激甚化・頻発化とともに、気候変動の影響による降雨量の増加が見込まれている。そのため、流域全体を、あらゆる関係者が協働して取り組む流域治水の実効性を高めていく必要がある。また、水防法の改正により、下水道の浸水対策では、浸水シミュレーションを活用した想定最大規模降雨に対する雨水出水浸水想定区域図を策定することとなった。あなたが業務責任者として選任された場合、下記の内容について記述せよ。（本書 2024 年版掲載） （1）調査、検討すべき事項とその内容について説明せよ。 （2）業務を進める手順を列挙して、それぞれの項目ごとに留意すべき点、工夫を要する点を述べよ。 （3）業務を効率的、効果的に進めるための関係者との調整方策について述べよ。	『内水浸水想定区域図作成マニュアル（案）』（令和 3 年 7 月） 国土交通省水管理・国土保全局下水道部、『流出解析モデル利活用マニュアル』（2017 年 3 月）財団法人下水道新技術推進機構	浸水対策
A 市（人口 20 万人）では、複数の農業集落排水施設の更新時期が近づいており、これらを更新するか、廃棄して公共下水道（面整備は完了）の B 処理場（標準活性汚泥法、現有処理能力 6 万m^3/ 日、供用開始後 20 年）に統合するかについて検討して下水道の事業計画を策定する必要がある。 統合した場合の流入水量は、現在の B 処理場の処理能力を一時的に超えることになるが、中長期的な人口減少により、比較的近い将来には現状の能力範囲内におさまることが見込まれている。また、統合しない場合は、それぞれの施設において流入水量の減少がすぐに見込まれている。このような条件下で、将来にわたり全体として効率的に汚水の処理を実施するための計画を策定するに当たり、以下の問いに答えよ。（本書 2024 年版掲載）　あなたが業務責任者として選任された場合、下記の内容について記述せよ。 （1）調査・検討すべき事項とその内容について、説明せよ。 （2）業務を進める手順を列挙して、それぞれの項目ごとに留意すべき点、工夫を要する点を述べよ。 （3）業務を効率的、効果的に進めるための関係者との調整方策について述べよ。		広域化・共同化
分流式下水道を採用している地方公共団体において、施設の老朽化の進行や地震等の被災、高強度降雨の増加等に伴い、雨天時に下水の流量が増加し、汚水管等からの溢水や宅内への逆流など雨天時浸入水に起因する事象が発生している。 このような状況の中、効果的かつ効率的な対策するため「雨天時浸入水対策計画の策定」をすることになった。あなたがこの業務の担当者に選ばれた場合、下記の内容について記述せよ。（本書 2024 年版掲載） （1）調査、検討すべき事項とその内容について説明せよ。 （2）業務を進める手順を列挙して、それぞれの項目ごとに留意すべき点、工夫を要する点を述べよ。 （3）業務を効率的、効果的に進めるための関係者との調整方策について述べよ。	『雨天時浸入水対策ガイドライン（案）』（令和 2 年 1 月） 国土交通省水管理・国土保全局下水道部	浸水対策

選択科目［下水道］出題問題・情報源・出題予想　つづき

問題の種類	令和（R）5、4、3、2、元（2023～2019）年度試験 出題問題（太字は解答例を掲載）	情報源	国土交通省重点施策
応用能力 600字×2枚	R04　Ⅱ-2-2　A市は、下水道事業費の削減や市の脱炭素化の推進等を目的に、処理能力100,000m^3/日、水処理方式は標準活性汚泥法、汚泥処理方式は重力及び機械濃縮、脱水、焼却で稼働しているA市唯一のB終末処理場を対象に汚泥消化の導入を検討することとした。あなたが業務責任者として選任された場合、下記の内容について記述せよ。 （1）調査・検討すべき事項とその内容について説明せよ。 （2）業務を進める手順を列挙して、それぞれの項目ごとに留意すべき点、工夫を要する点を述べよ。 （3）業務を効率的、効果的に進めるための関係者との調整方策について述べよ。	『下水汚泥エネルギー化技術ガイドライン』（平成29年度版）国土交通省水管理・国土保全局下水道部、『脱炭素社会への貢献のあり方検討小委員会報告書』（令和4年3月）国土交通省水管理・国土保全局下水道部	脱炭素化の推進（創エネ・省エネ等の推進）
	R03　Ⅱ-2-1　大規模な地震時においても下水道が有すべき機能を維持するため、既存の下水道施設への地震対策が必要である。そこで、重要な下水道施設の耐震化を図る「防災」と被災を想定して被害の最小化を図る「減災」を組合せた下水道総合地震対策を計画することになった。あなたが業務責任者として選任された場合、下記の内容について記述せよ。 （1）調査、検討すべき事項とその内容について説明せよ。 （2）業務を進める手順を列挙して、それぞれの項目ごとに留意すべき点、工夫を要する点を述べよ。 （3）業務を効率的、効果的に進めるための関係者との調整方策について述べよ。	『下水道施設計画・設計指針と解説』、2019年度版前編、『下水道施設の耐震対策指針と解説』、『マンホールトイレ整備・運用のためのガイドライン』、『下水道BCP策定マニュアル地震・津波、水害編』、『下水道事業の手引き』	地震・津波対策
	R03　Ⅱ-2-2　ある中核都市A市は、近年、建設当初と比べて下水道普及率の向上等により水量・水質が変化しており、また機械・電気設備の老朽化が進行していることから、標準法として供用中の施設において、部分的な施設・設備の改造や運転管理の工夫により、早期かつ安価に高度処理化を図る「段階的高度処理」へと移行するための更新計画を立案し、実行に移すこととなった。一方、財政難、運転管理職員の減少等、下水道事業環境は厳しい状況にある。あなたが本更新計画の業務責任者として選任された場合、下記について記述せよ。 （1）調査、検討すべき事項とその内容について、説明せよ。 （2）業務を進める手順を列挙して、それぞれの項目ごとに留意すべき点、工夫を要する点を述べよ。 （3）業務を効率的、効果的に進めるための関係者との調整方策について述べよ。	『既存施設を活用した段階的高度処理の普及ガイドライン（案）』（平成27年7月）　国土交通省　水管理・国土保全局　下水道部	公共用水域の水質保全

令和6年度試験		国土交通省重点施策
予想問題（太字は解答例を掲載）	情報源	
令和３年６月の瀬戸内海環境保全特別措置法の改正により「栄養塩類管理制度」が創設されるなど、生物多様性の確保・水産資源の持続的な利用の観点から「きれいな」だけでなく「豊かな」水環境を求めるニーズが高まっている状況にある。 **このような中で、下水処理水放流先のアサリやノリ養殖業等に配慮し、関係機関からの要請に基づき、冬季に下水処理水中の栄養塩類（窒素やりん）濃度を上げることで不足する窒素やりんを水域へ供給する能動的運転管理の取組が進められてきている。** **あなたが能動的運転管理を推進する業務責任者として選任された場合、下記の内容について記述せよ。（本書 2024 年版掲載）** **(1) 調査、検討すべき事項とその内容について説明せよ。** **(2) 業務を進める手順を列挙して、それぞれの項目ごとに留意すべき点、工夫を要する点を述べよ。** **(3) 業務を効率的、効果的に進めるための関係者との調整方策について述べよ。**	栄養塩類の能動的運転管理の効果的な実施に向けたガイドライン（案）令和５年３月、国土交通省　水管理・国土保全局　下水道部、栄養塩類の能動的運転管理に関する事例集、令和３年３月、国土交通省　水管理・国土保全局　下水道部	公共用水域の水質保全
広域化・共同化計画は、人口減少に伴う使用料収入の減少、職員数の減少による執行体制の脆弱化や既存ストックの大量更新期の到来などの汚水処理施設の事業運営に係る多くの課題を踏まえ、持続可能な事業運営を推進するために策定する。「経済財政運営と改革の基本方針 2017」においては「上下水道等の経営の持続可能性を確保するため、2022 年度までに広域化を推進するための目標を掲げる」ことが明記され、2022 年度までに全ての都道府県において広域化・共同化に関する計画を策定することが掲げられた。あなたが業務責任者として選任された場合、下記の内容について記述せよ。（2023 年版掲載） (1) 調査・検討すべき事項とその内容について説明せよ。 (2) 業務を進める手順を列挙して、それぞれの項目ごとに留意すべき点、工夫を要する点を述べよ。 (3) 業務を効率的、効果的に進めるための関係者との調整方策について述べよ。	『広域化・共同化計画策定マニュアル（改訂版）』（令和２年４月）総務省　農林水産省　国土交通省　環境省	財政・経営
水防法の改正により、下水道の浸水対策では、浸水シミュレーションを活用した想定最大規模降雨に対する雨水出水浸水想定区域図を策定することとなった。あなたが業務責任者として選任された場合、下記の内容について記述せよ。（2023 年版掲載） (1)　調査・検討すべき事項とその内容について説明せよ。 (2) 業務を進める手順を列挙して、それぞれの項目ごとに留意すべき点、工夫を要する点を述べよ。 (3) 業務を効率的、効果的に進めるための関係者との調整方策について述べよ。	『内水浸水想定区域図作成マニュアル（案）』（令和３年７月）国土交通省、『流出解析モデル利活用マニュアル』（2017 年３月）下水道新技術推進機構	雨水対策

選択科目［下水道］出題問題・情報源・出題予想　つづき

問題の種類	令和（R）5、4、3、2、元（2023～2019）年度試験		国土交通省重点施策
	出題問題（太字は解答例を掲載）	情報源	
応用能力 600字×2枚	R02　Ⅱ-2-1　東日本大震災や熊本地震の教訓や事例を踏まえて下水道BCPを見直すことになった。あなたが、この業務の担当責任者に選ばれた場合、下記の内容について記述せよ。 （1）調査、検討すべき事項とその内容について、説明せよ。 （2）業務を進める手順とその際に留意すべき点、工夫を要する点を含めて述べよ。 （3）業務を効率的、効果的に進めるための関係者との調整方策について述べよ。	『下水道BCP策定マニュアル』2017年版（地震・津波編）（平成29年9月）、『下水道BCP策定マニュアル』2019年版（地震・津波、水害編）（令和2年4月）、共に国土交通省水管理・国土保全局下水道部）	地震・津波対策
	R02　Ⅱ-2-2　現有の水処理施設の能力評価を踏まえた改築更新計画を策定するに当たり、下記の内容について記述せよ。 （1）調査、検討すべき事項とその内容について説明せよ。 （2）業務を進める手順とその際に留意すべき点、工夫を要する点を含めて述べよ。 （3）業務を効率的、効果的に進めるための関係者との調整方策について述べよ。	『下水道施設計画・設計指針と解説』、後編、2019年版、日本下水道協会	老朽化対策
	R01　Ⅱ-2-1　計画的かつ効率的な浸水対策の施設整備を進めるため、雨水管理総合計画を策定することになった。あなたが、この雨水管理総合計画策定業務の担当責任者に選ばれた場合、下記の内容について説明せよ。 （1）調査、検討すべき事項とその内容について説明せよ。 （2）業務を進める手順について、留意すべき点、工夫を要する点を含めて述べよ。 （3）業務を効率的、効果的に進めるための関係者との調整方策について述べよ。	『雨水管理総合計画策定ガイドライン（案）』（平成29年7月）国土交通省下水道部、 『下水道浸水被害軽減総合計画策定マニュアル（案）』（平成28年4月）国土交通省下水道部	雨水対策
	R01　Ⅱ 2-2　下水処理場の水処理方式は標準活性汚泥法であり、また汚泥処理工程は濃縮→消化→脱水→場外であるが、し尿・浄化槽汚泥の受け入れ検討を進めるに当たり、下記の内容について記述せよ。 （1）調査、検討すべき事項とその内容について説明せよ。 （2）業務を進める手順について、留意すべき点、工夫を要する点を含めて述べよ。 （3）業務を効率的、効果的に進めるための関係者との調整方策について述べよ。	『北海道MICS事業ガイドライン』（平成25年）北海道、 『下水道の広域化・共同化について』（平成30年）国土交通省	広域化・共同化

令和6年度試験		国土交通省重点施策
予想問題（太字は解答例を掲載）	情報源	
人口10万人のA市の下水道事業は、人口減少や施設の老朽化等の課題を抱えており、地域の実情を踏まえバイオマスを含む地域内循環の全体の最適化を目指し、下水処理場において周辺市町村の下水汚泥や地域バイオマスを受け入れ、広域的に利活用することにより、下水道事業の安定的な運営を図るとともに、地域資源の有効活用を図ることとなった。A市において、下水汚泥の広域利活用を検討するに当たり、下記の内容について記述せよ。(2022年版掲載) (1) 調査、検討すべき事項とその内容について説明せよ。 (2) 業務を進める手順について、留意すべき点、工夫を要する点を含めて述べよ。 (3) 業務を効率的、効果的に進めるための関係者との調整方策について述べよ。	「下水汚泥広域利活用検討マニュアル」2019年3月国土交通省	脱炭素化の推進（創エネ・省エネ等の推進）
下水道分野では、老朽化施設の増大、使用料収入減少、下水道職員の不足等の課題があり、このような状況への解決策の一つとして、民間企業のノウハウや創意工夫を活用した官民連携（PPP/PFI手法）の活用が挙げられる。官民連携（PPP/PFI手法）の活用にあたり、以下の内容について記述せよ。(2022年版掲載) (1) 官民連携（PPP/PFI手法）の種類や効果 (2) 官民連携（PPP/PFI手法）の導入手順 (3) 官民連携を行う上での留意点	『下水道事業におけるPPP/PFI手法選定のためのガイドライン（案）』（平成29年1月） 『官民連携(PPP/PFI)の活用』国土交通省ホームページ	PPP/PFI
想定し得る最大規模の内水に対して指定する水位周知下水道について、計画策定する担当責任者として、下記の内容について記述せよ。(2022年版掲載) (1) 事前に把握する必要のある事項について述べよ。 (2) 水位周知下水道の指定に向けた検討手順について述べよ。 (3) 業務を進めるための留意事項について述べよ。	『水位周知下水道制度に係る技術資料（案）』（平成28(2016)年4月）『下水道管きょ等における水位等観測を推進するための手引き（案）』（平成29（2017）年7月）	浸水対策
処理能力100,000m³/日（日最大）の下水処理場全体のエネルギー最適化検討を進めるに当たり、下記の内容について記述せよ。なお、水処理方式は循環式硝化脱窒法であり、汚泥処理工程は濃縮→消化→脱水→場外である。(2022年版掲載) (1) 調査、検討すべき事項とその内容について説明せよ。 (2) 業務を進める手順について、留意すべき点、工夫を要する点を含めて述べよ。 (3) 業務を効率的、効果的に進めるための関係者との調整方策について述べよ。	『下水処理場のエネルギー最適化に向けた省エネ技術導入マニュアル（案）』（2019年6月）国土交通省水管理・国土保全局下水道部	脱炭素化の推進（創エネ・省エネ等の推進）

選択科目［下水道］出題問題・情報源・出題予想　つづき

問題の種類	令和（R）5、4、3、2、元（2023～2019）年度試験		国土交通省重点施策
	出題問題（太字は解答例を掲載）	情報源	
問題解決能力及び課題遂行能力 600字×3枚	R05　Ⅲ-1　A市のB処理場は、供用開始から100年が経過している。躯体の劣化に対して補修工事などにより老朽化対策を実施してきたが、水処理施設の大半が建設から50年以上が経過しており、抜本的な施設再構築が必要となっている。 現況の躯体は耐力が不足しているが、常時下水が流入する中，複数施設で耐震化が不可能となっている。また、流入水質は全窒素が高いが、反応タンクのHRTが短く、放流水質の管理が難しくなっている。近年は、大規模水害に対して、水処理機能の維持、早期回復のための施設の耐水化も求められている。 B処理場の計画処理能力は、50万m^3/日となっているが、晴天日の日最大汚水量の実績値とほぼ同等の値となっており、用地も余裕がない状況である。そこで，近隣の処理場への一部編入の可能性を含め、B処理場の再構築を検討することとした。 こうした状況を踏まえ、B処理場を再構築する技術者として、以下の問いに答えよ。 （1）B処理場の再構築を検討するに当たり、技術者としての立場で多面的な観点（ただし、費用面は除く）から重要な課題を3つ抽出し、その内容を観点とともに述べよ。 （2）抽出した課題のうち最も重要と考える課題を1つ挙げ、その課題に対する複数の解決策を示せ。 （3）解決策に共通して新たに生じうるリスクとそれへの対策について、専門技術を踏まえた考えを示せ。		老朽化対策
	R05　Ⅲ-2　輸入依存度の高い肥料原料の価格が高騰する中、下水汚泥資源の肥料活用が注目されている。A市は、下水汚泥全量を焼却処理してきたが、焼却炉の更新計画において下水汚泥の肥料化について検討を行うこととなった。A市では、畑作を中心に平均的な耕地面積を有しているが、下水由来の肥料が流通した実績はない。こうした状況を踏まえ、下水道の技術者として下水汚泥の肥料利用を計画するに当たり、以下の問いに答えよ。 （1）肥料利用を計画するに当たり、技術者としての立場で技術面、利用面等の多面的な観点（ただし、費用面を除く）から重要な課題を3つ抽出し、その内容を観点とともに述べよ。 （2）抽出した課題のうち最も重要と考える課題を1つ挙げ、その課題に対する複数の解決策を示せ。 （3）解決策に共通して新たに生じうるリスクとそれへの対策について、専門技術を踏まえた考えを示せ。	『下水汚泥有効利用促進マニュアル』2015、日本下水道協会、『発生汚泥等の処理に関する基本的考え方について（告示・通達）』令和5年3月、国土交通省水管理・国土保全局下水道部、『下水汚泥資源の肥料利用の拡大に向けた検討について（依頼）』事務連絡　令和5年4月、国土交通省水管理・国土保全局下水道部	下水汚泥資源の肥料利用の促進

<table>
<tr><th colspan="2">令和6年度試験</th><th rowspan="2">国土交通省
重点施策</th></tr>
<tr><th>予想問題（太字は解答例を掲載）</th><th>情報源</th></tr>
<tr><td>2050年カーボンニュートラルに向けて欧米先進諸国が2030年までの目標設定にコミットする中、我が国においても温室効果ガスの排出削減に関する2030年度の中期目標として、従来の2013年度比26%削減の目標を7割以上引き上げる46%削減を目指し、さらに、50%削減に向けて挑戦を続けることとしている。地方のある中核都市A市の下水道事業においても、脱炭素社会への貢献を目指し、下水道の様々なポテンシャルを最大限活用し、取組の加速化・連携拡大に向けた環境整備を進めることとなった。あなたがグリーンイノベーションを進める責任者の立場として、以下の問いに答えよ。（本書2024年版掲載）
(1) グリーンイノベーションの加速化・連携拡大を進めるに当たり、技術者としての立場で多面的な観点から課題を3つ抽出し、それぞれの観点を明記したうえで、課題の内容を示せ。
(2) 抽出した課題のうち最も重要と考える課題を1つ挙げ、その課題に対する複数の解決策を示せ。
(3) 前問（2）で示したすべての解決策を実行しても新たに生じうるリスクとそれへの対策について示せ。</td><td>『脱炭素社会への貢献のあり方検討小委員会報告書』（令和4年3月）国土交通省　水管理・国土保全局　下水道部</td><td>下水汚泥資源の肥料利用の促進</td></tr>
<tr><td>下水道事業においては、人口減少に伴う使用料収入の減少や施設の老朽化に伴う更新需要の拡大など、経営環境が厳しさを増している。このような中で、将来にわたり安定した事業経営を継続するため、抜本的な改革等の取組を通じ、経営基盤の強化と財政マネジメントの向上を図ることが求められている。
収支を維持することが厳しい事業環境の下水道事業体において経営戦略の改定を検討するとともに、持続可能な下水道事業の運営を担う技術者として、以下の問いに答えよ。（本書2024年版掲載）
(1) 技術者としての立場で、多面的な観点から3つの課題を抽出し、それぞれの観点を明記したうえで、課題の内容を示せ。
(2) 前問（1）で抽出した課題のうち最も重要と考える課題を1つ挙げ、その課題に対する複数の解決策を示せ。
(3) 前問（2）で示した全ての解決策を実行しても新たに生じうるリスクとそれへの対策を、専門技術を踏まえた考えを示せ。</td><td>『経営戦略策定・改訂マニュアル』、令和4年1月改定、総務省
『人口減少下における維持管理時代の下水道経営のあり方検討会報告書』、令和2年7月、国土交通省水管理・国土保全局下水道部
『発生汚泥等の処理に関する基本的考え方について（告示・通達）』、令和5年3月17日、国土交通省水管理・国土保全局下水道部</td><td>収支構造の適正化</td></tr>
</table>

選択科目［下水道］出題問題・情報源・出題予想　つづき

問題の種類	令和（R）5、4、3、2、元（2023～2019）年度試験		国土交通省重点施策
	出題問題（太字は解答例を掲載）	情報源	
問題解決能力及び課題遂行能力 600字×3枚	R04　Ⅲ-1　D県A市（人口約60万人）の単独公共下水道B処理区（合流区域（汚水・雨水）、分流区域（汚水））のC処理場は、供用開始から50年以上経過し、更新時期を迎えている。人口減少に伴い、厳しい財政状況の中、施設の耐震化や合流式下水道の改善、高度処理の導入などの機能の高度化や処理区の不明水対策も進んでいなかった。そこで、単独公共下水道B処理区に隣接しているD県流域下水道E処理区（分流式（汚水））のF処理場に編入することとなった。 こうした状況を踏まえ、単独公共下水道処理区を流域下水道処理区に編入する技術者として、以下の問いに答えよ。 （1）単独公共下水道処理区を流域下水道処理区に編入するに当たって、技術者としての立場で多面的な観点から課題を3つ抽出し、それぞれの観点を明記したうえで、その課題を示せ。 （2）抽出した課題のうち最も重要と考える課題を1つ挙げ、その課題に対する複数の解決策を示せ。 （3）前問（2）で示したすべての解決策を実行しても新たに生じうるリスクとそれへの対策について示せ。	『下水道施設計画・設計指針と解説』（前編）（2019年版）日本下水道協会 pp.92-107、126-127、163-166、『下水道事業のストックマネジメント実施に関するガイドライン』-2015年版-（令和4年3月改定）国土交通省	広域化・共同化
	R04　Ⅲ-2　A町（人口1万人未満）の汚水処理人口普及率は80%を超えており、公共下水道（オキシデーションディッチ法）による処理がほとんどであるが、一部、浄化槽での処理とし尿汲み取りを行っている。浄化槽汚泥とし尿は、し尿処理施設で処理を行っているがし尿処理施設は老朽化が進んでおり、今後人口が減少していくと予想される中で将来的にし尿処理施設を廃止し、下水処理場で共同処理する計画であり、浄化槽汚泥とし尿を水処理施設へ投入して処理することとしている。 こうした状況を踏まえ、浄化槽汚泥とし尿を下水処理場で共同処理を行うに当たり、技術者の立場として以下の問いに答えよ。 （1）浄化槽汚泥とし尿を受け入れに当たり、下水処理場における影響を検討することになった。多面的観点から課題を3つ抽出し、それぞれの観点を明記したうえで、その課題の内容について述べよ。 （2）前問（1）で抽出した課題のうち最も重要と考える課題を1つ挙げ、その課題に対する複数の解決策を示せ。 （3）前問（2）で示したすべての解決策を実行しても新たに生じうるリスクとそれへの対策を述べよ。	『下水道施設計画・設計指針と解説』、2019年、前編 pp.179-180、『北海道MICS事業ガイドライン』、北海道、2013年	改築・更新

令和6年度試験		国土交通省重点施策
予想問題（太字は解答例を掲載）	情報源	
近年、気候変動の影響により全国各地で水災害が激甚化・頻発化し、今後も降水量がさらに増大すること等が懸念されている。このため雨水対策施設の整備が完了した区域も含めて、降雨量の増大に対応できるように事前防災の考え方に基づいた整備を行うことが求められている。国交省は、令和３年度に流域治水関連法の一部改正を行う等、河川や下水道等の管理者主体で行う従来の治水対策に加えて、流域全体を俯瞰し、国・都道府県・市町村、企業や住民等のあらゆる関係者が協働して取り組む「流域治水」を推進している。 Ａ市（地方中核都市）では、旧市街地を中心に雨水対策を順次実施し、ある一定の効果を得てきたが、豪雨時においては、市街地低地部等にて浸水被害が発生しており、新たな浸水対策の実施が必要となっている。こうした状況を踏まえて、Ａ市の雨水対策事業を進める責任者の立場として、以下の問いに答えよ。（本書 2024 年版掲載） （1）Ａ市の雨水対策事業を進める上での課題を３つ抽出し、それぞれの観点を明記した上で、その課題の内容を示せ。 （2）抽出した課題のうち最も重要と考える課題を１つ挙げ、その課題に対する複数の解決策を示せ。 （3）前問（2）に示す解決策を実行しても新たに生じうるリスクとそれへの対応について示せ。	『「特定都市河川浸水被害対策法等の一部を改正する法律案」（流域治水関連法案）を閣議決定』国土交通省ウエブサイト報道発表（令和3年2月2日）	浸水対策
近年、一層の人口減少の進行や 2050 年カーボンニュートラルの実現に向けた動向、新型コロナウイルスの拡大による経済活動への影響や生活様式の変化、DX の進展、さらには世界的な肥料価格の高騰といった社会情勢の大きな動きが出ているところである。下水道事業においては、施設の老朽化の進行や経営状況の悪化など、引き続き厳しい環境に置かれている一方で、下水汚泥資源の肥料利用への注目が集まっているとともに、下水サーベイランスといった下水道への新たな期待も高まっている。 　こうした状況を踏まえ、「新下水道ビジョン加速戦略（令和４年度改訂版）」において、下水道事業が加速すべき重点項目を推進するにあたり、技術者として以下の問いに答えよ。（本書 2024 年版掲載） （1）多面的観点から課題を３つ抽出し、それぞれの観点を明記した上で、その課題の内容について述べよ。 （2）前問（1）で抽出した課題のうち最も重要と考える課題を１つ挙げ、その課題に対する複数の解決策を示せ。 （3）解決策に共通して新たに生じうるリスクとそれへの対策について、専門技術を踏まえた考えを示せ。	新下水道ビジョン加速戦略　令和５年３月国土交通省水管理・国土保全局下水道部	

選択科目［下水道］出題問題・情報源・出題予想　つづき

問題の種　類	令和（R）5、4、3、2、元（2023～2019）年度試験 出題問題（太字は解答例を掲載）	情報源	国土交通省重点施策
問題解決能力及び課題遂行能力 600字×3枚	R03　Ⅲ-1　海域と1級河川とに面した低平地及び丘陵地からなるB市（市域面積約7,000ha、人口約40万人）は、分流式で下水道の整備が概成しており、洪水や高潮、津波被害と比べ、内水被害に対する危機意識は低い状況であった。 B市に降った雨水は、ポンプ場や排水樋管から海域や河川に排除されているが、近年の気候変動の影響による降雨状況の変化に伴い、内水被害が頻発化・激甚化してきており、市民の内水被害への危機意識も高まり、内水ハザードマップを作成することとなった。こうした状況を踏まえ、内水ハザードマップを作成する技術者として、以下の問いに答えよ。 （1）内水ハザードマップを作成するに当たり、技術者としての立場で多面的な観点から課題を3つ抽出し、それぞれの観点を明記したうえで、課題の内容を示せ。 （2）抽出した課題のうち最も重要と考える課題を1つ挙げ、その課題に対する複数の解決策を示せ。 （3）すべての解決策を実行しても新たに生じうるリスクとそれへの対策について、専門技術を踏まえた考えを示せ。	『内水浸水想定区域図作成マニュアル（案）』令和3年7月、国土交通省水管理・国土保全局下水道部 『水害ハザードマップ作成手引き』平成28年4月、国土交通省水管理・国土保全局下水道部河川環境課水防企画室	雨水対策
	R03　Ⅲ-2　下水道事業は、人口減少による使用料収入の減少、老朽化施設の増加などの背景からより効率的な事業実施が求められており、また、降雨の局地化・集中化・激甚化に対する新たな防災・減災のあり方を検討する必要がある。さらに、人口減少社会における汚水処理の最適化、エネルギー・地球温暖化問題への対応なども求められている。これら様々な課題に対して、持続的かつ質の高い下水道事業の展開を実現するために、ICTの活用が推進されており、下水道事業の質・効率性の向上や情報の見える化を進めるIT責任者の立場として、以下の問いに答えよ。 （1）ICTの活用を推進して対応すべき課題について、技術者としての立場で多面的な観点から3つ抽出し、その内容を観点とともに示せ。 （2）抽出した課題のうち最も重要と考える課題を1つ挙げ、その課題に対する複数の解決策を示せ。 （3）解決策に共通して新たに生じるリスクとそれへの対策について、専門技術を踏まえた考えを示せ。	『下水道におけるICT活用に関する検討会報告書』2014年、国土交通省ホームページ 『地域経済・インフラ会合（インフラ）会議資料』2017-2020年、未来投資会議構造改革徹底推進会合 『情報通信白書』2021年、総務省	DX（デジタル・トランスフォーメーション）

令和6年度試験		国土交通省重点施策
予想問題（太字は解答例を掲載）	情報源	
日本の将来人口の減少により、下水道事業では、下水道利用者数の減少に伴う料金収入の減少や、職員数の減少等が予測されている。一方、下水道施設の老朽化が進行しており改築・更新需要が年々高まっており、今後、激増する見通しである。このように厳しい財政状況の中、少ない職員で下水道の機能確保を行う必要があり、効率的·計画的な維持管理·改築事業の実施と、維持管理情報を活用したマネジメントの取組み（＝維持管理マネジメントサイクル）の構築が求められている。上記のような状況を踏まえて、以下の問いに答えよ。(2023年版掲載) (1) 維持管理を起点としたマネジメントサイクルの確立にあたり対応すべき課題について、技術者としての立場で多面的な観点から3つ抽出し、その内容を観点とともに示せ。 (2) 抽出した課題のうち最も重要と考える課題を1つ挙げ、その課題に対する複数の解決策を示せ。 (3) 解決策に共通して新たに生じるリスクとそれへの対策について、専門技術を踏まえた考えを示せ。	『国土交通省HP』『維持管理情報等を起点としたマネジメントサイクル確立に向けたガイドライン（管路施設編）』国土交通省、2020年版、『維持管理情報等を起点としたマネジメントサイクル確立に向けたガイドライン（処理場・ポンプ場施設編）』国土交通省、2021年版	改築・更新

選択科目［下水道］出題問題・情報源・出題予想　つづき

問題の種類	令和（R）5、4、3、2、元（2023～2019）年度試験 出題問題（太字は解答例を掲載）	情報源	国土交通省重点施策
問題解決能力及び課題遂行能力 600字×3枚	R02　Ⅲ-1　近年の気候変動を背景に、都市化が進んだC市の浸水対策計画を策定する技術者として、以下の問いに答えよ。 （1）気候変動を踏まえた下水道による浸水対策計画を策定するに当たり、技術者としての立場で多面的観点から課題を抽出し、その内容を観点とともに示せ。 （2）抽出した課題のうち最も重要と考える課題を1つ挙げ、その課題に対する複数の解決策を示せ。 （3）解決策に共通して新た生じうるリスクとそれへの対策について、専門技術を踏まえた考えを示せ。	『大規模広域豪雨を踏まえた水災害対策のあり方について－答申－』平成30（2018）年12月、社会資本整備審議会 『気候変動を踏まえた下水道による都市浸水対策の推進について－提言－』令和2（2020）年6月、同検討会	浸水対策
	R02　Ⅲ-2　D市（人口10万人）は、単独の汚水処理施設を有し、供用開始から50年が経過している。広域化・共同化を進める責任者の立場で以下の問いに答えよ。 （1）施設の共同化・統廃合、維持管理の共同化及び事務の共同化の検討に着手するに当たり、技術者としての立場で多面的な観点から、D市及び周辺市町村の下水道事業において考えられる課題を抽出し、その内容を観点と共に示せ。 （2）抽出した課題のうち最も重要と考える課題を1つ挙げ、その選定理由を述べるとともに、その課題の解決策を広域化・共同化の観点から3つ示せ。 （3）解決策に共通して新たに生じうるリスクとそれへの対策について、専門技術を踏まえた考えを示せ。	下水度事業における広域化・共同化の事例集（平成30（2018）年8月）国土交通省水管理・国土保全局下水道部 広域化・共同化計画策定マニュアル（改訂版）（令和2（2020）年4月）総務省農林水産省国土交通省環境省	広域化・共同化
	R01　Ⅲ-1　A市は20年前に下水道事業の併用を開始したが、高度処理の導入計画を策定する技術者として、以下の問いに答えよ。 （1）既存施設を活用した高度処理の導入を検討するに当たって、技術者としての立場で多面的な観点から課題を抽出し分析せよ。 （2）抽出した課題のうち最も重要と考える課題を1つ挙げ、その選定理由を述べるとともに、その課題に対する複数の解決策を示せ。 （3）それらの解決策により新たに生じうるリスクを示すとともに、それらへの対策について述べよ。	既存施設を活用した段階的高度処理の普及ガイドライン(案)（平成27（2015）年7月）国土交通省水管理・国土保全局下水道部	公共用水域の水質保全
	R01　Ⅲ-2　B市（人口40万人）の公共下水道（合流式）において計画的かつ効果的に管きょの老朽化対策を進める技術者として、以下の問いに答えよ。 （1）計画的かつ効果的な管きょの老朽化対策を進めるに当たって、技術者としての立場で多面的な観点から課題を抽出し分析せよ。 （2）抽出した課題のうち最も重要と考える課題を1つ挙げ、その選定理由を述べるとともに、その課題に対する複数の解決策を示せ。 （3）それらの解決策により新たに生じうるリスクを示すとともに、それらへの対策について述べよ。	国土交通省水管理・国土保全局下水道部ホームページ「安心・安全な暮らしの確保、効率的な事業運営」	老朽化対策

令和6年度試験		国土交通省重点施策
予想問題（**太字**は解答例を掲載）	情報源	

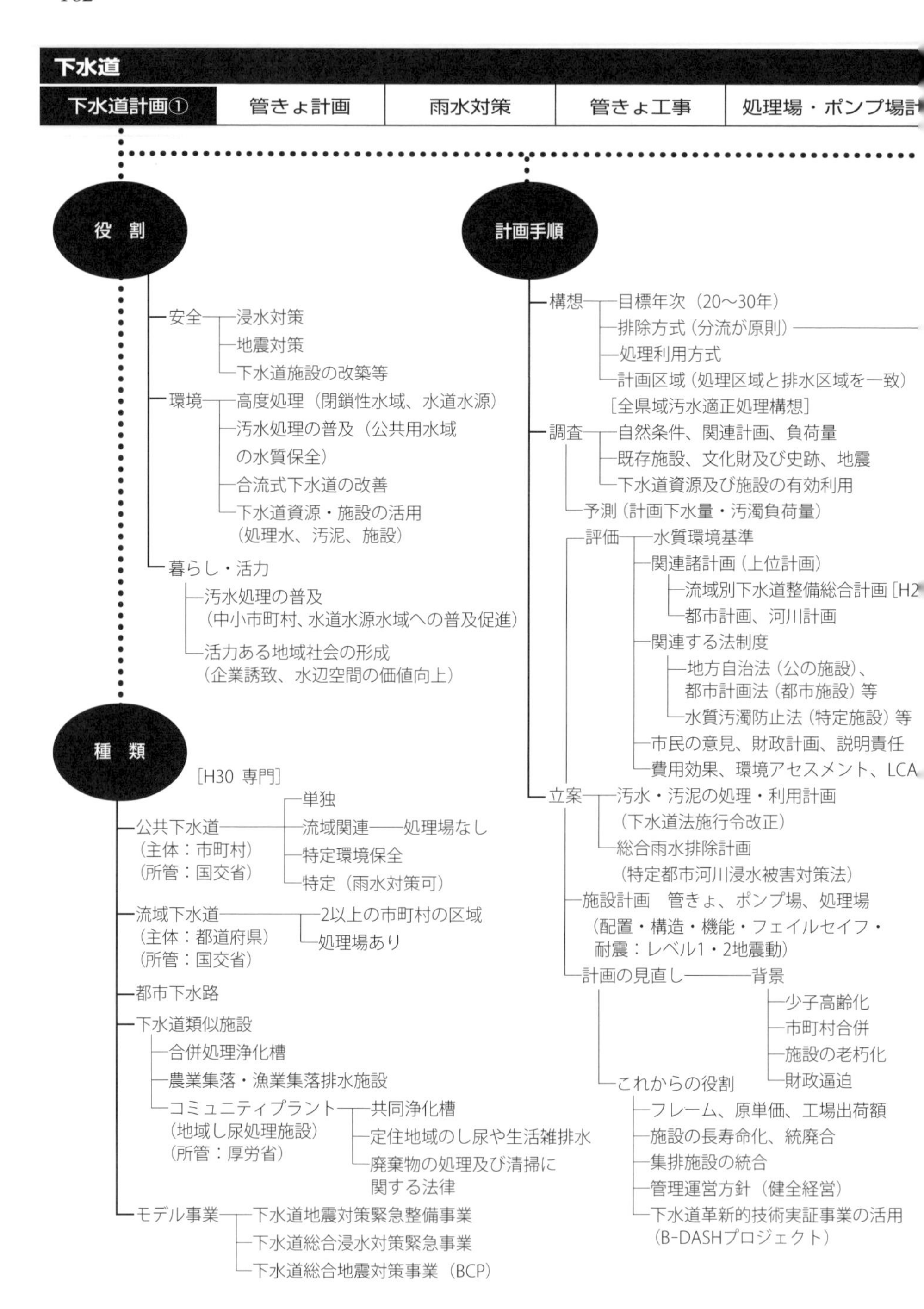
役 割
安全
浸水対策
地震対策
下水道施設の改築等
環境
高度処理（閉鎖性水域、水道水源）
汚水処理の普及（公共用水域の水質保全）
合流式下水道の改善
下水道資源・施設の活用（処理水、汚泥、施設）
暮らし・活力
汚水処理の普及（中小市町村、水道水源水域への普及促進）
活力ある地域社会の形成（企業誘致、水辺空間の価値向上）
種 類
[H30 専門]
公共下水道（主体：市町村）（所管：国交省）
単独
流域関連
処理場なし
特定環境保全
特定（雨水対策可）
流域下水道（主体：都道府県）（所管：国交省）
2以上の市町村の区域
処理場あり
都市下水路
下水道類似施設
合併処理浄化槽
農業集落・漁業集落排水施設
コミュニティプラント（地域し尿処理施設）（所管：厚労省）
共同浄化槽
定住地域のし尿や生活雑排水
廃棄物の処理及び清掃に関する法律
モデル事業
下水道地震対策緊急整備事業
下水道総合浸水対策緊急事業
下水道総合地震対策事業（BCP）
計画手順
構想
目標年次（20～30年）
排除方式（分流が原則）
処理利用方式
計画区域（処理区域と排水区域を一致）
[全県域汚水適正処理構想]
調査
自然条件、関連計画、負荷量
既存施設、文化財及び史跡、地震
下水道資源及び施設の有効利用
予測（計画下水量・汚濁負荷量）
評価
水質環境基準
関連諸計画（上位計画）
流域別下水道整備総合計画 [H2
都市計画、河川計画
関連する法制度
地方自治法（公の施設）、都市計画法（都市施設）等
水質汚濁防止法（特定施設）等
市民の意見、財政計画、説明責任
費用効果、環境アセスメント、LCA
立案
汚水・汚泥の処理・利用計画（下水道法施行令改正）
総合雨水排除計画（特定都市河川浸水被害対策法）
施設計画　管きょ、ポンプ場、処理場（配置・構造・機能・フェイルセイフ・耐震：レベル1・2地震動）
計画の見直し
背景
少子高齢化
市町村合併
施設の老朽化
財政逼迫
これからの役割
フレーム、原単価、工場出荷額
施設の長寿命化、統廃合
集排施設の統合
管理運営方針（健全経営）
下水道革新的技術実証事業の活用（B-DASHプロジェクト）

水処理方式	汚泥処理方式	管きょの維持管理	処理場の維持管理	資源利用

小規模下水道計画

- 背景――中小市町村の下水道整備促進
  5万人未満の普及率43%
- 規模――計画人口1万人程度以下
- 特徴――流入下水の負荷変動大
  - 専門技術者の確保が困難
  - 急激な社会変動が小さい
  - 建設費、維持管理費が割高
  - 財政規模が小さい
- 基本方針
  - 設計諸元（計画策定時点）
  - 簡素な施設（経済的・維持管理が容易）
  - 既存雨水施設の利用
  - 施設の管理体制（巡回監視）
- 施設計画
  - 管きょ――原則的に開削工法
    - 最小管きょ管径150mm
    - 圧力下水道、真空下水道
  - ポンプ場――マンホール形式（0～3m³/分）
    - 簡易型（0～6m³/分）
  - 汚水処理（簡素化、無人化）
    - 活性汚泥法――プレOD法等
    - 生物膜法――好気性ろ床法
  - 汚泥処理――巡回処理、共同化、コンポスト

- 分流式
  - 汚水・雨水別――雨天時放流なし―水質有利
    - 路面排水の放流
  - 既存水路の活用可――経済的な普及
  - 小口径管きょ――急勾配――深度が深い
  - 誤接合――雨天時浸入水
- 合流式
  - 汚水・雨水同――施工が容易――早期普及
  - 合流改善
    - 雨天時未処理放流――水質汚濁
    - 貯留、除去率向上、雨水吐対策

下水道総合地震対策計画（R3 応用能力 出題）

- (1) 調査、検討すべき事項
  - （目的）震災時の下水道機能の維持
  - （調査）既存施設の耐震レベル
  - （検討）地震対策の基本方針の設定
    - 防災対策（ハード）――当面の対策
    - 減災対策（ソフト）――中長期的視点
- (2) 業務手順と留意点、工夫点
  - 業務手順
    - ①資料収集・整理部局――地域防災計画
      - 下水道計画
      - 維持管理情報
      - 既存施設の耐震化状況
    - ②基本方針の検討――対象地震動、耐震目標
      - 施設重要度評価
    - ③被害予測――被害状況の定量評価
    - ④総合地震対策計画――計画期間、概算工事費
      - 総合地震対策計画図
  - 留意点（②基本方針の検討）
    - 施設重要度評価――緊急輸送道路下
      - 防災上の避難所系統等
    - 耐震目標の設定――時系列考慮
      - 段階的目標――防災対策（ハード）
        - 減災対策（ソフト）
  - 工夫点（③被害予測）
    - 被害予測（簡易診断）――液状化危険度
      - 敷設年度
      - 施工方法等
    - 地震ハザードマップ策定
    - 地震対策優先度の決定
- (3) 関係者との調整方策 M:マンホール
  - ①防災部局―計画策定段階より連携
    - Mトイレ基数調整――避難所充足度
  - ②管路近接の地下埋管理者――平時に事前調整
    - 復旧時、同時に施工
    - 被災時の対応迅速化
  - ③地域住民――定期的に訓練を立案・実施
    - 下水道BCPの周知・定着
    - 災害対応力の向上

［参考文献］：『下水道施設計画・設計指針と解説　前編』(2019年版)、『下水道施設の耐震対策指針と解説』(2014年版) 日本下水道協会
『マンホールトイレ整備・運用のためのガイドライン』(平成28年3月)
『下水道BCP策定マニュアル地震・津波、水害編』(2019 年版) 国土交通省水管理・国土保全局下水道部
『下水道事業の手引き』(令和3年版) 日本水道新聞社

TM

新下水道ビジョン加速戦略（問題解決能力 予想問題）

多面的な観点からの課題とその内容
最重要課題に対する複数の解決策
新たに生じるリスクとそれへの対策

(1) 多面的な観点からの3つの課題

- 課題①：脱炭素化への対応（カーボンニュートラルの観点）
  - いかに産官学が連携して革新的な技術開発の推進を行えるか
- 課題②：持続可能な下水道への対応（「人」「モノ」「カネ」の観点）
  - いかに下水道サービスの持続性を高めることができるか
- 課題③：災害リスクへの対応（防災・減災の観点）
  - いかにハード対策とソフト対策による総合的な対策を推進できるか

(2) 最も重要と考える課題とその解決策

- 最も重要と考える課題――「持続可能な下水道への対応」に係る課題
- 解決策①：民間企業のノウハウや創意工夫を活用した官民連携
  - 国――中小規模団体への PPP/PFI 手法の導入促進
    - 技術的・財政的支援
      - 既存のガイドラインを解りやすく改正
- 解決策②：アセットマネジメントの導入
  - ストックマネジメントからアセットマネジメントへの移行
    - 効率的なマネジメントシステムの運用
      - 各部門（計画・経営、設計、修繕・改築、維持管理）発生データ
        - データの一元管理と共有化
          - データ活用の取組
            - 官民連携によるマネジメントサイクルの構築
- 解決策③：下水道 DX の推進
  - デジタルトランスフォーメーション（DX）の取組
    - 下水道情報デジタル化支援事業の創設
      - クラウド型運用によるデータ管理・GIS 機能等提供
        - 下水道共通プラットフォームの早期運用
          - 水処理運転操作等への AI 導入を推進

(3) 新たに生じうるリスクとその対応策

- ①新たに生じうるリスク
  - 「下水道デジタル人材の確保」がますます困難になるリスク
    - 産業界のデジタルシフト――すべての産業でデジタル人材不足
- ②そのリスクへの対応策
  - より戦略的にデジタル人材を確保する体制づくり
    - SDG's における下水道の果たすべき役割――明確に周知
    - 下水道が魅力ある価値ある産業――先導的な役割を担う
  - デジタルシフトに対応した人材の育成
    - 官民の特性を生かした包括的なリスキリング（若手から中高年まで）
      - 組織全体のデジタル能力向上――支援体制を継続的に構築

［参考文献］:新下水道ビジョン加速戦略　令和5年3月国土交通省水管理・国土保全局下水道部

水処理方式	汚泥処理方式	管きょの維持管理	処理場の維持管理	資源利用

グリーンイノベーション下水道
（問題解決能力 予想問題）

(1) 多面的観点からの3課題 参考文献「実現 3つの方針」

- ①下水道が有するポテンシャル活用（観点：活用）
  - 【対象】—水・資源（汚泥・熱・空間）・エネルギー活用
  - 【方向性】
    - 循環型社会を構築（地域へ供給・循環）
    - 下水道の付加価値向上
- ②温室効果ガス積極的削減（観点：削減）
  - 【現状】—下水道の排出量 約600万t-CO2
  - 【今後】
    - 削減 消費エネルギー量、温室効果ガス排出量
    - 転換 クリーンエネルギー利用
- ③関係機関との連携に関する課題（観点：連携）
  - 【必要理由】—人口減少下の技術革新が必要

(2) 最重要課題の複数の解決策 参考文献「施策展開の5つの視点」

- 最重要課題
  - 温室効果ガス積極的削減
  - 選択理由—温室効果ガス削減及び経営改善効果有り
- ①ポテンシャル・取組の見える化
  - 対象
    - 水・資源・エネルギーのポテンシャル、利活用状況
    - 温室効果ガス排出・削減への取組状況
    - 各種連携状況、他分野への貢献度
  - 効果
    - 取組状況の再認識、効果的事例を参考、最適取組の推進
    - ソリューション提案を容易に、多様な主体との連携
    - 市民（下水道使用者）の理解促進、下水道の魅力向上
- ②戦略的な脱炭素化
  - 全体最適化
    - 下水道システム全体を対象、水処理＋汚泥処理
    - 計画的施設更新
  - 個別対応—個別機器の高効率化
- ③デジタル技術 の活用
  - 効果
    - エネルギー消費の見える化、→効率的・効果的な下水処理システム
    - デジタルトランスフォーメーションを加速
  - 技術—ICT、AI

(3) 新たに生じうるリスクとその対策（専門技術を踏まえ）

- ①新たに生じうるリスク—費用対効果—脱炭素に資する技術導入効果／投資額
- ②対策—事業採算性の確保
  - スケールメリット効果
    - 既存ストックの余裕能力活用
    - 汚泥処理の共同化
    - 廃棄物処理システムとの連携
  - 実施時期—各施設の更新時期
  - 具体例
    - 【国】バイオマス活用推進基本計画による取組支援
    - 【国、地方公共団体】既存の処理能力を活用した連携
      - 食品バイオマス等
    - 【国、研究機関】バイオマス活用広域化検討ツール

［参考文献］：『脱炭素社会への貢献のあり方検討小委員会報告書』（令和4年3月）
国土交通省水管理・国土保全局下水道部 公益社団法人、日本下水道協会

TO

下水道

下水道計画③	管きょ計画	雨水対策	管きょ工事	処理場・ポンプ場計

公共下水道（一部合流）の流域下水道への編入（R4　課題解決能力　出題）

(1) 多面的な観点からの 3 課題

- ①計画年次の観点からの課題
  - 流域下水道処理区――単独公共下水道処理区を含まず
  - F処理場の増設計画――C処理場流入水量は加味されていない
  - 年次の不一致
    - F 処理場の編入可能年次――増設計画――流入水量予測値
    - C 処理場の編入希望年次――老朽化状況や合流改善計画
- ②流入水量の観点からの課題
  - C処理場
    - 晴天日
      - 「実績日最大汚水量＜計画日最大汚水量」
      - 中心市街地――夜間人口の減少――商店街衰退、職住分離
    - 雨天日――実績日最大汚水量＝計画日最大汚水量
  - F処理場――合流区域の接続――「計画日最大汚水量」の流入を担保する
    - 流入水量の日変動及び時間変動が拡大
- ③合流改善対策施設の維持管理の観点からの課題
  - B 処理区における合流改善対策
    - C 処理場内で雨水滞水池整備、管きょの一部分流化
      - 分流式下水道並み汚濁負荷量
      - 未処理放流回数半減
    - F 処理場への編入後も――雨水滞水池の運用・維持管理の継続
    - 長期的な計画――合流区域全域で分流化――雨水滞水池廃止

(2) 最重要課題（計画年次の観点）に対する複数の解決策

- 公共 C 処理場側での解決策／流域 F 処理場側での解決策
  - 編入を遅らせる視点からの対策
  - 編入を早める視点からの対策
- 解決策①設備の長寿命化（公共で編入を遅らせる対策）
  - 選択した一部設備の長寿命化――稼働年数で選択の他
    - 高リスクの設備の長寿命化
      - 設備別リスク評価
        - 被害規模
          - 1 台当たり処理可能水量
          - 処理停止時の代替費用
        - 発生確率――稼働停止日数――運転管理データ
  - 事後保全対応――事業費を削減
    - リスクが低いと判断された設備
    - 予備機を有する設備
- 解決策②不明水対策（公共で編入を早める対策）
  - 不明水量を削減して編入水量を減少――流域での受け入れ可能水量を早期に満足
    - 幹線系統別に不明水調査――不明水量が多い幹線から優先的に対策
  - 暫定対策――C 処理場既存施設の調整池能力
- 解決策③処理能力評価（流域で編入を早める対策）――F 処理場水処理施設――維持管理情報
  - 実績調査――水量、水質、設計諸元値――「放流水質：最大値＜計画値」を確認
  - 処理能力に係る諸元値の評価と見直し――処理実績の平均値を設定
  - 設定した値を用いて容量計算――反応タンク、最終沈殿池の処理能力を算出
  - 既存処理施設の余裕能力を明確化→編入可能年次を設定

(3) すべての解決策を実行しても新たに生じうるリスクとその対策

- リスク――市議会で編入計画否決（合意形成不調）――費用の重複
  - 長寿命化や不明水対策
  - 編入で生じる負担金等
- 対策――情報公開、アカウンタビリティ――正確な情報――計画の経緯、必要性、費用対効果
  - 多角的な課題解決策――市と県の協同的対策、長寿命化で合流改善に活用

［参考文献］：『下水道施設計画・設計指針と解説（前編）』（2019年版）日本下水道協会pp.92-107, 126-127, 163-166　MI

水処理方式	汚泥処理方式	管きょの維持管理	処理場の維持管理	資源利用

計画的維持管理
（R5　応用能力　出題）

点検調査手法と検討事項・内容
業務手順と留意点・工夫点
関係者との調整方策・内容

(1) 点検・調査手法と検討事項・内容

- 点検手法
  - 管内目視、管口カメラ
  - 管路施設が埋設された道路の状態
  - マンホール蓋の状態
  - マンホールの内面、管渠の内面
  - 堆積物、下水の流下状況
- 調査手法
  - 視覚調査（必要に応じ詳細調査）
  - マンホール目視調査
  - 潜行目視調査（中大口径管：口径 800mm 以上）
  - テレビカメラ調査（小口径管：口径 800mm 未満）
- 検討事項・内容――把握した施設状態――修繕・改築計画策定（短期・長期）
  - 対象施設
  - 実施時期・方法
  - 概算費用

(2) 修繕と改築の選択手順と留意点・工夫点

- 業務手順
  - 対象施設の選定
    - 修繕は一部― 耐用年数の期間中の機能を維持
    - 改築は全部又は一部の再建設・取替え
      - LCC の低減
      - 流下機能の維持・向上
  - 既存施設の情報整理
    - 日常の維持管理情報
    - 定期的点検調査
  - 施設の診断
    - 健全度（破損状況、浸入水の有無等）
    - 重要度（拠点施設等）
  - 物理的・機能的に判定
    - 改築が必要　→　改築
    - 改築が不要　→　修繕
- 留意点
  - 既設管の状況
  - 現場条件
  - 維持管理への影響
  - →安全・経済性に優れた工法の選定
- 工夫点――効率的な維持管理
  - 管きょルートの変更
  - 統廃合の検討

(3) 関係者との調整方策・内容

- 使用者である住民、関係機関による理解・協力が必要（施設管理情報を分かり易く提供・意見聴取）
  - 住民――パンフレット
    - 下水道施設の現状
    - 将来の目標とその進捗状況
    - 計画実施による成果等
  - 関係機関（財務部局等）―説明資料
    - 投資の必要性
    - 改築事業の効果等

［参考文献］：「下水道事業のストックマネジメント実施に関するガイドライン（令和4年3月改定）」
国土交通省、国総研
「下水道維持管理指針 実務編（2014年版）」日本下水道協会

TO

経営戦略の改定
(問題解決・課題遂行能力 予想問題)

多面的な観点からの課題とその内容
最重要課題に対する複数の解決策
新たに生じるリスクとそれへの対策

多面的な観点からの課題

- 課題①：将来の過剰な需要予測（投資の観点）
  - 改築サイクル（ストマネ）
    - 現実的で達成可能な目標ではない
- 課題②：下水道経営の脆弱化（財源の観点）
  - 使用料収入の減少（有収水量の減少）
    - 人口減少、節水意識の高まり
- 課題③：収支ギャップの解消が不十分（収支計画の観点）
  - 収支構造が不適正——資産・経営状況・将来の見通し
    - 効果的な方策が未実施

「収支ギャップ」に対するつの解決策3

- 解決策①：広域化・共同化の導入、民間活力の活用等による投資削減
  - 改築・更新費用の低減——統廃合（流域・公共下水道、農業集落排水施設）
  - 処理費用の削減——汚泥の集約処理（スケールメリット）
  - PPP/PFI 手法（民間資金・ノウハウの活用）
  - コンセッション方式——運営権譲渡——投資の削減
- 解決策②：下水道施設・未利用資源の有効活用による収支改善
  - 低炭素・循環型社会の形成
    - 事業外収入の増、汚泥処理費の減——炭化汚泥の肥料利用、汚泥処理過程でリン回収 ／ バイオガス等のエネルギー利用等
      - 収支構造の改善
- 解決策③：適切な収支構造への見直し——経費回収率を 100%以上（指標）
  - 資産維持費
  - 二部使用料制（基本使用料と従量使用料）

新たに生じるリスクとそれへの対策

- リスク—事業の有効性について地域での理解が得られない
  - 事業進捗が長期化
  - 下水道経営の早期改善が図れない
- 対策
  - ①住民等からの理解（日頃の広報活動）
  - ②経営状況（事業内容や使用料の妥当性）の「見える化」
  - ③丁寧で分かりやすい説明
    - 事業の実施状況、整備効果、改定に至った経緯、今後の見通し、経営努力等

［参考文献］：『経営戦略策定・改訂マニュアル』、令和4年1月改定、総務省
『人口減少下における維持管理時代の下水道経営のあり方検討会 報告書』、令和2年7月、国土交通省水管理・国土保全局下水道部
『発生汚泥等の処理に関する基本的考え方について（告示・通達）』、令和5年3月17日、国土交通省 水管理・国土保全局下水道部

TY

水処理方式	汚泥処理方式	管きょの維持管理	処理場の維持管理	資源利用

広域化・共同化（応用能力　予想問題）

(1) 調査・検討事項と内容　KK：広域化・共同化

- ①基礎調査――現状分析・将来予測・意向調査
- ②KKブロック割の検討
- ③KKメニュー案の検討――各ブロックにおけるメニューの提案／グループのマッチング検討
- ④KKメニューの効果検討――ハード連携、ソフト連携、総合評価
- ⑤KK計画への位置づけに向けた具体的な検討――検討、調整等
- ⑥KK計画の取りまとめ及び進捗管理

(2) 業務手順、各項日毎の留意点、工夫点

- 手順①　基礎調査――【留意点】ヒト、モノ、カネで分析・予測
  - 【工夫点】算出指標
    - ヒト：職員１人当たりの有収水量等
    - モノ：汚水処理施設の稼働率等
    - カネ：経費回収率等
- 手順②　広域化・共同化ブロック割の検討
  - 【留意点】勘案する７観点
    - 地理的要因、歴史的文化圏、社会経済圏、
    - 流域、行政事務所管轄、現行事業、維持管理業者
  - 【工夫点】課題の相違で連携が困難な場合→柔軟に再編を検討
- 手順③KK メニュー案の検討
  - メニューの提案【留意点】
    - ハード連携（処理場統廃合）
    - ソフト連携（維持管理・庁内事務の共同化）
  - メニューの提案【工夫点】
    - 共通課題解決の観点
    - 意欲的取り組みの観点
  - マッチング検討の【留意点】――市町村に個別ヒアリング→連携グループを設定
  - マッチング検討の【工夫点】
    - ハード対策→隣接した地区・施設中心
    - ソフト対策→他ブロックの市町村への適用も
- 手順④KK メニューの効果検討
  - 【留意点】収支見通しの効果以外に、波及的な効果も
  - 【工夫点】住民生活（快適性）、地域経済（雇用）、安全（対応）、環境、地域社会（安定性）
- 手順⑤KK 計画への位置づけに向けた具体的な検討
  - 【留意点】
    - ハード連携：概略施設計画、
    - ソフト連携：様式・システム、
    - 両連携：費用・受益・役割・リスクの分担、事務手続等
  - 【工夫点】ソフト連携：財務会計・管路（施設）管理台帳システム等の統一
- 手順⑥広域化・共同化計画の取りまとめ及び進捗管理
  - 【留意点】KK 計画の策定：連携グループ、メニュー、スケジュール
  - 【工夫点】進捗管理：PDCA サイクルを確保

(3) 関係者との調整方策

- 意向調査
  - アンケート調査
  - グループディスカッション（KJ法）　全体会議で議論
- 具体的な検討――住民意見を反映――住民説明会等　↑
- 処理施設の共同化――受け手側住民感情に配慮――個別ヒアリング（事前）

［参考文献］：『広域化・共同化計画策定マニュアル（改訂版）』（令和2年4月）総務省　農林水産省　国土交通省　環境省

YS

下水道BCP見直し（R2 応用能力 出題）

調査検討事項と内容
業務手順、留意点、工夫点
関係者との調整方策

調査検討事項と内容 ― 策定済BCPの見直し必要箇所の調査検討

- 背景
  - 東日本大震災 ― 津波の併発 ― 下水道施設が機能停止
  - 熊本地震 ― 繰り返す地震 ― 各種インフラ被害の拡大
    - BCP行動が不可能
- PDCAを回して見直し
- 見直し対象
  - 非常時
  - 事前対策計画
  - 訓練・維持改善計画
- 新たな被災事例と対策
  - 津波 ― 対津波対策
  - 発災時、他部局対策を優先 ― 全庁BCP、他部局等と調整
  - 長期間の停電発生 ― 施設操作機能の確保
  - 大規模豪雨 ― 排水機能・処理機能の確保
  - 見つかった課題 ― 防災訓練

業務手順・留意点・工夫点 ― PDCAサイクルを回す ― 最新性確保、内容の向上

- 基礎的事項等の整理・設定 ― 大規模水害も被害想定
  - 想定災害規模
    - 被害想定
    - 活用可能なリソース等
- 優先実施業務の選定
  - 社会的影響度合い
  - リソース制限
    - 各業務の許容中断時間
    - 現状で可能な対応時間
      - 対応の目標時間
- 非常時対応計画の策定 ― 必要な対応手順（行動内容） ― 時系列
  - 津波の有無
  - 発災の時間帯 ― 勤務時間内or夜間休日（勤務時間外）
  - 水害の場合 ― 気象情報 ― 事前に実施する行為（＝事前対応）
- 事前対策計画の策定 ― 対応可能時間を早めるための対策 ― リスト化
  - ハード対策
    - 施設の耐震化・耐津波化・耐水化
    - 複数の処理場・ポンプ場間のネットワーク
    - 非常用発電設備の整備
    - 資機材の備蓄・調達
  - ソフト対策
    - 人員の確保
    - 各種協定の締結の強化等
    - 事務用器具等の固定
- 訓練・維持改善計画の策定 ― Ａ市では処理場、ポンプ場施設が多い ― 人員は限られる
  - 発災後の対応手順の確実な実行
  - 下水道BCPの定着のための訓練
  - 下水道BCPの維持改善

関係者との調整方策

- 下水道部局長がリーダーシップを発揮
- 下水道部局全体で策定する体制の構築
- 他の行政部局や民間企業等の参画・調整
- 平時における運用体制の明確化

［参考文献］：『下水道BCP策定マニュアル　地震・津波、水害編』（2019年版）
国土交通省水管理・国土保全局下水道部、2020年
YI

水処理方式	汚泥処理方式	管きょの維持管理	処理場の維持管理	資源利用

下水道BCP
（応用能力　R5出題問題）

(1) 調査、検討すべき事項

- 【目的】災害を未然に軽減防止する対策計画の策定
- 迅速かつ高いレベルで機能維持・回復（下水道BCP策定）
- 【調査】災害規模を設定
  - 地震・津波、水害、降灰
  - 地域防災計画等（※地域の実情を考慮）
- 【検討】優先実施業務
  - 許容中断時間を設定
  - 対応の目標時間を決定

(2) 業務手順と留意点、工夫点

- 業務手順
  - ①業務継続の検討
    - 留意点―優先実施業務――社会的影響の度合い
    - 工夫点―中断時間短縮――業務遅延による社会的影響等の最小化
  - ②事前対策計画策定
    - 留意点―対策のリストアップ
      - 実施予定時期等を明確化
      - 対策が可能なものから実施
    - 工夫点―必要な資機材の確保（調査及び応急復旧）
  - ③非常時対応計画策定
    - 留意点―特定状況毎に作成（地震・津波、水害、降灰）
    - 工夫点―文書類の参照方法（被災時の迅速な対応のため）
  - ④訓練・維持改善計画策定
    - 留意点―習熟度に応じた訓練計画――定期的な訓練立案
    - 工夫点―策定体制・運用体制―下水道BCPの最新性確保（人事異動等の反映と周知等）

(3) 関係者との調整方策

- 関係者―防災、河川、道路等の他部局　消防、警察等
  - 計画作成段階――実践的な計画
  - 訓練実施――災害対応力向上

［参考文献］：『下水道BCP策定マニュアル 2022 年版』（令和5年4月）
国土交通省水管理・国土保全局下水道部

TM

標準法へのし尿受入（R1　応用能力　出題）

調査･検討事項
検討業務手順
関係者との調整方策

調査・検討事項
- 対象事業の整理
  - 概要および位置――位置図、下水道計画概要
  - 事業導入の背景――施設の現状、事業の目的
  - 事業主体・対象事業
  - 関連部局との協議――環境部局、他自治体
  - 将来伸び予測
- 受入方式の比較
  - し尿処理場更新案
  - 水処理系への投入
  - 汚泥処理系への投入
    - 汚泥濃縮工程投入
    - 汚泥消化工程投入
  - 事業効果比較――建設費、維持管理費、温室効果ガス
  - 総合評価
- 施設容量の検討
  - 水処理能力の検討
  - 水処理への影響の検討
  - 汚泥処理能力の検討
  - 汚泥処理への影響の検討

検討業務手順における留意点、工夫を要する点
- 事業採択要件（汚水処理施設共同整備事業、MICS）
  - 計画人口による確認
  - 計画水量による確認
  - 汚泥量による確認
- 水処理系投入の課題
  - 前処理設備――スクリーン、流量調整槽
  - 投入可能量の設定――必要酸素量、酸素供給能力
  - 放流水質への影響――COD・色度の上昇
- 汚泥処理系投入の課題
  - 投入可能量の設定――濃縮設備、脱水機能力
  - 汚泥性状の変化――濃縮設備、脱水機能力

関係者との調整方策
- 環境部局との協議
  - 管理区分の協議
  - 費用分担の協議
- 他自治体との協議
  - 事業主体
  - 関連市町村、組合等
- 都道府県・国との協議
  - 事業計画策定
  - 事業計画変更・認可
- 国庫補助金関係手続
  - 財産処分
  - 社会資本整備総合交付金交付要綱
  - 下水道広域化推進総合事業――し尿受入施設が交付対象に追加
- 地元調整

［参考文献］：『北海道MICS事業ガイドライン』北海道、2013年
『下水道の広域化・共同化について』国土交通省、2018年　KN

水処理方式	汚泥処理方式	管きょの維持管理	処理場の維持管理	資源利用

管きょ老朽化対策
（R1 問題解決能力 出題）

管きょの老朽化対策を進める上での課題

（課題の視点）

(a) モノ ─┬─ 現状 ── ①老朽化対策、②地震対策、③浸水対策の実施が急務
優先順位が未定
└─ 計画的な対応ができていない
└─ 将来 ── ①の対策量が増加

(b) カネ ─┬─ 現状 ── 下水道使用料収入が減少（資金不足）
維持管理不足 ── 道路陥没等が発生
└─ 緊急対応（予定外の出費が嵩む）
└─ 将来 ── 老朽化が進行 ── 更なる維持管理不足・資金不足

(c) ヒト ─┬─ 現状 ── 団塊世代の技術系職員の退職 ── 技術者不足
若手技術系職員への技術伝承・育成が困難
└─ 将来 ── 人口減少 ── 更なる技術系職員の不足 ── 技術者1人あたりの
老朽化の進行 より丁寧な維持管理が必要 作業量（負担）が増加

最も重要な課題の抽出とその理由、対応策

・抽出した課題：(a) モノについての課題
・その理由：計画的な改築更新ができていない ── 道路陥没等が頻発
└─ 対応に資金・人手が取られる
（(b)(c) の課題の一因）
・解決策：
手順１．下水道ビジョンの策定：下水道ビジョンを策定 ── ①②③の施策実施の優先順位等を設定
└─ ②③の施策（管きょ布設替え）── ①の対策を兼ねることが可能（老朽化対策の実施が可能）
手順２．汚水処理構想、下水道全体計画の見直し：
└─ 人口減少下で改築更新 ── 施設の統廃合
ダウンサイジングを実施 ─┬─ 改築更新費・維持管理費の低減
└─ 技術系職員の作業量（負荷）低減
手順３．ストックマネジメント計画の策定：
└─ リスクに応じた改築更新計画、点検調査計画 ─┬─ 道路陥没の解消
└─ 計画的且つ効果的な老朽化施設の改築更新・点検調査
手順4. その他の施策
├─ 経営戦略 ── 計画的な下水道事業運営 ── 資金不足等を回避
└─ 管理システム（台帳システム等）の導入 ── 技術系職員の作業量（負担）の
民間活力の導入等 軽減や技術力不足を補完

新たに生じうるリスクとその対策

・新たに生じうるリスク：
└─ 民間活力の導入 ── 職員の技術力が低下 ── 大規模災害発生時の緊急対応が困難
・対策
├─ 防災訓点（職員の緊急対応訓練）── 職員の技術力低下を防止
└─ すべて民間委託を行うのではなく、一部作業を職員で行う

［参考文献］：『安心安全な暮らしの確保、効率的な事業運営』国土交通省水管理・国土保全局下水道部ウェブサイト YI

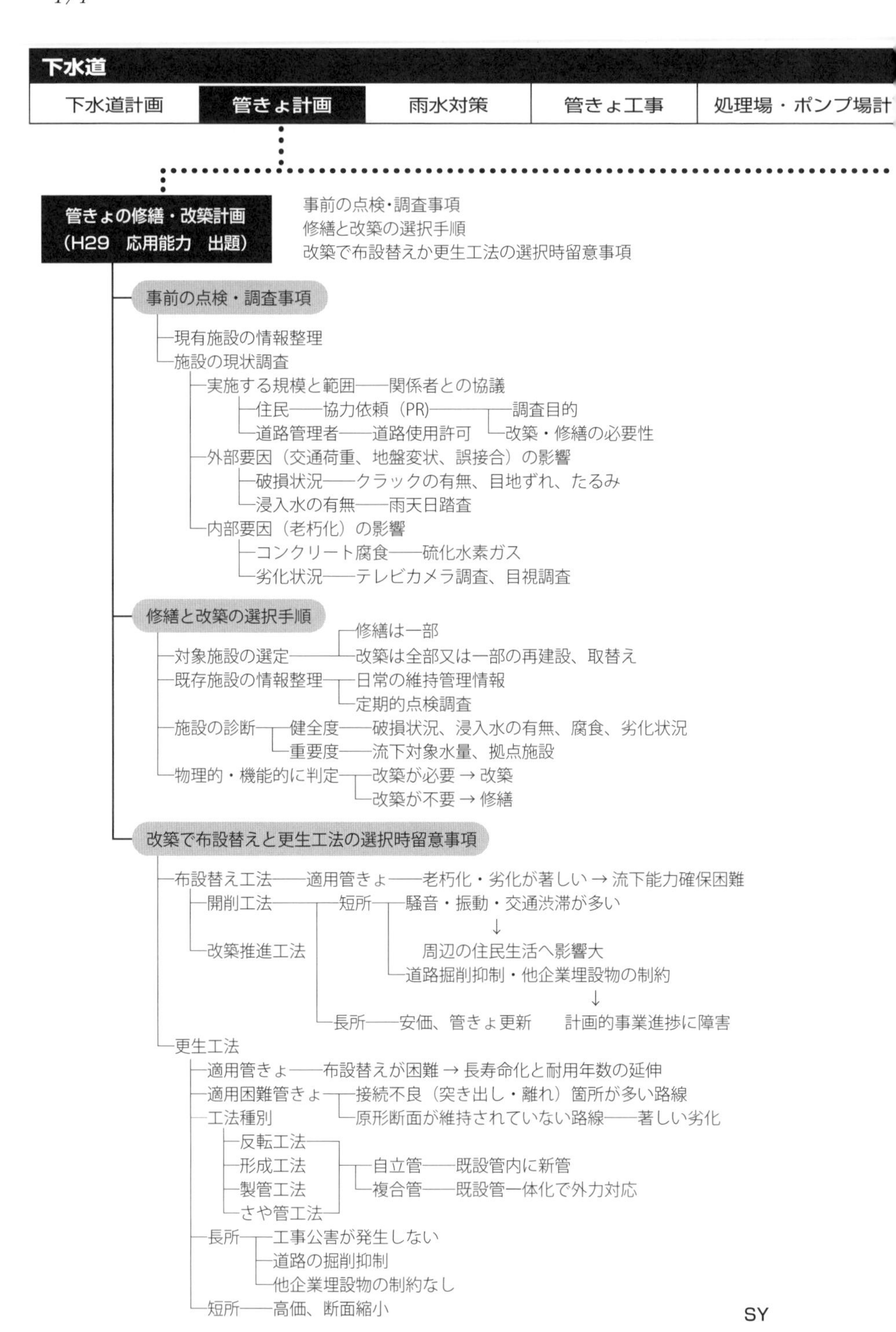
下水道
下水道計画
管きょ計画
雨水対策
管きょ工事
処理場・ポンプ場計
管きょの修繕・改築計画
(H29 応用能力 出題)
事前の点検・調査事項
修繕と改築の選択手順
改築で布設替えか更生工法の選択時留意事項
事前の点検・調査事項
現有施設の情報整理
施設の現状調査
実施する規模と範囲――関係者との協議
住民――協力依頼(PR)
調査目的
改築・修繕の必要性
道路管理者――道路使用許可
外部要因(交通荷重、地盤変状、誤接合)の影響
破損状況――クラックの有無、目地ずれ、たるみ
浸入水の有無――雨天日踏査
内部要因(老朽化)の影響
コンクリート腐食――硫化水素ガス
劣化状況――テレビカメラ調査、目視調査
修繕と改築の選択手順
修繕は一部
対象施設の選定
改築は全部又は一部の再建設、取替え
既存施設の情報整理
日常の維持管理情報
定期的点検調査
施設の診断
健全度――破損状況、浸入水の有無、腐食、劣化状況
重要度――流下対象水量、拠点施設
物理的・機能的に判定
改築が必要 → 改築
改築が不要 → 修繕
改築で布設替えと更生工法の選択時留意事項
布設替え工法――適用管きょ――老朽化・劣化が著しい → 流下能力確保困難
開削工法
短所
騒音・振動・交通渋滞が多い
↓
周辺の住民生活へ影響大
改築推進工法
道路掘削抑制・他企業埋設物の制約
↓
長所――安価、管きょ更新
計画的事業進捗に障害
更生工法
適用管きょ――布設替えが困難 → 長寿命化と耐用年数の延伸
適用困難管きょ
接続不良(突き出し・離れ)箇所が多い路線
工法種別
原形断面が維持されていない路線――著しい劣化
反転工法
形成工法
製管工法
さや管工法
自立管――既設管内に新管
複合管――既設管一体化で外力対応
長所
工事公害が発生しない
道路の掘削抑制
他企業埋設物の制約なし
短所――高価、断面縮小
SY

水処理方式	汚泥処理方式	管きょの維持管理	処理場の維持管理	資源利用

管路の耐震性向上対策

耐震設計（耐震対策指針）

- 耐震設計の基本方針
  - 重要な幹線等
    - レベル1地震動（設計流下能力を確保）
      - (A)　許容応力度法あるいは使用限界状態設計法
    - レベル2地震動（流下機能を確保）
      - 終局限界状態設計法
  - その他の管路――レベル1地震動（設計流下能力を確保）――(A)
- 耐震構造の基本方針
  - 引張が生じる部位（管きょの継手部等）
    - 伸びあるいはズレが可能な構造
  - 圧縮が生じる部位（マンホールと管きょの接続部等）
    - 圧縮時の衝突による衝撃を緩和
  - 曲げが生じる部位（マンホールと管きょの接続部等）
    - 屈曲が可能な柔軟な構造
  - せん断力が生じる部位（マンホールの側塊等）
    - 緊結あるいはズレが可能な構造
  - 液状化による変位（浮き上がり・沈下・側方流動等）
    - 屈曲が可能な柔軟な構造、差し込み長の長尺化
    - 液状化対策
      - 管路周辺の地盤改良
      - 液状化被害のない埋戻し（開削工法）
- 液状化対策
  - 液状化の判定――周辺地盤、埋め戻し土
  - 液状化可能性あり→管材考慮、継手考慮、埋戻し考慮、地盤改良
  - 液状化可能性なし→埋め戻し
  - 液状化によるマンホール浮上対策――R3出題参照
- 地震動・地盤変位対策
  - 管きょ本体→管種、基礎構造等の検討
  - マンホール本体 →ズレ防止、ズレを許容する構造
  - 管きょ継手等→可とう継手等の採用
  - 地盤特性が急変する場所 →地盤改良、可とう継手の採用

マンホール浮上の原因と対策（R3　専門知識　出題）

- 浮上原因―液状化―緩い飽和砂質地盤（埋戻し土）
  - 泥水の底部回り込み――摩擦抵抗力低下
    - 揚圧力（過剰間隙水圧等）大
- 浮上防止対策
  - 新設―埋戻し土の固化
    - 砕石等による埋戻し
    - 埋戻し土の締固め
  - 既設
    - 液状化発生の防止
      - 固化工法（改良材：セメントや石灰等）
      - 振動工法（周辺地盤の締固め）
      - 砕石ドレーン（過剰間隙水圧の消散）
    - 被害の軽減――水圧による浮上りに抵抗
      - 支持層へアンカー
      - 基礎やCo底版の重量増
      - カウンターウェイト

TY

被災した管路の本復旧

- 基本機能の確保――浮上防止対策、 埋設深化、仮配管・水中ポンプ ・消毒剤等備蓄
- 全体機能の迅速な復旧――広域的災害対応準備、老朽管耐震化、 資材等備蓄
- 復興にふさわしい技術――管路ネットワーク化、更生工法等に よる耐震
  - 光ケーブル設置、下水・下水熱の活用

［参考文献］：『下水道施設計画・設計指針と解説（前編）』（2009年版）日本下水道協会pp.97-106、314-320
『下水道施設の耐震対策指針と解説（2014年版）』日本下水道協会

SY

都市浸水対策計画の策定（R2 問題解決能力　出題）

多面的な視点からの課題とその観点
最重要課題に対するに対する複数の解決策
新たに生じるリスクとそれへの対策

多面的な視点からの課題とその観点

- ①甚大な人的被害
  - ハザードマップ未作成――浸水リスク・施設操作情報の未提供
  - 安全度の向上――高齢者、要介護者の救済
- ②下水道施設及び機能への被害発生
  - 雨水整備区域
    - 整備済――浸水防止効果が発現
    - 未整備――浸水被害の多発
  - 必要な整備手法
    - 排水施設の早期整備、施設の耐水化
    - ポンプ排水の効率化、樋門等の操作性向上
    - 対策箇所の優先順位・期間
- ③社会経済被害発生
  - 被災先
    - 防災拠点や医療福祉施設
    - 電気や上下水道等のライフライン
    - 鉄道や道路等の交通インフラ
  - 関係機関との連携
    - 重要インフラの機能確保
    - 被災地の早期復旧対策

最重要課題に対する複数の解決策　（施設能力の限界、大洪水の発生）

- ハード対策
  - ①超過降雨対応の計画・設計――外力（確率降雨量）の見直し（降雨量変化倍率を乗じる手法）
  - ②既存施設の工夫策
    - 浸水被害の防止や軽減
    - 排水ポンプの増強、排水ポンプ車の活用
    - 施設の遠隔操作化や多重化、樋門操作の自動化
    - 観測・制御機器の整備や技術開発
  - ③まちづくりとの連携によるリスク軽減手法
    - 流出抑制策の促進
      - まちづくり、建物内電気設備
      - グリーンインフラの活用
    - 止水板等の設置――生命、防災上重要施設(速効性)
- ソフト対策（ナレッジ：被災体験や被災事例による知見や経験等）
  - ①内水ハザードマップの作成――防災局作成――周知
    - 内水浸水想定区域図の作成――既往最大・想定最大規模降雨
  - ②防災教育や防災訓練の実施――住民の浸水リスク情報への理解
    - 平常時――内水ハザードマップやナレッジの活用
    - 豪雨時――水位情報等の発信内容や発信手段の充実
- ハード・ソフト一体的対策――事業の重点化・効率化
  - 浸水被害の最小化、選択と集中、受け手主体の目標設定（床上浸水の解消等、既存ストックの活用）

新たに生じるリスクとそれへの対策

- 共通リスク――地区、設備、相手、施設、個人など個々の受け手別の対策
- 対策
  - ①外力の見直し
    - 気候変動予測モデルの限界――時空間スケール
    - 新たな気候変動予測モデル――都市気候の反映
  - ②複数災害情報の錯綜
    - 種々のハザードマップ情報――住民が混乱
    - 1枚のマップに表示――現実的な避難情報
  - ③逃げ遅れ対策――高台避難や自宅2階等への垂直避難

［参考文献］：『大規模広域豪雨を踏まえた水災害対策のあり方について』社会資本整備審議会、平成30（2018）年12月
『気候変動を踏まえた下水道による都市浸水対策の推進について』気候変動を踏まえた都市浸水対策に関する検討会、令和2（2020）年6月

SK

水処理方式	汚泥処理方式	管きょの維持管理	処理場の維持管理	資源利用

雨水出水浸水想定区域図
（応用能力　予想問題）

(1) 調査、検討すべき事項

- 【目的】雨水出水浸水想定区域図の作成
- 【調査】下水道等の排水施設、過去の浸水状況、地域特性等のデータの有無、整理状況
- 【検討】雨水出水浸水想定区域図の記載すべき項目
  浸水深、浸水継続時間、地域住民へ伝えるべき浸水情報　等

(2) 業務手順と留意点、工夫点

業務手順
- ①基礎調査――幅広い情報収集
  - 留意点
    - 下水道等の排水施設
    - 浸水実績等
      （浸水範囲、浸水深、浸水状況の時系列情報、
      浸水時の写真、洪水・内水等の浸水要因、
      水防活動状況等）
  - 工夫点―地域住民への依頼（浸水常襲地区等）
- ②浸水シミュレーションモデルの構築・妥当性確認
  - 留意点―選定する浸水想定手法
  - 工夫点―簡易モデル（管渠モデル無）の活用
    ※　適用条件の考慮
- ③浸水シミュレーションの実施
  - 留意点―条件設定
    - ・想定最大規模降雨
    - ・放流先河川等の水位
  - 工夫点―放流先河川等の水位の設定方法
    （過去の内水氾濫による実績を踏まえた設定方法）
- ④雨水出水浸水想定区域図の作成
  - 留意点―地域住民への情報の伝え方・分かりやすさ
  - 工夫点
    - WebGIS の活用
    - 外国語版の作成　等

(3) 関係者との調整方策

- ①防災部局――作成段階より連携
  - 避難に資する有効な情報
  - 記載すべき項目等の意見交換
- ②地域住民――防災訓練等
  - 防災意識の向上
  - 住民意見を集約・反映

［参考文献］：『内水浸水想定区域図作成マニュアル（案）』（令和３年７月）国土交通省水管理・国土保全局下水道部
『流出解析モデル利活用マニュアル』（2017年3月）財団法人 下水道新技術推進機構

TM

雨天時浸入水（R5　応用能力　予想）

(1) 調査、検討すべき事項

- 背景――汚水管からの溢水／宅内への逆流――施設の老朽化／地震等の被災／高降雨強度の増加
  - ↓ 調査・対策している地方公共団体の割合は低い
- 調査事項――発生個所・原因の把握――下水道施設の設置状況／維持管理の状況／気象状況　等
- 検討事項――対策内容（雨天時計画汚水量）――発生源対策／効果的な運転管理　等

(2) 業務手順と留意点、工夫点

- 業務手順
  - ①現状把握――事象の把握／施設状況等の把握
    - 幅広く情報収集
      - 留意点―雨水計画・整備状況の収集整理
      - 工夫点―発生個所周辺（効率的な資料収集）――下水道施設（設置・維持管理状況）／降雨状況　等
  - ②雨天時浸入水対策計画の策定
    - 留意点――浸入率の設定――浸入率を考慮（雨天時浸入水）（雨天時浸入地下水）
      - ※　直接浸入水を除く
    - 工夫点――現有施設能力を最大限発揮――運転管理手法のマニュアル整備（観測データの蓄積）――雨天時浸入水量／ポンプの運転状況／管路施設の水位等
  - ③モニタリング・応急対策
    - 雨天時計画汚水量
      - 留意点――継続的に詳細状況把握（事象発生時）
      - 工夫点――CAPD プロセスによる評価

(3) 関係者との調整方策

- 検討会の設置――連携、共有――県・関係市町村

［参考文献］：『雨天時浸入水対策ガイドライン（案）』（令和2年1月）国土交通省水管理・国土保全局下水道部

TM

水処理方式	汚泥処理方式	管きょの維持管理	処理場の維持管理	資源利用

水位周知下水道の計画策定（応用能力　予想問題）

事前調査事項
業務手順
業務を進めるための留意事項

事前調査事項

- ①対象地区の選定――地下街発達区域――氾濫水が一気に流入――人的被害発生
- ②対象施設の選定――公共下水道等の排水施設、補完するポンプ施設、貯留施設
- ③対象地区の現状把握 →
  - 浸水被害実績、降雨記録、地下空間利用状況
  - 下水道施設、河川、農業排水路
  - 水系単位で調査
- ④防災部局との連携確認――目的――住民への情報提供

業務手順

- ①検討対象範囲の決定
  - 対象地下街への雨水流入箇所の確認
  - 流入区域等の確認
- ②基礎調査――収集資料の整理
- ③水位計の設置・モニタリング
  - 水位計設置個所の検討――浸水原因の把握地点、観測可能地点
  - 水位計の設置――生命保護の観点――地下街等
  - 水位観測モニタリング――作業計画書の作成、安全管理
  - 検証――整合度――シミュレーション結果と観測情報（発信方法の確認）
- ④水位情報通知方法等の検討及び関係者との調整
  - 水位情報通知（周知）方法の検討――通知時間の短縮化――緊急速報メール
    - システム構成――要求事項――安全性（第一）、気密性、可用性
  - 関係者との調整――防災部局――水防管理者、量水標管理者――費用分担
  - 水位情報通知の試行及び情報通知訓練の実施
- ⑤水位周知下水道及び内水浸水想定区域の指定――SM+水位観測モニタリング
  - 内水浸水想定――SMによる想定――想定最大降雨に対する内水浸水想定区域
  - 内水氾濫危険水位[H]の検討
    - 地下空間利用者の地上避難可能時間（LT）
    - 必要条件 LT<（人孔上GL－H）/下水管内水位上昇速度
  - SM：シミュレーションモデル
  - リードタイム（LT）：内水氾濫危険情報の伝達時間+地上までの避難に要する時間
  - 水位周知下水道の指定――目的――地下空間・都市施設の浸水安全度の改善
    - 成果――当該排水施設の名称を県市町村等の水防計画に規定
  - 内水浸水想定区域の指定――想定最大降雨に対して浸水が予想される区域

業務を進めるための留意事項

- ①リアルタイム情報システムの採用
  - 背景
    - 降雨特性――想定外の降雨が多発
    - 内水氾濫特性――豪雨開始～浸水発生が短時間
    - 内水氾濫危険水位到達の認知 → 内水氾濫危険情報の伝達時間の短縮化
  - 方法――確実に伝達（組合せ――自動通報システム――自動配信のPUSH型の伝達
    - 緊急速報メール――インターネット・携帯電話
    - サイレン――大音量で危性を伝達――通信手段無の場合
- ②最新技術の動向を反映
  - 水位観測モニタリング
  - 情報発信を踏まえた技術開発
    - システム構成・クラウド・モバイル
    - ITCの活用・リアルタイム情報システム
- ③状況変化に対応して見直し
  - 状況変化――排水施設等の整備、土地利用状況の変化、水位観測データの蓄積
  - 見直し内容――指定排水施設、内水浸水想定区域、内水氾濫危険水位

［参考文献］：『水位周知下水道制度に係る技術資料（案）』国土交通省水管理・国土保全局下水道部2016年　SK・YS

流域治水
（R4　応用能力　出題）

(1) 調査、検討すべき事項

- 従来の治水計画
  - 前提――過去の降雨実績、明確な役割分担（河川、下水道等）
  - 問題点
    - 気候変動の影響――降雨量の増大、海面水位の上昇
    - 実質的安全度確保不能――整備完了時
- 今後の治水計画――前提
  - 降雨量の増加を考慮――気候変動
  - 流域全体の関係者の協働
- 調査事項――現行の計画降雨強度式の妥当性確認
  - 雨量データの収集期間の確認
  - 降雨量変化倍率の設定
  - ↓
  - 計画降雨及び計画雨水量を設定
- 検討事項――浸水リスクの低減策――多様な主体との連携
  - 防災部局、河川管理者
  - 企業・住民
  - 幅広い情報収集

(2) 業務手順と留意点、工夫点

- 業務手順
  - ①基礎調査
    - 留意点――計画・整備状況を幅広く収集
      - 下水道施設
      - 河川、道路
      - 農業用排水路
    - 工夫点――効率的な資料収集――連携意義の事前調整――関連部署
  - ②浸水要因分析と課題整理
    - 内容――浸水リスクを想定（原因）――浸水シミュレーションを実施（結果）
    - 留意点――複数ケースのシミュレーション――境界条件――対象降雨、河川
    - 工夫点――モデル構築――下水道以外の排水施設――浸水状況等を考慮
  - ③地域ごとの整備目標・対策目標の検討
    - 重点対策地域の設定――浸水リスクに応じ優先度の高い地域
    - 留意点――現在と将来の確率降雨では安全度が低下――降雨量の増加、気候変動
    - 工夫点――ハード・ソフト対策の組み合わせ――総合的な対策
  - ④雨水管理方針マップの作成
    - 留意点――時間軸考慮――段階的対策計画の策定
      - 整備目標・対策目標
      - 当面・中期・長期
    - 工夫点――対策効果の早期発現――個別補助制度等の活用

(3) 関係者との調整方策

- 協議会の設置――連携、協働
  - 行政の関係部署
  - 行政以外の企業、住民等

［参考文献］：『雨水管理総合計画策定ガイドライン（案）』（令和３年11月）国土交通省水管理・国土保全局下水道部

TM

水処理方式	汚泥処理方式	管きょの維持管理	処理場の維持管理	資源利用

流域治水
R5 問題解決能力 出題問題

多面的観点からの3つの課題
最重要課題に対する複数の解決策
解決策に共通して新たに生じうるリスクとその対策

─A 市の雨水対策事業の設定地域──地方中核都市──旧市街地対策済み─豪雨時、浸水被害が発生
　├雨水対策─（想定）下水・河川・道路等の各管理者が別々に実施。住民は行政まかせ
　├施設───（想定）雨水ポンプ場有──（想定）使用頻度数　数年に 1 度
　└情報───（想定）雨量計・河川水位計有──（想定）リアルタイム情報は管理者のみが把握

(1) 多面的観点からの3つの課題

─課題①　人員不足・技術力不足等─┬人口減少下───職員減少
　（観点：ヒト）　　　　　　├熟練職員の退職──技術力低下
　　　　　　　　　　　　　└個人の浸水対策（自助）──経験なし　大半
─課題②　施設の改築更新・新規整備─┬既存雨水施設──老朽化進行
　（観点：モノ）　　　　　　　└気候変動への対応──新たな施設の整備（新設・増強）
─課題③　防災情報の共有──防災関連情報 (各地点の降雨量、水位等)
　（観点：情報）　　　　└リアルタイム情報──管理者のみが把握──自助・地域連携の遅れ

(2) 最重要課題に対する複数の解決策

─最重要課題──課題②　施設の改築更新・新規整備（観点：モノ）
　　　　　　　　　└【理由】自助・共助・公助の連携──排水施設の整備・稼働が前提
─解決策① 雨水計画の見直し──気候変動の影響──新しい雨水対策計画──雨水管理総合計画等
─解決策② 計画的な改築更新等の実施
　└既存雨水対策施設──計画的な改築更新──ストックマネジメント計画等
　　　　　　　　　　├施設規模──将来計画（解決策①に記した計画）
　　　　　　　　　　├機能強化──耐震化・耐水化計画
　　　　　　　　　　└維持管理──維持管理方針
─解決策③ その他の対策──雨水対策施設──普段稼働しない施設　多
　　　　　　　　　└稼働確認─┬普段の維持管理 (定期点検・調査)
　　　　　　　　　　　　　└梅雨・台風シーズン前の水路清掃・試験運転

(3) 解決策に共通して新たに生じうるリスクとその対策（ヒトの問題に起因）

─リスク──水害減少──水害対応経験者が減少──大規模水害時対応難──被害が助長
─リスク対策① 防災情報等の提示
　├水害発生無──防災意識の低下防止─見える化──水害ハザードマップ等
　│　　　　　　　　　　　　└指標─┬浸水しやすさ
　│　　　　　　　　　　　　　　　└脆弱性
　└防災情報 (リアルタイム配信）──ICT・AI 技術活用──降雨状況・河川水位・ポンプの稼働状況
─リスク対策② 防災訓練等の実施
　└事業継続計画（ＢＣＰ計画）──職員・地域住民等─┬防災訓練を実施
　　　　　　　　　　　　　　　　　　└意見交換（自助・共助・公助の連携）
　　訓練結果・意見交換結果反映
└リスク対策③ 他団体等との協定締結
　└大規模水害発生─┬職員・地域住民─対応困難
　　　　　　　└国・県・他都市・支援団体・企業──協定締結──要請手続きなしで支援

［参考文献］：「『特定都市河川浸水被害対策法等の一部を改正する法律案』（流域治水関連法案）を閣議決定」
国土交通省ウェブサイト 報道発表（令和3年2月2日）
https://www.mlit.go.jp/report/press/mizukokudo02_hh_000027.html
YI

開削工法（全口径）

- 土留の種類
  - 素掘り工法
  - 木矢板工法
  - 軽量鋼矢板工法
  - 建込み簡易土留工法
  - 親杭横矢板工法
  - 鋼矢板工法（騒音、振動対策を考慮）
  - 沈埋工法（特殊）
- 土留計算
  - 慣用法
  - 連続梁法（弾塑性法等）
- 掘削底面の安定
  - ヒービング：根入れの増大、底盤改良、背土のすきとり
  - ボイリング：根入れの増大、地下水の低下、底盤改良
  - 盤ぶくれ：根入れの増大、地下水の低下、底盤改良
  - パイピング：根入れの増大、地下水の低下、底盤改良
- 使用管材と基礎の種類（基礎は管体の補強と不同沈下の防止）
  - 剛性管きょ（陶管、鉄筋コンクリート管、レジンコンクリート管、既成矩形渠）
    砂または砕石基礎、コンクリート基礎、はしご胴木基礎、鳥居基礎、鉄筋コンクリート基礎
  - 可とう性管（硬質塩化ビニル管、強化プラスチック複合管、ポリエチレン管、ダクタイル鋳鉄管、鋼管）
    砂または砕石基礎、ベットシート基礎、ソイルセメント基礎、はしご胴木基礎、鳥居基礎、布基礎
- 管種・管基礎の土圧公式
  - 直土圧公式
  - マーストン公式
  - ヤンセン公式
  - 日本下水道協会式（改定式）

推進工法（呼び径）150mm～3,000mm

- 小口径管推進工法（呼び径150mm～700mm）
  - 高耐荷力方式（高耐荷力管）
    - 圧入方式（二工程）
    - オーガ方式（一工程）
    - 泥水方式（一工程、二工程）
    - 泥土圧方式（一工程）
  - 低耐荷力方式（低耐荷力管）
    - 圧入方式（二工程）
    - オーガ方式（一工程）
    - 泥水方式（一工程）
    - 泥土圧方式（一工程）
  - 鋼製さや管方式（鋼製管）
    - 圧入方式（一工程）
    - オーガ方式（一工程）
    - 泥水方式（一工程）
    - ボーリング方式（一重、二重ケーシング式）
- 中大口径管推進工法（呼び径800mm～3,000mm）
  - 開放型
    - 刃口推進工法（切羽地山の安定）
  - 密閉型
    - 泥水式推進工法
    - 土圧式推進工法
      - 土圧方式
      - 泥土圧方式
    - 泥濃式推進工法
- 取付管推進工法（呼び径100mm～250mm）
  - 鋼製さや管方式（鋼製管）
    - 圧入方式・空力方式
    - ボーリング方式

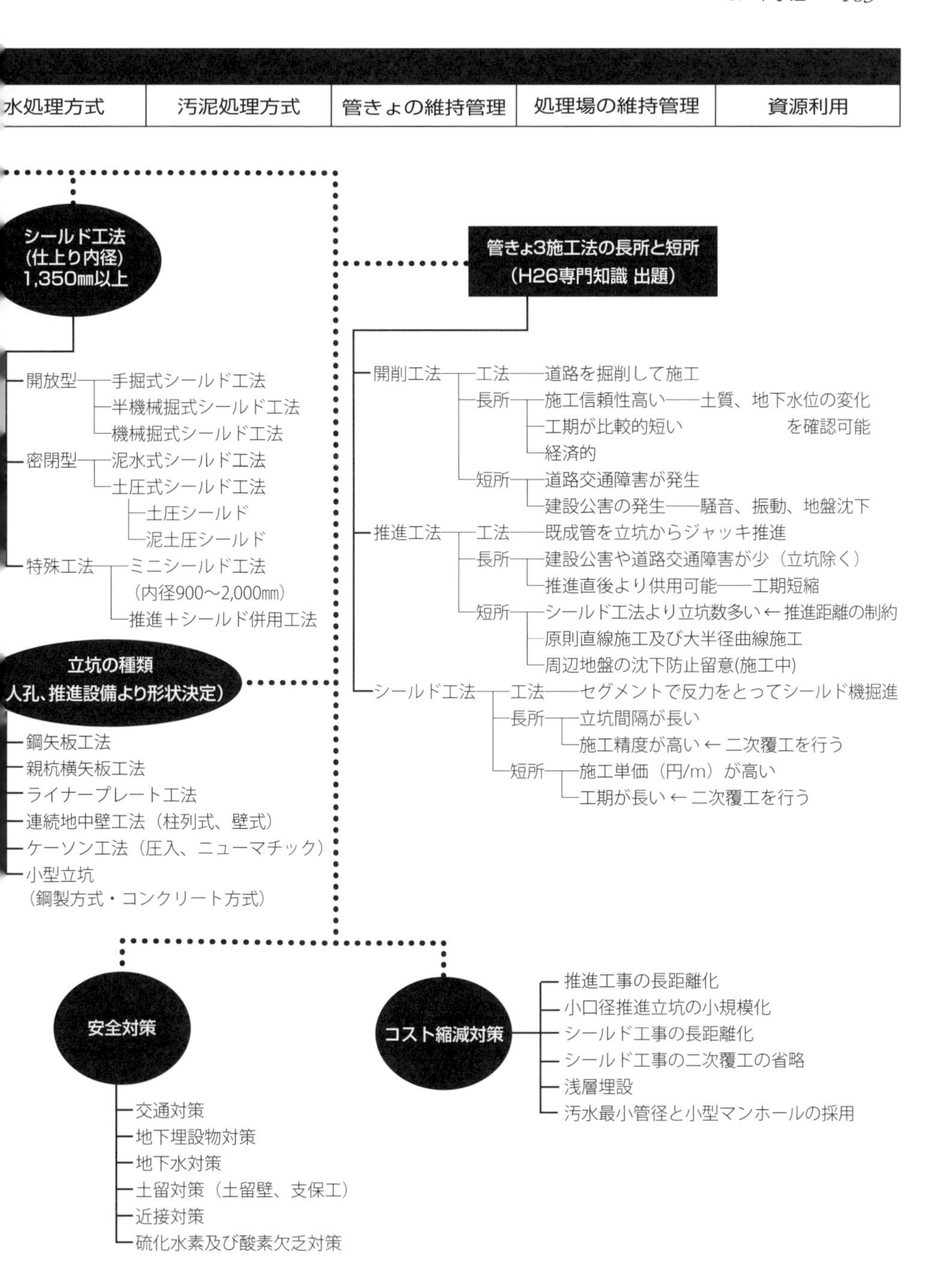

［参考文献］：『下水道推進工法の指針と解説』（2010年版）日本下水道協会
『トンネル標準示方書（開削、シールド工法）』土木学会、2016年制定

SY

標準法処理場（A、B）とOD法処理場（a、b）での汚泥集約処理検討（H29　応用能力　出題）

事前調査事項
集約可否の検討手順
技術的課題及び対応策

事前に調査する必要がある事項

- 発生汚泥量の実績値及び将来予測値――人口減少加味
- 汚泥処理フロー及び汚泥性状
  - 消化タンクの有無
  - 脱水機運転時間
  - 有機物含有率
  - 有害物質の含有
- 汚泥処理施設の健全度――健全度、維持管理費用
- 増設可能性
  - 既存建屋――脱水設備の増設
  - 敷地内――脱水機棟増築
- 輸送可能性
  - 4処理場の位置関係、道路事情
  - 地形起伏、河川横断や鉄道横断
- 汚泥の有効利用構想及び実績
  - 循環型社会形成
  - 従来の汚泥利用・処分の問題点

集約処理を行うか否かの選択の検討手順

- 基本条件の整理
- 集約処理の検討ケース設定
  - A、B間での集約の可能性
    - 汚泥性状（有害物質の有無）
    - 増設可能性（敷地余裕）
    - 輸送可能性（管路輸送）
  - AまたはBにa、b、a＋bを集約
    - 脱水機棟の増設は必要ない
    - 輸送可能性（車両輸送）
- 検討ケースの定性的評価
  - 汚泥性状の同一性
  - 経済効果の有無
    - 輸送元処理場での費用削減内容
    - 輸送先処理場での費用増大内容
    - 輸送に伴う発生費用内容
  - 増設可能性――受け入れ側処理場
  - 輸送可能性――液状汚泥
  - 汚泥利用に関する問題点の有無
- 検討ケースの定量的評価
  - 経済性（LCC）
  - 温室効果ガス削減量
- 総合評価

予想される技術的課題及びその対応策

- 汚泥量の増加――貯留施設、脱水機の運転時間延長
- 返流水の増加――返流水を貯留、夜間処理
- 周辺環境への影響――搬入時間の配慮

［参考文献］：
『バイオソリッド利活用基本計画（下水汚泥処理総合計画）策定マニュアル（案）』
国土交通省都市･地域整備局下水道部、2003年
YS

水処理方式	汚泥処理方式	管きょの維持管理	処理場の維持管理	資源利用

処理場再構築
R5 問題解決能力 出題問題

多面的観点からの3つの課題
最重要課題に対する複数の解決策
解決策に共通して新たに生じうるリスクとその対策

- 対象処理場の設定
  - 施設――50年以上経過で老朽化
  - 規模――50万m³/日――（想定）5万m³/日×10系列
  - 水処理方式――（想定）標準活性汚泥法
  - 立地――（想定）政令指定都市――沿岸部

(1) 多面的観点からの3つの課題

- 課題1 再構築期間中の放流水質確保が困難（放流水質確保の観点）
  - 晴天日日最大汚水量（実績）＝計画処理能力
  - 工事中の処理能力低下
    - 反応タンクHRT短――高流入TN濃度
    - 現状も放流水質の管理が困難
- 課題2 用地余裕が無く段階施工が困難（施工計画の観点）
  - 施工ヤード確保困難――周辺は民有地
  - 住民苦情の可能性――工事長期間――交通渋滞、騒音
- 課題3 災害レジリエンス対策が困難（災害対策の観点）
  - 耐震化・耐水化の遅れ――段階的休止・対策工事が困難
  - 非常時の水処理機能停止――台風・大規模水害、地震・津波
  - 公衆衛生・公共用水域の保全へ影響――応急復旧未検討――水処理機能喪失

(2) 最重要課題に対する複数の解決策

- 最重要課題――処理場目的から――再構築期間中の放流水質確保が困難（放流水質確保の観点）
- 解決策①近隣処理場とのネットワーク化――1系列分の流入水を近隣処理場へ
  - ネットワーク管路
    - 1系列水量――日最大5万m³/日
    - 圧送管の場合――φ800mm程度――道路埋設空間検討
    - 将来用途――汚泥集中処理、災害時、近隣処理場再構築
- 解決策②膜分離活性汚泥法の採用――水処理施設の省面積化と高度処理化
  - 反応タンクHRT――標準法と同程度
  - 窒素除去――生物学的硝化脱窒反応――放流水質の管理が容易
  - 水処理施設面積
    - 最終沈殿池不要
    - 空スペースに管理本館や汚泥処理施設を再構築
    - 再エネ施設の導入
    - 処理場全体のレジリエンス強化及びカーボンニュートラル
- 解決策③既設水処理施設能力アップによる工期短縮
  - ステップエアレーション法で暫定処理――既存施設の処理水量を増加
    - 1系列当たり増加水量を処理可能
      - 汚水のステップ投入
      - MLSSの平均濃度が高く
    - 休止系列を増やし膜分離活性汚泥法を早期に設置

(3) 解決策に共通して新たに生じうるリスクとその対策

- リスク――未経験の技術の段階的運用――ヒューマンエラーの発生
- リスク対策――先行自治体との連携
  - 技術職員の交流
  - ICT/IoTシステムの導入

MI

農集排施設の公共下水道への統合（応用能力　予想問題）

(1) 調査、検討すべき事項と内容

- ①基礎調査――地理的条件、農集排施設の現状（劣化）
- ②農集排・処理場の流入水量――経年実績水量、将来減少予測
- ③下水処理場の処理能力・流入水質予測――公称能力、実質能力（能力評価）
- ④下水処理場の受入可能年次――余裕能力と受入水量
- ⑤送水量――農集排からの送水量、平滑化操作の可能性
- ⑥投入点――下水道既設管きょの能力余裕――下水量の減少予測
- ⑦事業費算出、経済評価

(2) 業務手順、留意点、工夫点

- 手順 1. 基礎調査
  - 地理的条件
    - 【留意点】両施設間―ルート、距離、縦断関係
    - 【工夫点】――横断箇所の障害――河川、国道
- 農集排施設の現状
  - 経営
    - 【留意点】年間処理水量、費目別維持管理費、処理単価
    - 【工夫点】10 年間以上データ――異常年の削除
  - 施設設備
    - 【留意点】経過年――減価償却資産の耐用年数等に関する省令
    - 【工夫点】別々に判定――土木建築施設、機電設備
  - 活用予定施設設備
    - 【留意点】健全度、能力変更可能性
    - 【工夫点】三現主義――現場・現物・現人
- 手順 2. 農集排及び下水処理場の流入水量の減少予測
  - 【留意点】生活汚水量――両面から予測――人口の減少と原単位の減少
  - 【工夫点】生活様式の変化の分析――外食・中食、シャワー
- 手順 3. 下水処理場の処理能力の把握と流入水質の予測
  - 処理場の処理能力
    - 【留意点】使用データ――最大実績放流水質＜計画放流水質
    - 【工夫点】反応タンクの評価――月平均値――SRT は数日
  - 流入水質変化
    - 【留意点】統合後の流入水質 > 当初計画水質→水処理施設能力不足
    - 【工夫点】A-SRT の低下の対応――MLSS 濃度を上昇
- 手順 4. 受入可能年次把握
  - 【留意点】下水処理場の能力余裕＞＝農集排からの流入水量
  - 【工夫点】農集排一部設備の長寿命化、他農集排へ一部汚水移送
- 手順 5. 送水量（日最大及び時間最大）の検討
  - 【留意点】送水量 (m^3/sec) 少ない程既設管上流で投入可能――送水管短縮化
  - 【工夫点】時間変動を日最大水量に平滑化――農集排施設で水量調整
- 手順 6. 投入点の検討
  - 【留意点】投入点候補を複数選択―受入可能年次の送水量を追加流下可能
  - 【工夫点】
    - 耐震性高い管渠ルートを優先―重要施設からの排水を受け持つ管渠
    - 周辺への臭気の影響を考慮――圧送終点での硫化水素放散
- 手順 7. 統合と非統合の経済比較
  - 事業費算出――農集排施設の更新費、維持管理費
    - 【留意点】連絡管（農集排～投入点）、送水ポンプ等の建設費、維持管理費
    - 【工夫点】使用者の理解――処理単価及び、標準世帯の月額使用料

(3) 関係者との調整方策

- 統合先
  - 管理者・処理場職員――水量増・作業増に見合う増員――2 施設全体で減員
  - 周辺住民――周辺環境への影響の不変
- 廃止側――処理場職員――希望職場への転勤
- 下水道使用者・議会――下水道料金の不変を提示

YS

水処理方式	汚泥処理方式	管きょの維持管理	処理場の維持管理	資源利用

ストックマネジメント3つの管理区分（H29 専門知識 出題）

概要及び適用における留意点

- 3つの管理区分の概要
  - 予防保全
    - 状態監視保全
    - 時間計画保全
      - 寿命を予測
      - 故障前に対策
  - 事後保全――異常・故障後に対策
- 3つの管理区分を適用する際の留意点
  - 状態監視保全――予備有は事後保全
    - 重要設備――影響大
      - 処理機能
      - 予算
    - 劣化状況――把握が可能
    - 不具合発生時期――予測が可能
    - 調査実施

      ↓

      情報蓄積 → 分析（更新時期）
  - 時間計画保全――予備有は事後保全
    - 重要設備――影響大（同上）
    - 劣化状況――把握が可能
    - 不具合発生時期――予測可能
    - 対策周期を設定（目標耐用年数等）
  - 事後保全
    - 応急措置が可能
    - 重要度の低い設備

      影響小――処理機能

      予算
    - 点検作業の削減が可能

MI

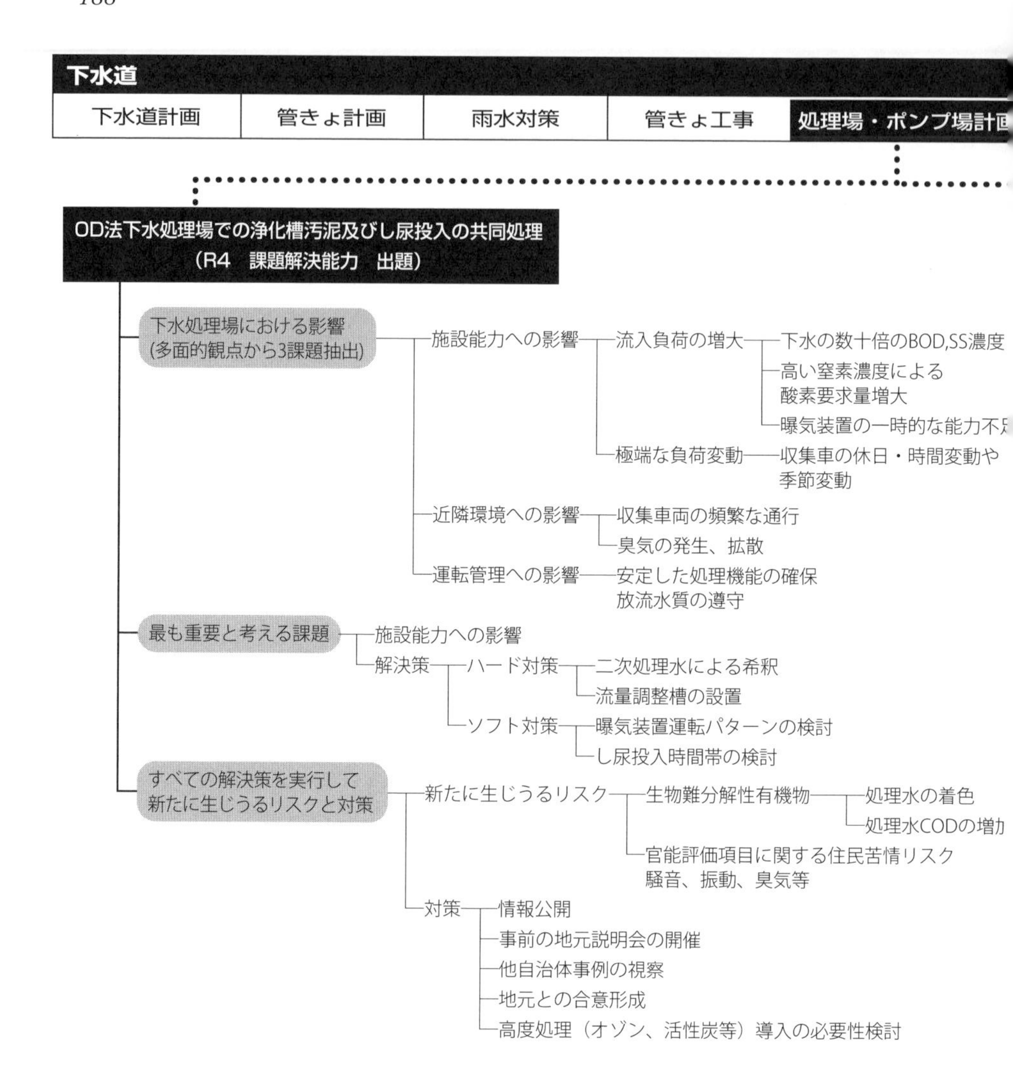

［参考文献］：
北海道MICS事業ガイドライン、北海道、2013年
下水道施設計画・設計指針と解説、2019、前編pp.179-180　課題解決事例４　し尿受入れの事例
KN

水処理方式	汚泥処理方式	管きょの維持管理	処理場の維持管理	資源利用

バイオマス計画
（H30 課題解決能力 出題）

既存施設に生じる多面的視点からの影響
重要な影響と解決のための技術的提案
具体的な効果とリスク、デメリット

既存施設に生じる影響

- 反応タンク――返流水の高濃度化
- 消化槽
  - 汚泥量増加による滞留時間短縮
  - 有機物負荷増大による酸敗の発生
  - アンモニア性窒素負荷増大による発酵阻害
- 消化槽攪拌機――投入汚泥（濃度、粘度等）変化で撹拌効率低下
- 脱水機
  - 投入汚泥性状（濃度、粘度等）の変化による脱水効率低下
  - 処理汚泥量の増加
- 汚泥移送設備――投入汚泥性状の変化による汚泥移送能力低下

影響解決のための技術的提案

- 反応タンク
  - 送風機の運転条件変更
  - 設備の改造、増設
  - 地域バイオマス受入量の見直し
- 消化槽
  - 地域バイオマス受入量の見直し
  - 投入汚泥の濃度調整
- 消化槽攪拌機
  - 運転条件の変更
  - 撹拌方式の変更
- 脱水機
  - 凝集剤の変更
  - 運転条件の変更
  - 設備の改造、増設
- 汚泥移送設備
  - 汚泥性状の調整
  - 設備の改造、増設

具体的な効果とリスク、デメリット

- 送風機の運転条件変更
  - 効果：必要酸素量の確保
  - リスク：放流水質への影響
  - デメリット：送風機の増設が必要な場合がある
- 設備の改造、増設
  - 効果：処理能力の確保
  - リスク：費用対効果の見直しが必要
  - デメリット：コストの増加
- 地域バイオマス受入量の見直し
  - 効果：既存施設への影響軽減
  - リスク：関係機関との調整が必要
  - デメリット：バイオガス発生量の減少

［参考文献］：
『下水処理場における地域バイオマス利活用マニュアル』
国土交通省 水管理・国土保全局下水道部、2017年3月

KN

消化プロセスの導入（H28　応用能力　出題）

事前把握事項
検討事項
留意事項

- 事前把握事項
  - 現状発生汚泥量――必要汚泥量の発生を確認
  - 有効利用先――需要先（候補）を確認
  - 敷地余裕――施設建設スペースを確認
- 導入にあたっての検討事項
  - 発生汚泥量の検討――実績値と将来予測値
    - 重力濃縮汚泥量
    - 機械濃縮汚泥量
    - 将来値――人口減少を踏まえた値
  - 発生汚泥の質の検討――実績値及び将来予測値
    - 維持管理データ
      - 重力濃縮汚泥・機械濃縮汚泥――汚泥濃度／有機物含有率／有害成分
      - 発生汚泥――消化汚泥、バイオガス
  - 消化プロセス等の性能検討
    - 設計指針・維持管理指針・近隣処理場実績――消化率／固形物減少率／ガス発生率
  - 要求製品品質の検討
    - ヒヤリング――有効利用先（需要家）／汚泥、バイオガス
  - 消化プロセスの規模・仕様の検討
    - 施設・設備の規模・仕様――上記4項目を踏まえ
  - 導入プロセスの費用算出
    - 建設費及び維持管理費
    - 費用関数――下水汚泥エネルギー化技術ガイドライン
  - 事業性の検討
    - 収入――バイオガスの売却、発電／最終処分費の削減
    - 支出――施設建設費及び維持管理
  - 消化タンク等の施設配置
    - 敷地内使用可能スペース
    - 維持管理上の便
    - 建設工事の可能性
- 留意事項
  - 脱水機の機種変更――BP→スクリュープレス等
    - 脱水速度（BP）――消化脱水＜直接脱水
    - 費用発生――更新時に機種変更
  - 水処理への影響――好気処理
    - 嫌気的返流水――消化脱離液、脱水ろ液／高濃度BOD、SS
    - 対応策――返流方法、返流先／水処理運転方法の変更
  - 消化汚泥からのリン溶出
    - 余剰汚泥のリン濃度上昇――水処理の嫌気好気運転
    - 消化タンクで溶出――嫌気状態で再溶出
    - 放流先のリン規制への対応
    - 汚泥からのリン回収

［参考文献］：
『下水汚泥エネルギー化技術ガイドライン』
国土交通省、2015年

YS

耐水化と防水化（R3　専門知識　出題）

内水と外水に係わる対象外力
耐水化と防水化の説明、各々の対策手法

- (1) 内水及び外水に係る対象外力
  - 下水道計画―ライフライン
    - 災害時でも一定の機能確保
  - 外水に係る対象外力
    - 河川氾濫等想定した浸水深
      - 中高頻度の確率（1/30～1/80程度）
    - ハード対策が基本―下水道管理者が決定
      - 考慮するリスク――影響人口の大小／応急復旧の難易
  - 内水に係る対象外力
    - 雨水管理計画の想定浸水深―照査降雨L
- (2) 耐水化と防水化の具体的な対策手法
  - 耐水化対策――水が浸入しない状態――対策浸水深以上に
  - 下水道施設自体を移設――高い位置に
  - 機械・電気設備を移設――高いフロアに
  - 建物の開口部等閉塞　重点化区画の設定
    - 死守必要機能のエリア
  - 防水化対策――浸入水で機能に支障を来さない状態
    - 開口部――防水仕様の扉に変更
    - 機械・電気設備――防水型設備機器の変更

［参考文献］：
『気候変動を踏まえた下水道による都市浸水対策の推進について　提言』
（令和2年6月　令和3年4月一部改訂）
気候変動を踏まえた都市浸水対策に関する検討会
『下水道施設の耐震対策指針と解説』（2014年版）
日本下水道協会

MI

水処理方式	汚泥処理方式	管きょの維持管理	処理場の維持管理	資源利用

水処理施設の能力評価を踏まえた改築更新計画（R2 問題解決能力 出題）

調査、検討すべき事項とその内容
業務を進める手順と留意すべき点、工夫を要する点
業務を効率的、効果的に進めるための関係者との調整方策

調査、検討すべき事項とその内容

- 既存汚水処理施設の処理実績調査
  - 施設諸元
    - 初沈水面積、水深（容量）
    - 反応タンク　容量、構造、流入方式、曝気方式
    - 終沈　水面積、水深（容量）、返送汚泥率
    - 各種機械設備の仕様
  - 運転操作項目
    - 反応タンク　流入水量、水温、MLSS、DO
      送風倍率、pH、HRT、SRT等
    - その他　硝化液循環量、返送汚泥量
      余剰汚泥量、薬費添加量等
  - 水質項目――流入水質、処理水質、MLSS、余剰汚泥濃度
- 処理能力に係る諸元値の評価と見直し
  - 放流水質の実績値を統計的に整理
- 容量計算と同等の手法による処理可能水量等の算出
  - 容量計算により処理可能水量を評価

業務を進める手順

- 既存汚水処理施設の処理実績調査
  - 施設諸元
  - 運転操作項目
  - 水質項目
  - （上記3項目）――留意点：調査期間に改築による停止がないか確認する。
- 処理能力に係る諸元値の評価と見直し
  - 留意点：放流水質の最大値が計画放流水質を下回ることを確認
  - 工夫を要する点：異常値を除外した処理実績の平均値を統計的に算定
- 容量計算と同等の手法による処理可能水量等の算出
  - 工夫を要する点：計算上検討が確立している場合は活性汚泥モデルの活用も可
- 既存水処理施設を用いた処理可能水量等の検証
  - 留意点：容量計算に用いる設定値が指針の標準値及び実績値の範囲外の場合は、
    実証運転を実施し処理が可能な場合は設計諸元値として採用できる。

関係者との調整方策

- 関係法令と手続き――都道府県、関係府省との協議・調整
  - 事業計画 － 評価結果を反映
  - 能力評価 － 実績値や実証試験を用いた評価方法
- 運転管理者との調整
  - 水質分析――容量計算に必要な水質項目選定、追加
  - 運転方法――運転方法の工夫
  - 実証運転――実証運転への協力

［参考文献］：『下水道施設計画・設計指針と解説（後編）』（2019年版）日本下水道協会 KN

脱炭素化推進に向けた消化導入（R4　応用能力　出題）

調査・検討事項
業務手順と注意点・工夫点
関係者との調整方策

（1）調査・検討事項

- ①発生汚泥の実績及び将来予測——流入水量、流入水質、汚泥発生率に基づき年次別発生汚泥量を算出
- ②求められる製品品質の検討——処理区域内の事業者に対してアンケート調査
- ③事業性の検討——費用と便益を算出し、B/C>1を確認
- ④温室効果ガス排出量削減効果の算定——活動量と排出係数により算出
- ⑤消化槽等の施設配置——容量計算と処理場平面図で配置図作成

（2）業務手順と注意点・工夫点

- ①発生汚泥の実績及び将来予測
  - 注意点——将来予測値は、将来の人口や水量等を踏まえた値として把握
  - 工夫点——維持管理データ
    - 汚泥量（重力濃縮汚泥、機械濃縮汚泥等）の把握
    - 汚泥、消化ガス等の質——濃縮汚泥の濃度、有機物含有率、有害成分等
- ②求められる製品品質の検討
  - 注意点——処理場外へ供給・有効利用——精製装置の設置や熱量調整等
  - 工夫点——有効利用先（需要家）が求める汚泥や消化ガスの品質をヒアリング等
- ③事業性の検討
  - 注意点
    - メリット
      - 脱水汚泥量の減少——最終処分費の削減
      - 消化ガスの売却、発電利用——収益の確保
    - デメリット——建設費・維持管理費の増大
  - 工夫点——「下水汚泥エネルギー化技術ガイドライン」の費用関数により建設費及び維持管理費を算出
- ④温室効果ガス排出量削減効果の算定
  - 注意点——処理場内のみならず消化ガス利用による削減効果も考慮
  - 工夫点——「下水汚泥エネルギー化技術ガイドライン」の計算式に従い、活動量に排出係数を乗じ算定
- ⑤消化槽等の施設配置
  - 注意点——消化槽以外の施設も含めた施設配置
    - 脱水性低下による脱水機の機種変更
    - 返流水による水処理への影響
  - 工夫点——消化槽等の新規設備の配置計画——敷地スペース、維持管理性、建設工事

（3）関係者との調整方策

- 地域バイオマスの受入れ——消化ガス増産——関連省庁との中央及び地方での連携調整
- エネルギー利用（消化ガス発電等）——PPP/PFI事業による民間活力

［参考文献］：
「下水汚泥エネルギー化技術ガイドライン」国土交通省、平成30年1月
「脱炭素社会への貢献のあり方検討小委員会報告書」国土交通省、令和4年3月

TO

水処理方式	汚泥処理方式	管きょの維持管理	処理場の維持管理	資源利用

既存施設を活用した段階的高度処理
R1 課題解決能力 出題

多面的観点からの課題抽出

- 課題抽出の視点――モノ、カネ、ヒト
- モノの視点の課題――早期な高度処理化
  - 制約条件の明確化―設計諸元の把握、現状評価
  - 諸計画との整合―ストマネ計画のスケジュール
  - 最適な高度処理法の選定
- カネ視点の課題――安価な高度処理化
  - 全面的な増改築不可能――既存設備の耐用年数未達／発生費用莫大
  - ↓
  - 高度処理普及阻害
  - 部分的な改造+運転管理の工夫
- ヒトの視点の課題――運転管理技術者の確保困難
  - 切り替え時の運転管理――嫌気、無酸素状態の確保／MLSS、送風量の設定
  - 運転開始後――水質分析、MLSS、送風量の制御

最も重要な課題の抽出とその理由、対応策

- 最重要課題――ヒトの課題
- 選定理由――未解決なら処理水質確保は不可能
  - 必要な運転管理技術――嫌気好気活性汚泥法
    - 全リン濃度上昇――雨水流入時に嫌気状態不安定化
    - N-BOD上昇――NH4-N濃度の把握不十分
- 複数の解決策　SM：シミュレーションモデル
  - 他都市の事例収集と指標管理 → 運転管理技術の補填
    - 段階的高度処理の導入事例調査―水量、水質同規模
    - 指標管理（見える化）――二軸管理／ORP値――処理水質／電力使用量
  - SMの活用及び休止池使用で実証試験
    - 導入時の各種シナリオ設定
    - 天候変化等のリスク評価
      - 水質変化――水温、BOD、DO、NH4-N
      - 水量変化
    - 有事対応のマニュアル化 → 職員の経験不足補完
  - 官民連携手法の活用（PPP/PFI）――性能発注／複数年契約
    - 維持管理業務の包括民間委託
    - 民間のノウハウ・創意工夫を発揮

解決策により新たに生じうるリスクと対策―（PPP/PFI）の場合

- リスク――履行確認のための新たな技術が必要
- 対策――モニタリング体制の構築――中立的第三者組織

考文献]：
存施設を活用した段階的高度処理の普及ガイドライン（案）』
27年7月　国土交通省水管理・国土保全局下水道部　MI

既存施設を活用した段階的高度処理
R3 応用能力 出題

調査・検討すべき事項とその内容

- 処理場を取り巻く状況の調査
  - 流総計画、事業計画、放流先の環境基準等
- 流入下水道・水質の調査、処理能力の検討
  - 将来の人口減少、流入負荷、工場排水の動向
  - 既存施設の処理能力
- 施設・設備及び運転条件等の現状把握
  - 土木躯体の調査――反応タンク容量／隔壁・ステップ流入水路
  - 機械設備の能力――返送汚泥等のポンプ／散気装置、撹拌機、送風機
  - 水質計測設備――流量計、DO計、MLSS計
  - 運転条件の確認と処理水質向上策の効果検討
  - 運転条件の確認と処理水質向上策の効果検討
    - 流量水量・水質、MLSS、HRT、SVI等

業務手順とそれらの留意点と工夫点

- 手順①段階的高度処理方法の選定
  - 既存の土木躯体で実施可能な処理法の選定
  - 「評価２」実施の必要性の有無
    - 不要となる2条件
      - 施工令の処理法と「同様の処理方式」
  - 「最低限必要な構造」を満たす
- 手順②施設・設備の見直し
  - 反応タンクの隔壁位置
  - 返送汚泥ポンプの硝化液循環ポンプとしての活用
  - 風量制御―DO計設置
  - 嫌気/無酸素状態の把握――酸化還元電位計の設置
- 手順③運転条件の検討
  - 国内先行成功事例の収集
- 手順④処理方式の評価
  - 下水道施工令等に示された高度処理方法以外の採用
  - →「評価2」の実施
    - 連続する1年以上
    - 設計値の1/2以上の流入水量
    - 放流水質の日間平均値<計画放流水質

関係者との調整方策

- 現場に高度処理の運転管理技術の担保
  - →大都市との人材交流による技術補完

下水処理場エネルギー最適化
（R1　応用能力　予想問題）

調査・検討事項
検討業務手順
関係者との調整方策

- **調査・検討事項**
  - 現状の把握
    - 情報収集――日報・月報、図面、性能曲線、検査成績書
    - 監視システム――簡易電力量計の設置
    - 設備別の消費エネルギー分析――エネルギー消費原単位の解析、グラフ化
    - 全国平均値との比較――処理方式、処理水量
  - 運転方法の改善
    - 主ポンプ――インバータ制御、高水位運転、ポンプ効率最高点
    - 最初沈殿池――休止池再稼働による送風量削減
    - 送風機――運転台数削減、送風量適正化・制御、MLSS管理
    - 反応タンク水中攪拌機――間欠運転（嫌気槽、無酸素槽）
    - 汚泥貯留槽撹拌機――間欠運転(余剰汚泥)
  - 省エネ機器の導入
    - 高効率散気装置――低圧損型メンブレン散気装置
    - 省エネ型反応タンク撹拌機――嫌気槽、無酸素槽が対象
    - 省エネ型汚泥濃縮機――余剰汚泥が対象
    - 省エネ型消化タンク撹拌機――機械撹拌方式（インペラ式）
    - 省エネ型汚泥脱水機
    - 省エネ型汚泥焼却炉――過給式流動燃焼、乾燥焼却発電
- **検討業務手順における留意点、工夫を要する点**
  - 運転方法の改善
    - 主ポンプ――管内貯留、発停頻度、台数制御、水処理影響
    - 最初沈殿池――汚泥量増加、適正有機物負荷
    - 送風機――最適号機組合せ、水質への影響
    - 反応タンク水中攪拌機――間欠運転の可否、水質への影響
    - 汚泥貯留槽撹拌機――生汚泥は対象外
  - 省エネ機器の導入
    - 高効率散気装置――送風量制御範囲、圧力バランス
    - 省エネ型反応タンク撹拌機――反応タンク形状、散気装置との組合せ
    - 省エネ型汚泥濃縮機――薬注設備有無、凝集剤選定、後段影響
    - 省エネ型消化タンク撹拌機――汚泥性状、防曝仕様電動機
    - 省エネ型汚泥脱水機――汚泥性状、含水率、凝集剤の選定
    - 省エネ型汚泥焼却炉――季節変動、焼却灰の利用方法、関連法規
  - 効果の検証と見直し
- **関係者との調整方策**
  - 運転管理部門
    - 運転データの共有化
    - 運転手法の改善と結果のフィードバック
  - 設備管理部門
    - 長期計画の策定
    - 段階的整備計画の策定

［参考文献］：
『下水処理場のエネルギー最適化に向けた省エネ技術導入マニュアル（案）』国土交通省、2019年6月
『下水道における地球温暖化対策マニュアル』環境省・国土交通省、平成28（2016）年3月　KN

水処理方式	汚泥処理方式	管きょの維持管理	処理場の維持管理	資源利用

下水汚泥広域利活用（応用能力　予想問題）

調査、検討すべき事項とその内容
業務を進める手順と留意すべき点、工夫を要する点
業務を効率的、効果的に進めるための関係者との調整方策

調査、検討すべき事項とその内容

- 可能性調査
  - 目標指標設定
  - データの収集――地理条件、地域バイオマス等
  - 経済性の把握――広域処理と単独処理の比較
  - 需要の把握――資源化物の種類、需要者
  - 条件整理――受入可能な処理工程等
  - 事業効果の検討――概算事業費の算定
  - 民間活力の活用方策――PPP、PFI
- 広域化区域
  - 歴史背景、行政区分、地域のつながり
  - 拠点施設の設定――既存ストックの活用、規模、距離

業務を進める手順

- 下水汚泥有効利用方法―複数の利活用方法、複数の引取り事業者確保
  - 消化ガス利用／固形燃料化／焼却排熱発電――留意点：設備が大掛かりのため、近隣市町村との連携や地域バイオマスの受け入れを前提に立案する
  - 緑農地利用／建設資材利用――工夫を要する点：地域産業への貢献、窒素リンの有効利用を考慮する
- 拠点施設への集約
  - 集約時期／輸送方法――工夫を要する点：施設までの距離、バイオマスの性状、輸送ルート等を考慮する
  - 受入設備／既存施設の影響――留意点：汚泥等の形態に応じた前処理設備、汚泥性状変化による濃縮・脱水能力への影響を検討する

関係者との調整方策

- 関係事業者との調整
  - 財政計画と費用分担
    - 適用可能な補助事業の検討
    - アロケーション比率に基づき分担
- 関係部局との調整
  - 下水以外の地域バイオマス――協議のうえ、意向を勘案
- 関係法令と手続き――関係府省との協議・調整
  - 関係法令 ― 廃掃法、下水道法等
  - 上位計画 ― 都市計画決定等
- 利用者との調整 ― 具体的な利用者を想定、又はアンケート・ヒアリング

［参考文献］：
『下水汚泥広域利活用検討マニュアル』国土交通省、令和元（2019）年3月
KN

二次処理（各種活性汚泥法）

- 標準活性汚泥法――HRT　6～8hr
  - ステップエアレーション法
    - 流入水の分割注入
    - HRT　4～6hr――標準法の3～5割増能力
    - 処理水透視度低い
- 膜分離活性汚泥法（水処理方式②参照）
- 長時間エアレーション法
  - HRT　16～24hr――低有機物負荷――汚泥量少
  - 窒素除去可能
    - 無酸素時間の確保
    - 反応タンクの多段化
- OD法（無終端水路）
  - HRT　24～36hr
  - 窒素除去可能――好気時間　無酸素時間
- 回分式活性汚泥法
  - 工程――流入・反応・沈殿・排出
  - HRT
    - 高負荷型――12～24hr
    - 低負荷型――24～48hr
- 酸素活性汚泥法――原理
  - 酸素分圧より短時間反応
  - HRT――1.5～3hr

- SS及びSS性BODの除去
  - 急速ろ過法
    - ろ過圧――重力式、圧力式
    - ろ過方向――下向流、上向流　水平流、上下向流
    - ろ層運動――固定床型、移床型
    - ろ過速度――300m/d
- 窒素除去
  - 硝化反応
    - 硝化細菌
      - アンモニア酸化細菌（酸化：アンモニア性窒素 → 亜硝酸性窒素）
      - 亜硝酸酸化細菌（酸化：亜硝酸性窒素 → 硝酸性窒素）
    - 脱窒工程の前段
      - 不完全硝化（アンモニア性窒素と硝化細菌の含有）――BODの上昇
      - 増殖速度
        - 従属栄養細菌に比べ遅い――SRTを長く調整
        - 水温、DO濃度、pH等に影響
      - pHの低下――水酸化ナトリウム等の添加、脱窒反応で回復
  - 生物学的硝化脱窒法
    - 循環式硝化脱窒法
      - HRT　14～18hr
      - TN除去率　65～70%
    - 硝化内生脱窒法
      - HRT　18～24hr
      - TN除去率　70～90%
    - ステップ流入式多段硝化脱窒法［H28］
      - HRT　計算による
      - TN除去率　67（2段）～83（4段）%
    - 高度処理OD法
      - HRT　計算による
      - TN除去率　85%以上
  - 生物学的窒素リン同時除去法
    - 嫌気無酸素好気法（A_2O法）
      - HRT　16～20hr
      - 除去率%　TN　60～70　TN70～80
- リン除去
  - 生物学的リン除去法
    - 嫌気好気活性汚泥法（AO法）
      - HRT　6～8hr
      - TP除去率　80%
  - 物理化学的リン除去法
    - 凝集剤添加――4種類の硝化脱窒法
    - 晶析脱リン法
      - MAP
      - HAP
    - 吸着脱リン法

［参考文献］：
『下水道施設計画・設計指針と解説（後編）』（2009年版）日本下水道協

処理方式①	汚泥処理方式	管きょの維持管理	処理場の維持管理	資源利用

重要な設計因子
- 水面積負荷
  - 最初沈殿池（分流式）――35 ～ 70m³/(m²・d)
  - 最初沈殿池（合流式）――25 ～ 50m³/(m²・d)
  - 最終沈殿池――20 ～ 30m³/(m²・d)
- 有効水深
  - 最初沈殿池――2.5 ～ 4.0m
  - 最終沈殿池――2.5 ～ 4.0m
- 沈殿時間（参考）
  - 最初沈殿池（分流式）――1.5h 以上（計画 1 日最大汚水量）
  - 最初沈殿池（合流式）――3.0h 以上（計画 1 日最大汚水量）
    0.5h 以上（雨天時計画汚水量）
  - 最終沈殿池――3 ～ 4h（標準）
    4 ～ 5h（沈降特性を考慮した場合）

設計上の留意点
- 水面積負荷
  - 最初沈殿池除去率調整方法
    - バイパス水路の設置
    - 最初沈殿池の一部休止
  - 最終沈殿池――活性汚泥の性状を考慮
  - その他――実績値による設計も可能
- 有効水深
  - 最初沈殿池――浅いと汚泥巻き上げの恐れ、沈澱効果減少
  - 最終沈殿池――段階的高度処理の場合、可能な範囲で深い有効水深を確保
  - その他――余裕高は 50cm 程度

［参考文献］：
『下水道施設計画・設計指針と解説、2019、後編pp47-55、pp94-98』 KN

沈殿処理
- 最初沈殿池
  - 目的
    - 比重の大きなSS及びSS性BODを除去
    - 反応タンクへの負荷軽減
  - 水面積負荷
    - 分流式 35～70m³/（m²･d）
    - 合流式 25～50m₃/（m²･d）
- 最終沈殿池［H29 専門知識 出題］ 役割(目的)
  主要設備の機能・特徴
  - 目的
    - 活性汚泥混合液から清澄な処理水
    - 高濃度の返送汚泥を得る
  - 水面積負荷
    - 標準法 20～30m³/(m²･d))
    - OD法 8～12m³/(m²･d))
    - 高度処理 15～25m³/(m²･d))
- 主要設備
  - 汚泥掻き寄せ機 → 沈殿汚泥をピットに集める、チェーンフライト式、円形
  - 汚泥引抜設備 → 汚泥を池外に引き抜く、ポンプ式、閉塞を考慮
  - スカム除去装置 → スカムスキマ、バルキング対策

［参考文献］：設計指針と解説 後編 2009年版
YS・KN

小規模処理場 水処理方式
- 必要条件
  - 流入水量・水質変動に強い
  - 維持管理が容易で経済的
- オキシデーションディッチ法（OD法）
- 回分式活性汚泥法
- 長時間エアレーション法
  （オキシデーションディッチ法・回分式活性汚泥法・長時間エアレーション法――左記参照）
- 好気性ろ床法(水処理方式②参照)
  - 生物膜法
  - ろ過速度 25m/d 以下
  - BOD容積負荷 2kg BOD/（m³･d） 以下

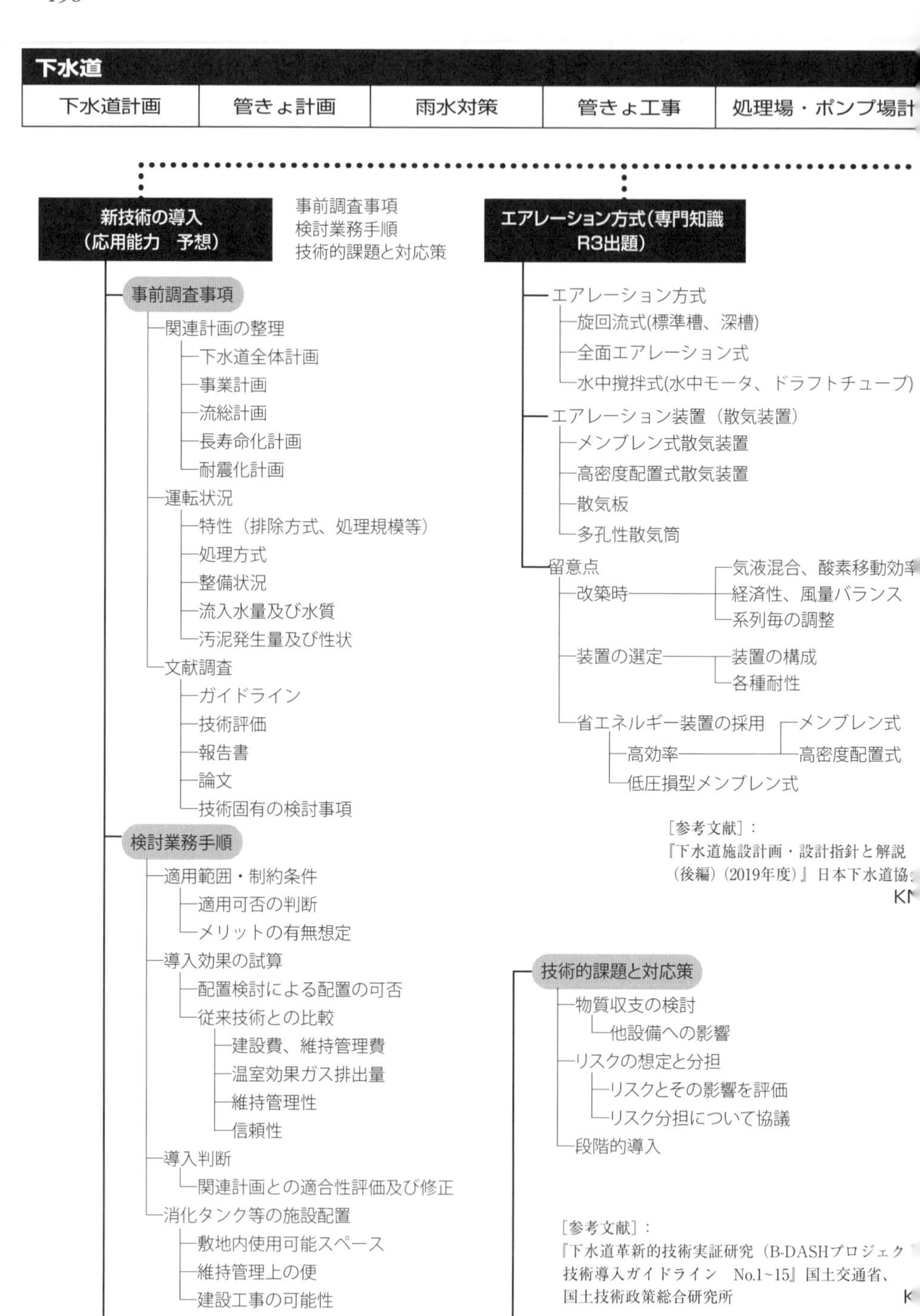

下水道
下水道計画
管きょ計画
雨水対策
管きょ工事
処理場・ポンプ場計
新技術の導入（応用能力　予想）
事前調査事項
検討業務手順
技術的課題と対応策
事前調査事項
関連計画の整理
下水道全体計画
事業計画
流総計画
長寿命化計画
耐震化計画
運転状況
特性（排除方式、処理規模等）
処理方式
整備状況
流入水量及び水質
汚泥発生量及び性状
文献調査
ガイドライン
技術評価
報告書
論文
技術固有の検討事項
検討業務手順
適用範囲・制約条件
適用可否の判断
メリットの有無想定
導入効果の試算
配置検討による配置の可否
従来技術との比較
建設費、維持管理費
温室効果ガス排出量
維持管理性
信頼性
導入判断
関連計画との適合性評価及び修正
消化タンク等の施設配置
敷地内使用可能スペース
維持管理上の便
建設工事の可能性
エアレーション方式（専門知識 R3出題）
エアレーション方式
旋回流式(標準槽、深槽)
全面エアレーション式
水中撹拌式(水中モータ、ドラフトチューブ)
エアレーション装置（散気装置）
メンブレン式散気装置
高密度配置式散気装置
散気板
多孔性散気筒
留意点
改築時
気液混合、酸素移動効
経済性、風量バランス
系列毎の調整
装置の選定
装置の構成
各種耐性
省エネルギー装置の採用
メンブレン式
高効率
高密度配置式
低圧損型メンブレン式
［参考文献］：
『下水道施設計画・設計指針と解説（後編）(2019年度)』日本下水道協
技術的課題と対応策
物質収支の検討
他設備への影響
リスクの想定と分担
リスクとその影響を評価
リスク分担について協議
段階的導入
［参考文献］：
『下水道革新的技術実証研究（B-DASHプロジェク
技術導入ガイドライン　No.1~15』国土交通省、
国土技術政策総合研究所

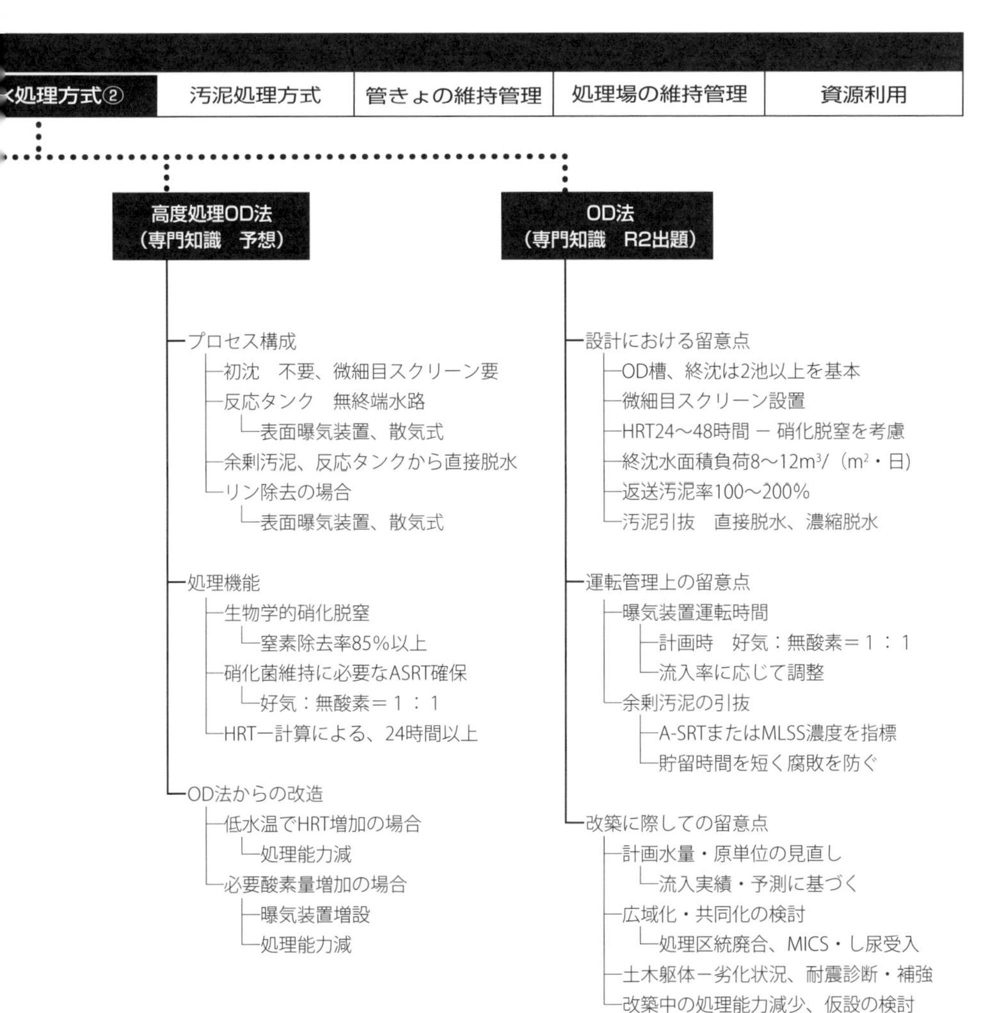

く処理方式②
汚泥処理方式
管きょの維持管理
処理場の維持管理
資源利用
高度処理OD法
（専門知識　予想）
プロセス構成
初沈　不要、微細目スクリーン要
反応タンク　無終端水路
表面曝気装置、散気式
余剰汚泥、反応タンクから直接脱水
リン除去の場合
表面曝気装置、散気式
処理機能
生物学的硝化脱窒
窒素除去率85%以上
硝化菌維持に必要なASRT確保
好気：無酸素＝1：1
HRT－計算による、24時間以上
OD法からの改造
低水温でHRT増加の場合
処理能力減
必要酸素量増加の場合
曝気装置増設
処理能力減
OD法
（専門知識　R2出題）
設計における留意点
OD槽、終沈は2池以上を基本
微細目スクリーン設置
HRT24～48時間 － 硝化脱窒を考慮
終沈水面積負荷8～12m3/（m2・日）
返送汚泥率100～200%
汚泥引抜　直接脱水、濃縮脱水
運転管理上の留意点
曝気装置運転時間
計画時　好気：無酸素＝1：1
流入率に応じて調整
余剰汚泥の引抜
A-SRTまたはMLSS濃度を指標
貯留時間を短く腐敗を防ぐ
改築に際しての留意点
計画水量・原単位の見直し
流入実績・予測に基づく
広域化・共同化の検討
処理区統廃合、MICS・し尿受入
土木躯体－劣化状況、耐震診断・補強
改築中の処理能力減少、仮設の検討

［参考文献］：
『下水道施設計画・設計指針と解説（後編）』（2009年度）日本下水道協会

KN

NP同時除去法
（H23 課題解決能力　出題）

下水の高度処理のうち、窒素及びリンを同時除去する処理プロセスを1つ挙げ、窒素及びリンの除去原理と処理プロセスの特徴を述べよ

除去原理と特徴

- プロセス構成――初沈、嫌気タンク、無酸素タンク、好気タンク、終沈
- 嫌気タンク
  - 活性汚泥が有機物を摂取・貯蔵――BOD除去
  - 活性汚泥からリンの放出――リン増加
- 無酸素タンク
  - BODを水素供与体として脱窒　BOD除去
  - 脱窒：NO_3-N → N_2ガス――N除去（脱窒）
- 好気タンク
  - 活性汚泥がリンを摂取――リン除去
  - BODの酸化分解――BOD除去
  - 硝化：有機性N → NH_4-N → NO_3-N――（硝化）
  - 硝化液循環――無酸素タンクへ
- 除去（減少）
  - 物質――BOD――嫌気タンク、無酸素タンク、好気タンク
  - TN――好気タンク（硝化）＋無酸素タンク（脱窒）
  - TP――嫌気タンク（放出）＋好気タンク（摂取）

設計諸元

- 対象水量
  - 反応タンク――冬期日最大――総タンク容量――HRT16～20hr
  - 最終沈殿池――年間日最大
- 除去率（%）
  - BOD――標準法と同じ
  - TN――60～70（循環法：65～70）
  - TP――70～80（嫌気好気法：80）
- タンク構成――嫌気：無酸素：好気＝約〔（1～2）：6：9〕hr
- MLSS（mg/L）――2,000～3,000（標準法：1,500～2,000）
- BOD-SS負荷――0.05～0.10kgBOD/（kgMLSS・d）（標準法：0.3～0.5）
- 好気タンク――ASRT　11～14d――硝化液循環比――1～2

運転管理上の留意点

- MLSS制御――水温の硝化速度への影響――夏季：低く　冬期：高く
- DO制御（嫌気状態：ORP測定）
  - 無酸素タンク：循環液による酸素取り込み
    - 好気タンクMLDO低下　終端=1.5～2.0mg/L
    - 循環比の低下 1～1.5
  - 嫌気タンク：雨水流入による酸素取り込み――凝集剤添加による補完
- ASRT制御――N除去とP除去では相反する
  - N除去（硝化促進）長SRT
  - P除去（余剰汚泥引き抜き）短SRT

［参考文献］：
『下水道施設計画・設計指針と解説（後編）』（2009年版）日本下水道協会
『下水道維持管理指針（後編）』日本下水道協会
YS

く処理方式③	汚泥処理方式	管きょの維持管理	処理場の維持管理	資源利用

膜分離活性汚泥法
（H25 専門知識　出題）

プロセス構成
処理機能
設計上留意事項

- プロセス構成
  - 初沈、終沈、消毒施設　不要
  - 高MLSS濃度 → 濃縮不要
  - Q変動対策 → Q調整タンク要
  - 膜保護 → 微細目スクリーン要
- 処理機能
  - 固液分離（終沈）不要 → 高MLSS → 短時間処理
  - 高MLSS → 長SRT → 硝化進行
  - ろ過機能 → 高透明度処理水
  - ろ過機能 → SS性BOD除去 → 低処理水BOD
  - ろ過機能 → 大腸菌群数極少
- 設計上留意点
  - 精密ろ過＝透過流束の低下（冬期低水温時）→ 余裕要
  - 反応タンク＝無酸素タンクへのO_2移動阻止 ← 好気タンク間の開口Min
  - 反応タンク＝異物混入防止 ← 覆蓋設置
  - 前処理施設＝微細目スクリーン（目幅1mm）

YS

活性汚泥法と生物膜法
（専門知識　予想問題）

原理、特徴（長所短所）
プロセス構成

- 活性汚泥法――浮遊生物を利用
  - 原理
    - 活性汚泥微生物による汚濁物質除去――反応タンク
      - 吸着（固形性有機物）と摂取（溶解性有機物）
      - 酸化（エネルギーを得る）と同化（活性汚泥の増殖）
    - 活性汚泥フロックの沈降・分離――最終沈殿池
    - 酸素供給と活性汚泥の浮遊保持（濃度均一化――エアレーション）
  - 特徴
    - 流入条件の変動への運転管理の柔軟性――返送汚泥と送風量
    - 大規模処理を経済的に可能――ブロアーによる集中的エアレーション
- 生物膜法――生物膜を利用
  - 原理――①生物膜表面への有機物供給 → 生物膜の増殖 → 膜厚の増大 → ②
    → ②ろ材付近（膜奥）での有機物及び酸素不足（嫌気化）→ 生物膜の剥離 → ①
  - 特徴
    - 反応タンク内の微生物量の調整――自動的に行われ調整が 不要
      - 運転管理上の操作が簡単
      - 運転管理の柔軟性が乏しい → 悪化時の回復
    - 反応タンク内の生物学的特徴――タンク内の有機物濃度が不均一
      - 前半は高負荷、後半は低負荷
      - 後半部で硝化進行し易い → 処理水のpH低下
    - 流入水中のSS除去特性――微細SSは生物膜への吸着で除去
      - 吸着能力は低水温期に低下 → 低水温期に透視度が低下
  - プロセス構成
    - 好気性ろ床法――最初沈殿池+好気性ろ床
    - 接触酸化法――最初沈殿池+接触酸化槽+最終沈殿池

YS

消毒技術

消毒原理、特徴、
機器構成、留意点

- 消毒の意義――放流水の衛生的安全性確保
  - 大腸菌群数（＝大腸菌＋類似細菌）
    - 人畜の腸内に生息→糞便性汚染
    - 消化器系由来病原性菌の存在示す
    - 水質汚濁防止法3,000個/cm^3以下
- 塩素消毒
  - 原理――細菌の細胞を変化、活動阻害
  - 長所
    - 消毒効果が長時間持続
    - 大量水へ対応可能で安価
  - 短所
    - アンモニア性窒素、有機体窒素と反応し殺菌力の弱いクロラミン（結合残留塩素）を形成
    - 放流先の水生生物に影響
  - 機器構成――混和設備、注入装置、薬品貯蔵設備
  - 種別
    - 次亜塩素酸ナトリウム
      - 取扱い容易
      - 常温、紫外線で分解 → 冷暗所保存
      - 腐食性（金属、繊維等）
    - 固形塩素（次亜塩素酸カルシウム、塩素化イソシアヌール酸）
      - 取扱い容易
      - 安定性良、長期保存可能
      - 湿度、高温に注意
  - 注入条件――接触時間15分　2～4mg/L（処理水）
- 紫外線消毒
  - 原理――細胞内の核酸の損傷を起こし不活化――DNAやRNAが損傷し増殖不能に
  - 長所
    - 放流先の水生生物への影響がない
    - 補機類が少なく管理が容易
  - 短所
    - 光回復現象ー可視光により微生物が再活性化
    - 紫外線は人体に有害（保護装置）
    - 水中の懸濁物質が紫外線を吸収（非処理水不適）
  - 機器構成――紫外線消毒装置、動力制御盤、消毒装置設置水路
  - 照射条件
    - 透過率70%
    - 照射量（J/m^2）＝照射強度（W/m^2）×照射時間（s）＝200～300
- オゾン消毒
  - 原理――細胞壁など原形質への直接破壊作用――DNAやRNAが損傷し増殖不能に
  - 長所
    - 放流先の水生生物への影響がない
    - 大量水に対応可能
  - 短所――還元性物質（有機物、SS、NO_2-N）によりオゾンが消費
    - NO_2-Nがオゾンを消費 ← 反応タンクの運転から影響あり
    - オゾンは人体に有害（排オゾン処理設備、換気設備、濃度計）
  - 機器構成――オゾン反応設備（反応タンク、注入装置）
    - オゾン発生装置（オゾン発生装置、原料ガス供給装置）
  - 注入条件――反応時間10分　注入率5～10mg/L

［参考文献］：
『下水道施設計画・設計指針と解説（後編）』（2009年版）日本下水道協会
『下水道維持管理指針　後編』日本下水道協会

YS

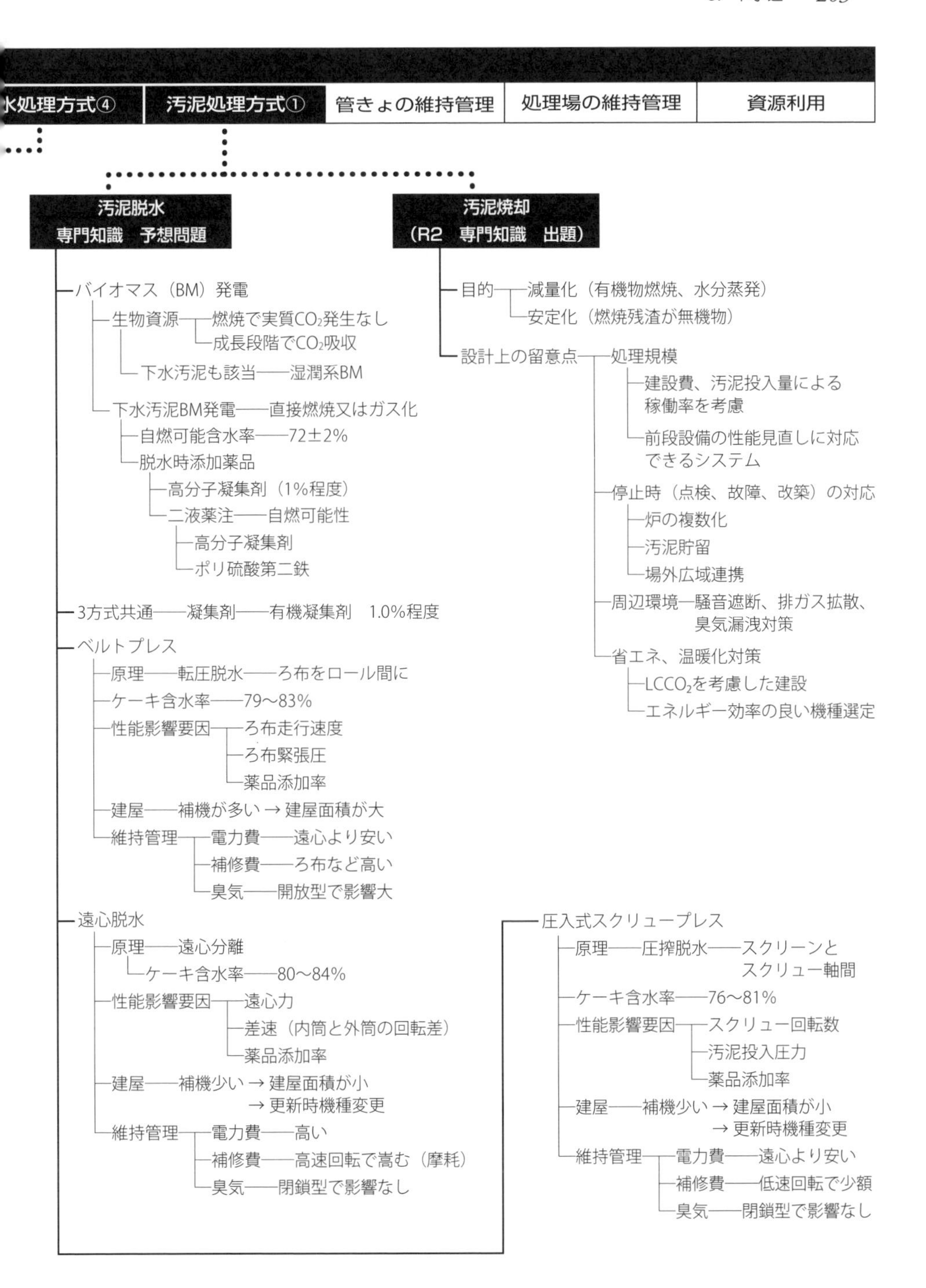
水処理方式④
汚泥処理方式①
管きょの維持管理
処理場の維持管理
資源利用
汚泥脱水
専門知識　予想問題
バイオマス（BM）発電
生物資源
燃焼で実質CO2発生なし
成長段階でCO2吸収
下水汚泥も該当
湿潤系BM
下水汚泥BM発電
直接燃焼又はガス化
自燃可能含水率
72±2%
脱水時添加薬品
高分子凝集剤（1%程度）
二液薬注
自燃可能性
高分子凝集剤
ポリ硫酸第二鉄
3方式共通
凝集剤
有機凝集剤　1.0%程度
ベルトプレス
原理
転圧脱水
ろ布をロール間に
ケーキ含水率
79〜83%
性能影響要因
ろ布走行速度
ろ布緊張圧
薬品添加率
建屋
補機が多い → 建屋面積が大
維持管理
電力費
遠心より安い
補修費
ろ布など高い
臭気
開放型で影響大
遠心脱水
原理
遠心分離
ケーキ含水率
80〜84%
性能影響要因
遠心力
差速（内筒と外筒の回転差）
薬品添加率
建屋
補機少い → 建屋面積が小
→ 更新時機種変更
維持管理
電力費
高い
補修費
高速回転で嵩む（摩耗）
臭気
閉鎖型で影響なし
汚泥焼却
（R2　専門知識　出題）
目的
減量化（有機物燃焼、水分蒸発）
安定化（燃焼残渣が無機物）
設計上の留意点
処理規模
建設費、汚泥投入量による
稼働率を考慮
前段設備の性能見直しに対応
できるシステム
停止時（点検、故障、改築）の対応
炉の複数化
汚泥貯留
場外広域連携
周辺環境
騒音遮断、排ガス拡散、
臭気漏洩対策
省エネ、温暖化対策
LCCO2を考慮した建設
エネルギー効率の良い機種選定
圧入式スクリュープレス
原理
圧搾脱水
スクリーンと
スクリュー軸間
ケーキ含水率
76〜81%
性能影響要因
スクリュー回転数
汚泥投入圧力
薬品添加率
建屋
補機少い → 建屋面積が小
→ 更新時機種変更
維持管理
電力費
遠心より安い
補修費
低速回転で少額
臭気
閉鎖型で影響なし

汚泥消化（H23　出題）

原理、維持管理上留意すべき点、
エネルギー回収の留意点

- 目的――減量化(40～60%減)、質の安定化、衛生面での安全性の確保
- 嫌気性消化の原理［維持管理指針 pp.817～819］
  - 有機物を嫌気性微生物の働きで低分子化、液化及びガス化する
  - 第1期 酸性発酵期
    - 酸生成菌（通性嫌気性細菌）
    - 有機物 → 中間生成物（有機酸、硫黄化合物）ガス発生（CO_2など）
    - pH＝5～6
  - 第2期 酸性減退期――pH＝5～6
  - 第3期 アルカリ発酵期
    - メタン生成菌（絶対嫌気性細菌）
    - 中間生成物 → 最終生成物（メタン、CO_2）
    - pH＝7.0～7.4
- 消化の影響因子［維持管理指針 p 820～823］
  - 消化温度
    - 中温――温度：30～35℃、日数：20～30日
    - 高温
      - 温度：50～55℃
      - 日数：10～15日
      - ガス発生量、消化率は同、タンク容量小
    - メタン生成菌は温度低下に敏感
  - 消化日数――日数不足 → 酸発酵優勢 → アルカリ発酵阻害
  - pH――メタン生成菌　pH6以下、8以上で増殖低下
  - 撹拌
    - 投入汚泥と嫌気性細菌の接触
    - タンク内温度の均一化
    - 死水域の解消、堆積防止
    - スカム発生防止
  - 有機物負荷
    - 過剰 → 酸発酵優勢
    - 不足 → メタン発酵阻害
- 運転指標［維持管理指針 pp.837～838］
  - 消化率（%）
    - 有機物のガス化・液化率
    - 無機分は含まない
    - 有機分70%、消化率50% → 減少固形物量35%
  - ガス発生率（倍）――7～10　ガス量/投入汚泥量
  - ガス発生率（L/kg）――0.5～0.6　ガス量/有機物量
  - 消化汚泥（正常時）――pH　6.4～7.2
- 高濃度消化［維持管理指針 p.817］
  - 機械濃縮の導入 → 1段消化が主流に（濃縮汚泥濃度が低い場合は2段消化）
  - 全量を脱水工程に → 固形物回収率の向上
  - 脱離液なし → 返流負荷の削減 → 水処理への負荷削減
  - タンク数減少 → 加温用ガス減少 → エネルギー利用有利
- タンク容量、形状（経済性と安定性）
  - 投入汚泥量・滞留日数
  - 高温消化・高濃度消化の組合せ
  - 土砂堆積の抑制、タンク内温度の均一化
- 改築時の留意点
  - 事業計画の見直し（実流入水量）
  - 返流水負荷対策→一段消化
  - 高濃度離脱液→単独処理や前処理の導
- エネルギー効率
  - 発電効率の高い発電機
  - コージェネレーションシステム
  - 集約処理、バイオマスの受け入れ（メタン生成効率の向上）

水処理方式	**汚泥処理方式②**	管きょの維持管理	処理場の維持管理	資源利用

濃縮（R1 専門知識 出題） 3方法の特徴と機器構成

- 遠心濃縮
  - 原理と性能――遠心力（無薬注）
    - 濃度4% 固形物回収率90%
  - 長所――薬品不要
  - 短所
    - 電気代多し――高速回転
    - 点検費、修繕費嵩む――回転体の摩耗
  - 設備構成――遠心濃縮機、汚泥供給タンク、汚泥供給ポンプ
  - 型式――横型（連続式）
- 常圧浮上濃縮
  - 原理――汚泥中の固形分を高分子凝集剤で吸着 → 気泡（気泡助剤添加）により浮上濃縮
  - 性能――濃度4%、固形物回収率95%
  - 長所――電気代少ない
  - 短所
    - 薬品代多い――高分子凝集剤、気泡助剤
    - 点検費嵩む――機器多い
  - 設備構成
    - 主機――浮上、気泡、混合、水位調節の各装置
    - 補機――汚泥ポンプ、脱気タンク
- ベルト式ろ過濃縮機
  - 原理――走行ベルト上に凝集汚泥投入 → 重力ろ過濃縮
  - 性能――汚泥濃度4%、固形物回収率95%
  - 長所
    - 電気代少ない
    - 点検費、修繕費少ない――低速回転
  - 設備構成――ベルト濃縮機、凝集混和装置、洗浄装置、汚泥ポンプ
- 重力濃縮
  - 原理と性能――重力――濃度2～3%
  - 長所
    - 騒音・振動がほとんどない
    - 電気代少ない
  - 短所
    - 濃縮効果の低下
      - 高水温時での腐敗、汚泥の浮上
      - 比重差の小さい汚泥（有機分が高い）
      - 圧密しにくい汚泥
    - 対策
      - 滞留時間を短くする
      - 凝集剤の投入
  - 設備構成――重力濃縮タンク本体、汚泥かき寄せ機、汚泥投入管及び引抜き管

YS

- 消化ガス利用［下水汚泥エネルギー化技術ガイドライン-改訂版- H27.3］
  - 消化エネルギー化率 35%――発電：23.3%、焼却炉の補助燃料：11.6%
  - 消化ガス発電
    - 発電量――汚泥処理使用の50%、処理場使用の20%
    - 消化採用率――処理場数 2割、汚泥量 4割
    - エネルギー率
      - 総合効率：GE、RE（80%）＞MGT、燃料電池（75%）
      - 発電効率：燃料電池（40%）＞GE＞MGT＞RE（20%）
      - 排熱効率 ……… RE（60%）＞GE＞MGT＞燃料電池（35%）
    - 効率化――高濃度消化（機械濃縮＋1段消化）、有機性廃棄物の投入
    - 消化ガス発熱量――21,000～23,100kJ/m^3
  - 自動車燃料
  - 燃料電池
  - ガス導管直接注入

  GE：ガスエンジン
  RE：ロータリーエンジン
  MGT：マイクロガスタービン
- 利用の視点からの留意点［設計指針と解説 後編p.468～471、維持管理指針 p.826］
  - エネルギー収支――汚泥の量・質（水分量）、運転方法によって変動（利用可能エネルギー）
  - 消化ガス設備
    - 安定性・信頼性の確保――バックアップ装置
    - 活性炭吸着処理によるシロキサン除去――付着による点火不良
    - 負圧による消化汚泥、脱離液の引抜きを避ける――爆発の可能性

［参考文献］：『下水道施設計画・設計指針と解説（後編）』（2009年版）日本下水道協会
『下水道維持管理指針（後編）』日本下水道協会
『下水汚泥エネルギー化技術ガイドライン（改訂版）』国土交通省 水管理・国土保全局 下水道部、平成28（2018）年3月

YS、TY

下水処理場における地域バイオマス利活用（応用能力　予想問題）

事前調査事項
業務手順
業務を進める際の留意事項

事前調査事項

- 基礎調査（処理場）
  - 基本フレームの確認――処理人口、原単位等
  - 処理場の特性把握
    - 施設整備状況と敷地残余
    - 汚泥及びガス発生量と性状
    - 汚泥処理処分コストと処分先
    - 下水道全体計画、改築更新計画
    - 汚泥量予測、集約処理の予定
    - 処理処分計画など
  - 地域特性把握
    - 気候条件
    - 住宅近接状況や苦情実績
    - 地域バイオマス施設との位置関係
- 基礎調査（地域）
  - ①地域バイオマス（6種類）の調査
    - し尿、浄化槽汚泥、生ごみ、剪定枝、家畜排泄物、農作物非食用部
      - 賦存量
      - 利用可能量
      - 性状調査
  - ②地域バイオマスの処理処分状況調査
    - 処理方式、供用年数
    - 改築更新計画、維持管理費等
    - 地元住民との協定
    - 対象地域における汚泥肥料のニーズ

業務手順

- 地域バイオマスの選定と受入量の決定
  - 利用可能量が一定量以上存在
  - 性状が処理の上で問題ない
    - 消化槽での発酵阻害因子
      - 有機物負荷(上限3.0kg・VS/m^3)
      - アンモニア性窒素濃度(4500～5000mg/L以下)
- 地域バイオマス（4種類）収集方法の検討――生ごみ、し尿、浄化槽汚泥、農集排汚泥
  - 処理場への直接搬入方式――パッカー車、バキュームカー
  - 中継センターからの管きょ投入方式
- 処理フロー及び物質収支の作成
  - 設備ごとの固形物負荷 → 設備選定
  - 汚泥肥料の生産量の把握
- 既存施設への影響検討
  - 反応タンク
    - 汚泥処理返流水の高濃度化
    - 負荷量の増大――BOD
      - アンモニア性窒素
  - 消化槽
    - 投入量増加 → 消化日数の短縮
    - 有機物負荷増大 → 酸敗の発生
    - NH_4-N負荷量の増加

  酸敗：嫌気状態での腐敗　↓
  発酵阻害
- 住民との合意形成に関する課題の対応――情報公開と説明責任
  - 処理場への地域バイオマス受入への抵抗感
  - 運搬車両による騒音、振動、粉塵
  - 悪臭（乾燥機、コンポストなど）
- 経済性の検証――事業費と収益を現状と比較
- 温室効果ガス排出量削減効果の評価
  - 地域バイマスを利活用の場合と現状比較
- 事業性の評価
  - 定量的評価
    - 経済性
    - 温室効果ガス排出削減効果
  - 定性的評価

業務を進める際の留意事項

- 事業性の定性的評価
  - 環境負荷の低減
  - 地域の活性化
  - 周辺住民への影響
  - 施設運転管理の難易
  - 汚泥処分のリスク
  - 汚泥処民間企業との競合
- 利用可能量の把握
  - ヒヤリングや市場調査

［参考文献］：
『下水処理場における地域バイオマスの利活用マニュアル』
国土交通省、2017年3月

YS

水処理方式	汚泥処理方式③	管きょの維持管理	処理場の維持管理	資源利用

炭化技術と乾燥技術
(H29 専門知識　出題)

概要
燃料化物の特徴

- 炭化
  - 概 要――炭化の定義
    - 熱分解
      - 低酸素状態または無酸素状態で加熱
      - 分解ガス放出 → 炭化物を生成
    - 炭化方式
      - 直接炭化――脱水 → 炭化
      - 乾燥炭化――脱水 → 乾燥 → 炭化
    - 炭化温度
      - 固形燃料利用――500～700℃
      - 緑農地利用――700℃以上
  - 燃料化物（炭化物）
    - 安定化して無臭――通気性・透水性良――長期保存可能
    - 減量化――乾燥と焼却の中間
    - リン含有――緑農地利用可能
    - 自己発熱性――消防法の指定廃棄物――貯留・搬送における発熱防止必要
- 乾燥
  - 概要
    - 脱水汚泥発熱量――15,000KJ/(Kg・ds)　石炭の2/3
    - 乾燥方式
      - 直接加熱――熱風による乾燥
      - 間接加熱――熱媒体（蒸気、油）から伝熱
    - 乾燥含水率
      - 燃料化――自燃可能70%（焼却の前処理）
      - 緑農地利用――20%
      - コンポスト利用――60～65%
  - 燃料化物（乾燥汚泥）
    - 水分除去・成分不変――臭気発生――長期保存不可
    - 自己発熱性――消防法上の指定可燃物――1000kg以上貯留の場合――粉塵爆発

［参考文献］：
『下水道施設計画・設計指針と解説　後編』（2009年版）日本下水道協会　YS

返流水
(R4　専門知識　出題)

- 発生源、留意すべき水質
  - 濃縮：SS、窒素、リン
  - 消化：窒素、リン、COD
  - 脱水：窒素、リン（消化工程のみ）
  - 焼却：重金属、ダイオキシン類、シアン
- 処理の留意点
  - 濃縮しにくい――重力濃縮→機械濃縮
  - 消化
    - 一段消化
    - 単独処理（アナモックス処理、MAP 法）
    - 窒素除去（循環式硝化脱窒法）
    - リン除去（金属塩凝集剤、MAP 法、
  - 脱水――りん再放出防止←濃縮から好気的状態で脱水
  - 焼却――ダイオキシン類、シアンの排出防止
    - 炉内温度や酸素量の維持
    - 集塵機へのガス温度→低

［参考文献］：
『下水道施設計画・設計指針と解説（後編）』（2019年版）日本下水道協会　TY

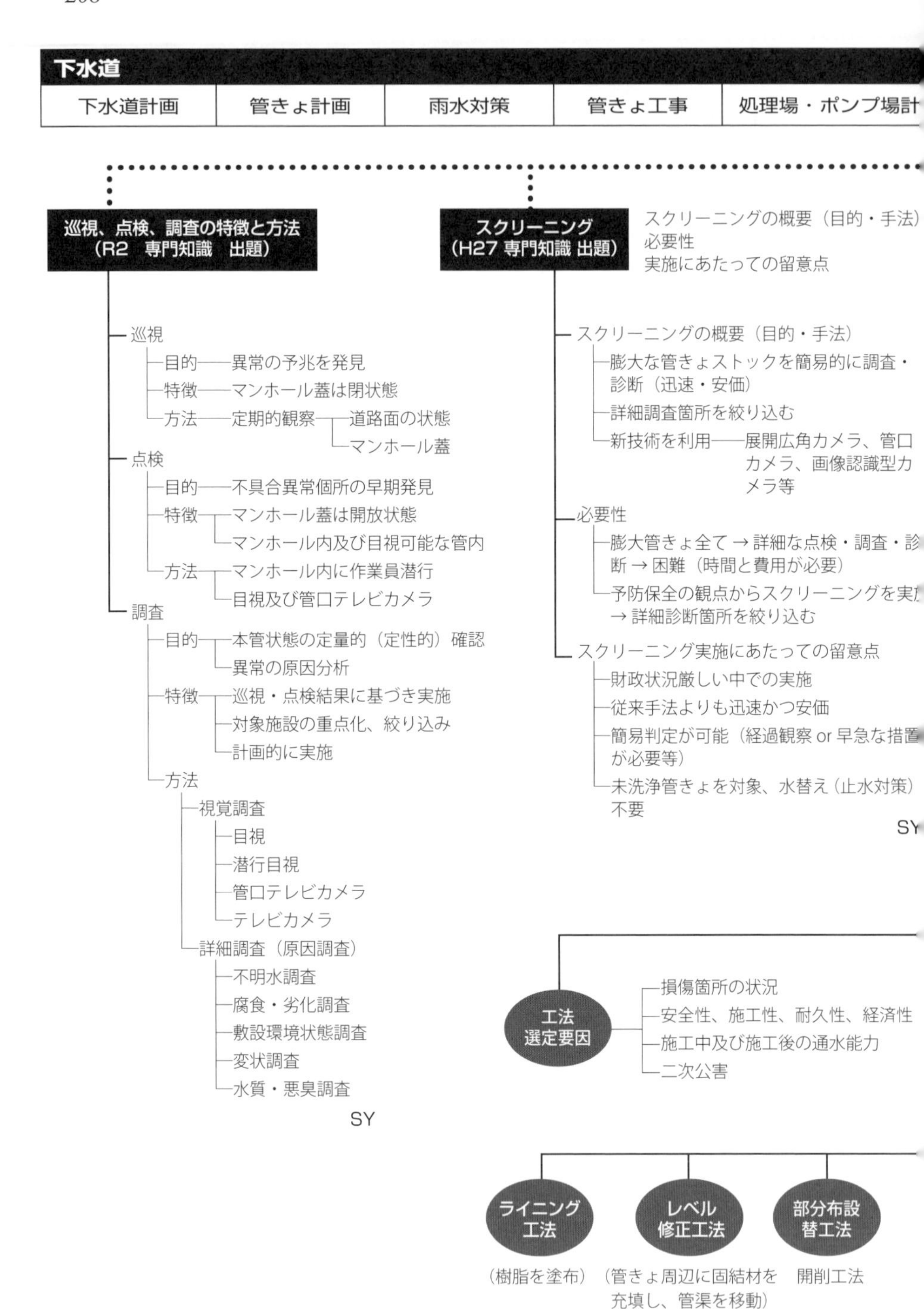
下水道
下水道計画
管きょ計画
雨水対策
管きょ工事
処理場・ポンプ場計
巡視、点検、調査の特徴と方法
（R2 専門知識 出題）
巡視
目的
異常の予兆を発見
特徴
マンホール蓋は閉状態
方法
定期的観察
道路面の状態
マンホール蓋
点検
目的
不具合異常個所の早期発見
特徴
マンホール蓋は開放状態
マンホール内及び目視可能な管内
方法
マンホール内に作業員潜行
目視及び管口テレビカメラ
調査
目的
本管状態の定量的（定性的）確認
異常の原因分析
特徴
巡視・点検結果に基づき実施
対象施設の重点化、絞り込み
計画的に実施
方法
視覚調査
目視
潜行目視
管口テレビカメラ
テレビカメラ
詳細調査（原因調査）
不明水調査
腐食・劣化調査
敷設環境状態調査
変状調査
水質・悪臭調査
SY
スクリーニング
（H27 専門知識 出題）
スクリーニングの概要（目的・手法）
必要性
実施にあたっての留意点
スクリーニングの概要（目的・手法）
膨大な管きょストックを簡易的に調査・
診断（迅速・安価）
詳細調査箇所を絞り込む
新技術を利用
展開広角カメラ、管口
カメラ、画像認識型カ
メラ等
必要性
膨大管きょ全て → 詳細な点検・調査・診
断 → 困難（時間と費用が必要）
予防保全の観点からスクリーニングを実
→ 詳細診断箇所を絞り込む
スクリーニング実施にあたっての留意点
財政状況厳しい中での実施
従来手法よりも迅速かつ安価
簡易判定が可能（経過観察 or 早急な措置
が必要等）
未洗浄管きょを対象、水替え（止水対策）
不要
SY
工法
選定要因
損傷箇所の状況
安全性、施工性、耐久性、経済性
施工中及び施工後の通水能力
二次公害
ライニング
工法
（樹脂を塗布）
レベル
修正工法
（管きょ周辺に固結材を
充填し、管渠を移動）
部分布設
替工法
開削工法

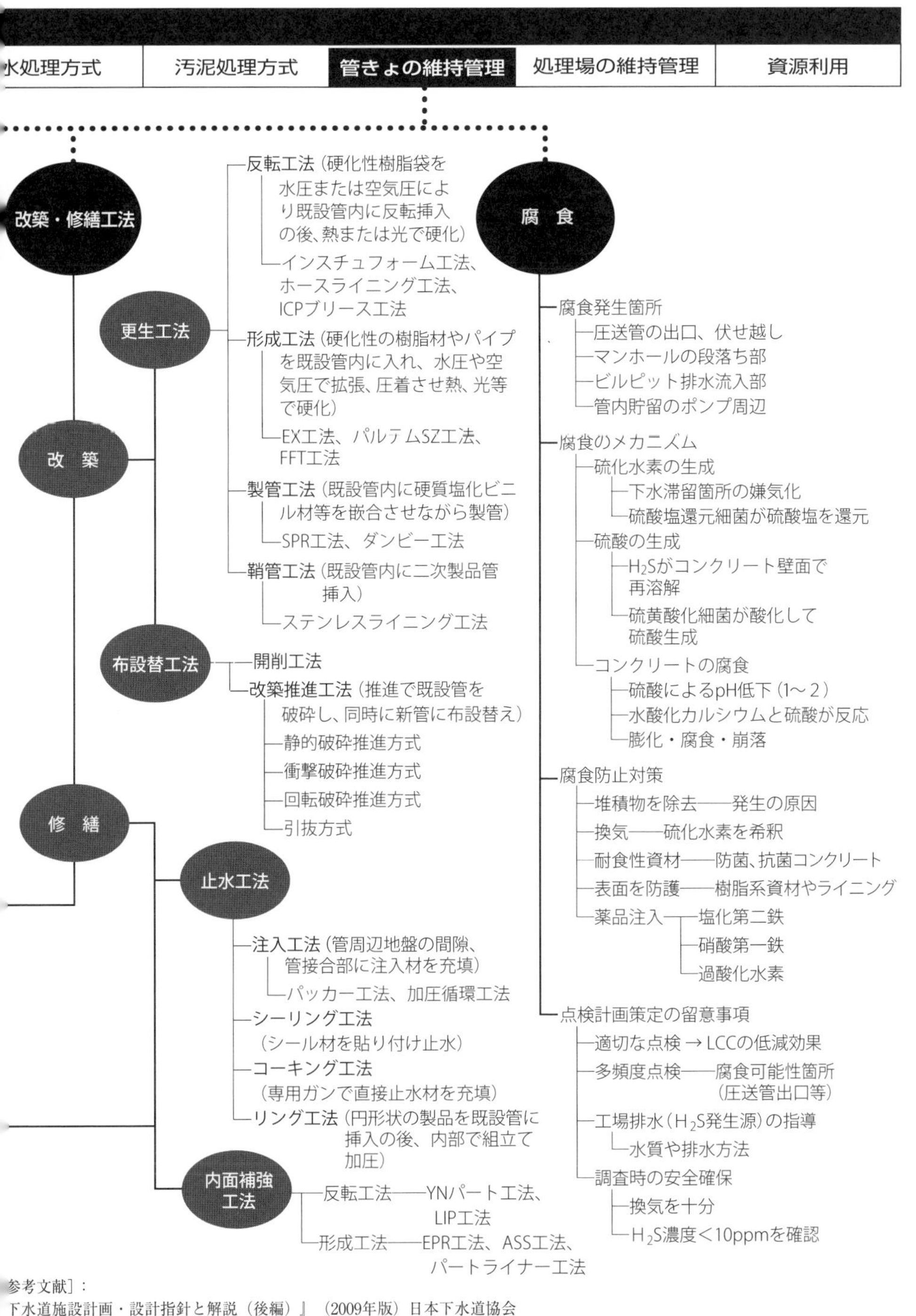

参考文献］：
下水道施設計画・設計指針と解説（後編）』（2009年版）日本下水道協会
スクリーニング調査を核とした管きょマネジメントシステム　技術導入ガイドライン（案）』　国土交通省、平成26（2014）年
下水道管路施設の点検・調査マニュアル（案）』日本下水道協会、平成25（2013）年

SY

SRT（H26 専門知識 出題）

概念、設計上の意義、運転管理上の意義、
各種活性汚泥法の分類と特徴

- 概念
  - 固形物滞留時間（d） Solids Retention Time
  - 処理システムの系内に滞留する活性汚泥の平均滞留時間
    （＝反応タンク内の活性汚泥を何日で入れ替えるか）
  - SRT（d）＝1/対象とする比増殖速度
    - 比増殖速度（1/d）＝単位時間あたりの細胞の増加量（g/g・d）
  - SRT（d）＝システム内活性汚泥量（kg）/1日あたり系外に排除される活性汚泥量（kg/d）
  - ASRT(d)=反応タンク内の好気的部分のみでのSRT
- 設計上の意義
  - 比増殖速度が異なる複数の微生物を統一的に扱う事が可能
    - BOD酸化細菌
    - 硝化細菌
    - 放線菌――スカム発生因
  - 比増殖速度――BOD酸化細菌 ＞ 硝化細菌、放線菌
  - 各種活性汚泥法を同一指標で設計可能
    - 標準活性汚泥法　3～6d（BOD除去）
    - 循環式硝化脱窒法、硝化内生脱窒法、
      ステップ流入式多段硝化脱窒法、11～14 d
    - 高度処理オキシデーションデッチ法（BOD、N除去）
    - 嫌気好気活性汚泥法　2～4 d（BOD、P除去）
- 運転管理上の意義
  - BOD酸化に必要なSRTの確保
  - 硝化促進運転、抑制運転の判別
    - 判別の必要性
      - 分流式
        （流入水量/処理施設能力）比 ＜ 1.0処理場増加
      - 硝化の不十分な進行 → 処理水BODの上昇
      - 硝化抑制または完全促進運転のよる改善必要
    - 運転方法
      - 低水温期――硝化抑制運転
        硝化が進行しない短いSRTで運転
        15℃で8日以下
        空気量（DO）制御
      - 高水温期――硝化促進運転
        完全硝化を図る長いSRTで運転
        25℃で5日以上
        空気量増加（抑制時の2倍程度）
  - 放線菌の増殖抑制
    - 特性
      - 絶対好気性細菌
      - 比増殖速度が活性汚泥より小
    - 増殖原因
      - 流入水より供給
      - 反応タンク内で増殖
    - 増殖抑制策
      - SRT制御で増殖前引抜
      - 増殖速度の抑制
        - 空気量制御
        - 嫌気好気運転
- 各種活性汚泥法の分類と特徴
  - SRT長
    - OD法、長時間法
    - 処理が安定
    - 硝化促進運転
    - 余剰汚泥量少
    - 施設面積/処理水量　比大
  - SRT短
    - 標準（酸素）活性汚泥法
    - 流入変動の影響大
    - 余剰汚泥発生量多
    - 施設面積/処理水量　比小

YS

水処理方式	汚泥処理方式	管きょの維持管理	**処理場の維持管理①**	資源利用

下水道温暖化対策推進計画（H30　課題解決能力　出題）

事前把握事項
計画策定の手順及び検討事項
排出抑制対策2つ、導入の技術的課題及び対応策

(1) 事前把握事項

- 下水道関連計画――内容把握、進捗確認
  - 下水道法事業計画、下水道資源循環利用計画
  - ストックマネジメント計画
- 地方公共団体実行計画（事務事業編）――策定義務
  - 削減目標、基準年・期間
  - 部門別対策

(2) 計画策定の手順及び検討事項――基準年度（現在）、目標年度

- ①温室効果ガス排出量の算定
  - 排出源の把握
  - 排出量原単位、総排出量
- ②目標設定――数量的目標値
  - 設定手法――トップダウン又はボトムアップ
- ③排出抑制対策の選定――実効性重視
- ④対策による削減量予測
  - 排出抑制等指針の対策目安値
  - 目標値未達の場合――抑制対策メニューの再考
- ⑤対策推進状況の点検
  - 定期的点検・評価 → 計画見直し

(3) 温室効果ガスの排出抑制対策2つ、導入における技術的課題及び対応策

- ソフト対策――実行体制の構築
  - 技術的課題――時間経過で体制陳腐化――メニュー多岐
  - 対応策
    - 責任者・推進員の役割明確化
    - 調査票作成――排出量把握
    - データーベース化
    - PDCAサイクルの研修・教育
      - 目標設定、運用手法の見直し
- ハード対策――新技術導入――送風設備、焼却炉
  - 技術的課題――新旧混合使用
    - 不具合発生リスク
    - 事業費増、財政圧迫
  - 対応策
    - 段階的導入――改良継続
    - 民間と協力体制――技術開発
    - ストックマネジメントと連携――平準化

［参考文献］：『下水道における地球温暖化対策マニュアル』環境省・国土交通省、平成28（2016）年3月　MI

下水道

下水道計画	管きょ計画	雨水対策	管きょ工事	処理場・ポンプ場計

栄養塩類の能動的運転管理（応用能力　予想問題）

調査、検討すべき事項とその内容

- 基本事項の確認
  - 法令・関連計画等の確認
  - 放流先の状況の確認
  - 処理場の現状確認（処理成績、施設・設備）
- 試運転案の策定
  - 栄養塩類増加手法の選定
  - 排出目標値の設定
- 運転ルールの検討
  - 年間の運転サイクルの設定
  - 放流水質管理値、運転指標管理値の設定
  - 水質悪化時の対応方針、運転中止条件の設定
- 能動的運転管理の試行
  - 試運転
  - PDCAサイクルに基づく試行
- 栄養塩類増加状況の確認と効果の検証
  - 処理水質の評価
  - 放流先のモニタリング
- 流総計画などへの位置付け
  - 季節別処理水質を定める
  - 位置付け後、本運用へ移行する

業務を進める手順とそれぞれの項目ごとに留意すべき点、工夫を要する点

- 基本事項の確認
  - 留意すべき点
    - 水質環境基準の達成・維持が担保できること
    - 周辺水質等へ大きな影響が想定されないこと
  - 工夫を要する点
    - 既存施設で操作可能な運転操作項目とその操作範囲を把握すること
- 試運転案の策定
  - 留意すべき点
    - N:硝化抑制/脱窒抑制の採否検討
    - P:凝集剤添加率削減/生物リン除去抑制の採否検討
  - 工夫を要する点
    - 脱窒抑制の場合は、窒素ガスによる汚泥浮上対策やpH低下防止策が必要
- 運転ルールの検討
  - 留意すべき点
    - 移行期と回復期の放流水質不安定化
    - 水質悪化時の対策方針検討
  - 工夫を要する点
    - 赤潮リスクを考慮
- 能動的運転管理の試行
  - 留意すべき点
    - 活性汚泥沈降性の悪化
    - 処理水質の悪化
  - 工夫を要する点
    - PDCAサイクルに基づき、試運転案や運転ルールの修正
- 栄養塩類増加状況の確認と効果の検証
  - 留意すべき点――放流先のモニタリングを行い情報蓄積
  - 工夫を要する点―導入段階に応じた適切な評価指標の設定

業務を効率的、効果的に進めるための関係者との調整方策

- 調整・連携・確認項目等
  - 地域のニーズ、要望
  - 海域に望ましい栄養塩類濃度
- 連携体制――協議会の設置
  - 放流先の漁業関係者
  - 関係機関（環境部局、水産部局）
- 合意形成
  - 栄養塩類増加の目的
  - 対象栄養塩類
  - 実施期間

［参考文献］：
『栄養塩類の能動的運転管理の効果的な実施に向けたガイドライン（案）』令和5年3月　国土交通省　水管理・国土保全局　下水道部
『栄養塩類の能動的運転管理に関する事例集』令和3年3月　国土交通省　水管理・国土保全局　下水道部

KN

処理場の臭気対策（H25　専門知識　出題）

- 臭気物質——悪臭5物質（アンモニア、硫化水素、硫化メチル、二硫化メチル、メチルメルカプタン）
- 発生場所
  - 水処理——沈砂池、スクリーンかす仮置き場、初沈、反応タンク
  - 汚泥処理——濃縮タンク、消化タンク、脱水設備、脱水汚泥仮置き場
- 防除方法
  - 防臭
    - 経路遮断法——覆蓋、密閉蓋、気密扉、水封トラップ、エアカーテン
    - 腐敗防止法——好気化 → 有機物の嫌気性分解防止
    - 清掃洗浄——スクリ ン、除砂設備、洗浄装置、床面
  - 換気——希釈・拡散——排気口での規制基準遵守に注意
  - 脱臭
    - 生物学的方法
      - 活性汚泥脱臭法
        - 活性汚泥により酸化分解
        - 硫黄系化合物を除去
        - 安価（臭気を反応タンクへ）
        - 設備が腐食
      - 土壌脱臭法
        - 土壌細菌による吸着・酸化
        - 有機性物質を除去
        - 設備費安価
        - 広い面積と維持管理に手間
      - ろ床式生物脱臭法
        - 細菌による吸着・酸化
        - 有機性物質及び硫化水素
        - 省スペース、維持管理安価
        - 培養期間が必要
    - 物理化学的方法
      - 活性炭吸着法
        - アンモニア、硫化水素、メチルメルカプタン
トリメチルアミン
        - 活性炭が高価
        - 希薄な臭気に適すため仕上げ用
      - 酸・アルカリ洗浄法
        - 塩酸・硫酸で中和、水酸化ナトリウムで中和
        - 酸洗浄——アンモニア、アミン
        - アルカリ洗浄——硫化水素、メチルメルカプタン
        - 薬液の中和設備が必要
      - 直接燃焼法
        - 汚泥焼却炉で燃焼
        - 全物質対象
        - 排ガスのNO_X、SO_X注意
  - マスキング（芳香）——突発事故、作業時等

［参考文献］：
『下水道施設計画・設計指針と解説（後編）』（2014年版）日本下水道協会
『下水道維持管理指針（後編）』（2014年版）日本下水道協会

YS

下水汚泥の肥料利用計画（R5　課題解決能力　出題）

肥料利用計画にあたり重要な課題（多面的観点から3課題抽出）

- 需要の確保（流通面）
  - 需要（ニーズ）
    - 需要量
    - 需要先
  - 販売効率
    - 流通ルート
    - 需要時期
  - 事業環境
    - 民間堆肥化施設の状況
    - 安定的な処分先の確保
- 施肥効果と安全性の確保（利用面）
  - 施肥効果
    - 下水汚泥の肥効成分
    - 作物による適否と施肥効果
  - 安全性の確保
    - 重金属含有量（肥料の品質の確保等に関する法律）
    - 品質管理
  - 取り扱い性
    - 運搬、貯蔵、散布
- 肥料化施設の悪影響（技術面）
  - 有害物質
  - 悪臭

最も重要と考える課題とその課題に対する複数の解決策

- 施肥効果と安全性の確保
- 解決策
  - 汚泥成分の分析（肥効成分、重金属等）
  - 施用方法の検討（土壌調査）
  - 肥料の品質の確保等に関する法律に基づく肥料登録

解決策に共通して生じうるリスクと対策

- リスク
  - ネガティブなイメージ
  - 利用してもらえず肥料が余る
- 対策
  - 農業関係部局・農業者との連携
  - イメージ・認知度の向上
  - 複数の処分先を確保し生産量を調整
  - 利便性の向上（ふるい分け、造粒、袋詰等）
  - 定期的なサンプリングと情報公開

［参考文献］：『下水道施設計画・設計指針と解説』2019、後編pp.583-596、日本下水道協会
『下水汚泥有効利用促進マニュアル』2015、日本下水道協会
『下水汚泥資源の肥料利用の拡大に向けた検討について（依頼）』事務連絡
令和5年4月20日、国土交通省 水管理・国土保全局下水道部

KN

水処理方式	汚泥処理方式	管きょの維持管理	処理場の維持管理	資源利用

下水汚泥の緑農地利用（H30 専門知識 出題）

下水汚泥を肥料として利用する場合の留意事項
利用形態2つの特徴

- 利用における留意事項
  - 肥料取締法に基づく普通肥料の登録――肥効、土壌改良を目的としたもの等が対象
  - 品質表示の義務――農業者による品質の識別、成分量を勘案した適切な施肥
  - 農林水産省告示等に基づく基準――含有が許容される有害成分の最大量、植物試験による無害の認定
  - 重金属等の蓄積防止に係わる管理基準――緑農地への安定的な利活用
- 汚泥の利用形態
  - コンポスト
    - 有機物の分解・安定化（好気性微生物）――施用後の分解なし――植物育成への影響なし
    - 発酵熱――病原生物等の死滅――水分の蒸発による減量（ケーキ状⇒粒状）
    - 運搬、貯留、保管等の作業性、安全性、取扱い性が改善
  - 乾燥汚泥
    - 乾燥時の高温――病原生物等を不活性化
    - 含有水分が蒸発――有機物等の安定化 未 ⇒ 乾燥汚泥に消化汚泥を用いるのが良い
  - 炭化汚泥――土壌改良材、リン酸肥料、園芸用土壌等への利用
  - リン回収――下水汚泥処理工程の脱離液やその返流水から回収――リン酸系肥料の代替として施用
    リン酸カルシウム、リン酸原料、HAP、MAP等

[参考文献]：『下水道施設計画・設計指針と解説（後編）』（2019年版）日本下水道協会 TY・YS

下水汚泥のエネルギー利活用（R3 専門知識 出題）

- 目的――バイオマス――固形物の約８割が有機物――長期的、安定的な有効活用可能
  - 温室効果ガス排出量の削減――下水道資源――水素製造
  - エネルギー価値を利用――経営改善
- 再生可能エネルギーの利活用
  - 固形燃料化
    - 特長――発熱量が異なる
      - 炭化汚泥or乾燥汚泥、消化or未消化
      - 脱水汚泥（高分子系凝集剤>無機系凝集剤）
    - 導入時の留意点
      - 既存焼却炉等の利用可能廃熱量、補助燃料代替（製造燃料）の導入効果
      - 関連施設の設備改造・運転管理体制、脱臭、貯留ホッパでの発火対策
  - 汚泥消化
    - 特長―有機物の分解（液化、ガス化）――汚泥の減量化（40～60%減）、質の安定化、衛生面での安全性
      - 下水汚泥由来のバイオガス――再生可能エネルギー――温室効果ガス排出量の計上なし
    - 導入時の留意点
      - 熱量が低い――メタン6割、二酸化炭素4割
        - 都市ガス並みの品質に精製――メタン濃度を高める
      - 微量な不純物――機器の損傷・劣化――バイオガス中の不純物除去

[参考文献]：
『下水道施設計画・設計指針と解説（後編）』（2019年版）日本下水道協会
『下水汚泥エネルギー化技術ガイドライン』（平成29年度版）国土交通省水管理・国土保全局下水道部 TY

専門知識を問う問題

設問 1

雨水管理総合計画における雨水管理方針の項目を３つ以上抽出し、項目ごとに主な検討内容と留意点をそれぞれ述べよ。　［R5 出題問題］

○受験番号、答案使用枚数、選択科目及び専門とする事項の欄は必ず記入すること。

(1)　下水道計画区域

【主な検討内容】浸水被害の発生状況や浸水リスク、資産・人口等の集積状況を勘案して設定する。

【留意点】主に市街地を対象とすること。地方公共団体の状況に応じて区域を設定する。

(2)　計画降雨（整備目標）

【主な検討内容】分割した地域の浸水要因分析を行い、地域毎の課題を整理する。各地域の浸水リスクや都市機能の集積状況等の評価を行い、重点対策地区・一般地区等に区域を整理した上で、地域毎にメリハリのある計画降雨（整備目標・対策目標）を設定する。

【留意点】地域の分割は浸水危険性の評価や地域の要望を考慮して行うこと。原則として浸水シミュレーションにより浸水リスクを想定すること。評価にあたっては選択する手法の特性に留意すること。気候変動の影響を踏まえて計画降雨等の設定を行う。

(3)　段階的対策方針

【主な検討内容】事業費の制約、現在の整備水準等を整理し、当面・中期・長期にわけた対策方針を定める。また段階的対策方針を地区毎に見える化した雨水管理方針マップ（雨水管理総合計画マップ）を作成する。

【留意点】ハード対策・ソフト対策の実施等、地域に応じた整備方針を定める。財源に応じた概略対策可能量を考慮する。マップへの掲載情報は、下水道計画区域、計画降雨（整備目標）、段階的対策方針とする。

●裏面は使用しないで下さい。　●裏面に記載された解答は無効とします。　（YI・コンサルタント）24 字× 25 行

参考文献：「雨水管理総合計画策定ガイドライン（案）R3 年 11 月」国土交通省水管理・国土保全局下水道部 pp12-13、pp30-40、p50

設問 2

下水道管路施設について、硫化水素による腐食のメカニズムを踏まえた腐食防止対策を2つ挙げるとともに、それぞれの概要を述べよ。

［R5出題問題］

○受験番号、答案使用枚数、選択科目及び専門とする事項の欄は必ず記入すること。

1. 腐食のメカニズム

　下水が滞留するような箇所で、嫌気状態になると、硫酸塩が硫酸塩還元細菌により還元され、硫化水素が発生する。換気の十分できない管きょ内では、気相中で濃縮され、コンクリート壁面の結露中に再溶解し、硫黄酸化細菌により硫酸が生成され、コンクリートが腐食する。また、圧送管の出口付近では、圧送管内で発生した硫化水素が気相中へ開放され、生物化学反応により硫酸を生成し、コンクリートの腐食が進行する。

2. 硫化水素による腐食防止対策（2つ）と概要

　管路施設における腐食防止対策はコンクリートの腐食のメカニズムを断ち切ることが重要であるので、管路のおかれている環境に適した方法により実施する。

　対策方法は、空気又は酸素の供給、換気、薬品注入、管路の清掃、施設の防食等があげられる。以下では、管路の清掃と施設の防食について概要を述べる。

①管路の清掃（微生物の生息場所を取り除く）

　高圧洗浄、吸引清掃、バケットマシン清掃等により、硫化水素発生の原因となる管内堆積物を除去し、また、硫酸塩還元細菌、硫黄酸化細菌の生息場所を取り除く。

②施設の防食（防食材料を使用して、管を防食する）

　樹脂系資材を挿入もしくは貼付し、熱や光などにより硬化させる内面被覆工法や管きょ内に被覆材を塗り付けるライニング工法等により、腐食を受けるコンクリート表面を防護する。

以上

●裏面は使用しないで下さい。　●裏面に記載された解答は無効とします。

（SY・コンサルタント）24字×25行

参考文献：「下水道施設計画・設計指針と解説　前編　2019年版」日本下水道協会 pp.408～411

設問 3

りん除去を図るための嫌気好気活性汚泥法について、概要を述べるとともに、各反応タンクでのりん蓄積生物（PAO）が担う機構を説明せよ。

［R5 出題問題］

○受験番号、答案使用枚数、選択科目及び専門とする事項の欄は必ず記入すること。

(1) 重要な設計因子

1. 嫌気好気活性汚泥法の概要

嫌気好気活性汚泥法は有機物除去とりん除去を目的としてりん蓄積生物（PAO）の過剰摂取現象を利用した活性汚泥法の変法である。構成は最初沈殿池、嫌気タンク、好気タンク、最終沈殿池からなり、嫌気タンクのHRTは1～2時間、好気タンクHRTは標準活性汚泥法と同程度の6～8時間である。りん除去はりん含有率が高まったPAOを含む余剰汚泥を系外に引き抜くことで達成され、80％程度の除去率となる。

2. 各反応タンクでのりん蓄積生物が担う機構

① 嫌気タンク

前段の嫌気タンクにおいては、PAOは有機物を取り込みながら細胞内に蓄積したポリリン酸を加水分解して正りん酸性りんの形でりんを液相に放出する。このとき取り込んだ有機物はPHA等の基質として細胞内に貯蔵される。この機構は流入水中の有機物濃度に依存する。また、多くのPAOはりん放出の他に脱窒も行う。

② 好気タンク

後段の好気タンクでは、細胞内に貯蔵した基質を酸化分解し、そのエネルギーを利用して、嫌気タンクで放出した量以上のりんをポリリン酸の形で体内に摂取する。嫌気タンクに溶存酸素やアンモニア性窒素が存在し十分なりん放出がなされない場合には、りんの摂取量が低下し、りん除去が悪化する。

以上

●裏面は使用しないで下さい。　●裏面に記載された解答は無効とします。

（S.K・コンサルタント）24 字× 25 行

参考文献：『下水道施設　計画・設計指針と解説　後編』（2019 年版）日本下水道協会、p.199、p.276
『下水道維持管理指針　実務編』（2014 年版）日本下水道協会、p.621
『活性汚泥モデルの実務利用の技術評価に関する報告書』（平成 18 年 3 月）日本下水道事業団、p.29

設問 4

汚泥処理設備における機械脱水の方式としてろ過方式、遠心分離方式が挙げられるが、その方式ごとに脱水機形式を1機種以上挙げてその脱水原理を簡潔に述べよ。また、脱水設備を導入するうえでの主な留意点について2項目以上述べよ。 ［R5 出題問題］

○受験番号、答案使用枚数、選択科目及び専門とする事項の欄は必ず記入すること。

1. 脱水原理

［ろ過方式］圧入式スクリュープレス脱水機

濃縮汚泥を連続回転する円筒状のスクリーンと円錐状スクリュー軸との間に投入し圧搾脱水する。

［ろ過方式］ベルトプレス脱水機

濃縮汚泥を連続走行するろ布で重力ろ過後、2本のロール間に挟み込み圧搾脱水する。

［遠心分離方式］遠心脱水機

濃縮汚泥を高速回転する円筒ボウル内へ投入し遠心力によって固液分離し脱水する。

2. 導入時の留意点

［ろ過方式］圧入式スクリュープレス脱水機

補機は少なく、使用電力も小さい。密閉構造で臭気漏れがなく、臭気対策が容易である。低速回転で騒音や振動が少ない。点検は数年に1度、現場で実施する。

［ろ過方式］ベルトプレス脱水機

補機は比較的少なく、使用電力も小さい。密閉構造とするには機器外側にカバーを設置する必要がある。低速回転で騒音や振動が少ない。ろ布洗浄に大量の処理水を使用し、返流水量が多い。酸洗浄や交換が必要。

［遠心分離方式］遠心脱水機

補機は少ないが使用電力は比較的大きい。密閉構造で臭気漏れがなく、臭気対策が容易である。高速回転でスクリュー摩耗や振動・騒音が発生する。20,000時間以上程度でメーカー工場にて点検する。

●裏面は使用しないで下さい。 ●裏面に記載された解答は無効とします。 （TO・コンサルタント）24字×25行

参考文献：『下水道施設計画・設計指針と解説（後編）2019年版』日本下水道協会、pp.511～512

設問 5

下水道の減災計画は、被害による社会的影響を最小限に抑制し、速やかに要求機能を確保することを目的に策定する。地震・津波に対して、①管路施設の減災計画、②処理場・ポンプ場施設の減災計画、及び③トイレ使用に関する減災計画を立案するに当たり、それぞれ考慮すべき事項を述べよ。

［予想問題］

○受験番号、答案使用枚数、選択科目及び専門とする事項の欄は必ず記入すること。

1. 下水道施設の減災計画において考慮すべき事項

(1) 管路施設

①可搬式ポンプや仮排管等復旧機材の調達方法の確保（民間団体との協定、他の地方公共団体との融通等）

②被災時に調達できない復旧資機材の備蓄

(2) 処理場・ポンプ場

①仮設の沈殿池及び塩素混和地の設置について、設置場所や設置方法の想定及び必要な資機材の調達方法の確保または備蓄

②流域の関連する水道管理者と連携した震災時の運転管理や復旧作業の実施

(3) トイレ

①関係部局、他の地方公共団体と連携したマンホールトイレ・仮設トイレ用資機材の調達方法の確保及び必要な備蓄

②雨水・下水再生水等を活用したトイレ用水の確保

2. その他減災計画において考慮すべき事項

①処理場、ポンプ場及び雨水きょ等の空間の避難地や避難路、防火帯等への活用

②処理水・貯留雨水等を消火用水や水洗用水等に利用

③処理場・ポンプ場の自家発電設備の余剰電力の活用

④住民と協議した減災対策の効果的な情報開示

⑤実践的な防災訓練の実施

⑥迅速な被災調査の実現　以上

●裏面は使用しないで下さい。　●裏面に記載された解答は無効とします。

（HY・地方自治体）24字×24行

参考文献：国土交通省都市・地域整備局下水道部、日本下水道協会「下水道地震対策緊急整備計画策定の手引き」（平成18年4月）

設問 6

下水道クイックプロジェクトでは下水道の社会実験を行い、新たな整備手法の評価を実施しており、広く普及を促進する整備手法として一般化されている。管路施設に関係する新たな整備手法を3つ挙げ、概要を述べよ。
［専門問題］

○受験番号、答案使用枚数、選択科目及び専門とする事項の欄は必ず記入すること。

1. クイック配管（露出配管・簡易被膜・側溝活用）： クイック配管は、道路下ではなく、民地・水路空間・側溝等を利用し、経済的・短工期で下水道管きょを布設するものである。留意点として、事故発生時の社会的影響が大きいと判断される路線は避けることや、歩行者や車両通行等の支障に留意する必要がある。

2. 改良型伏越しの連続的採用： 改良型伏越しの連続的採用は、ふくそうする支障物の通過に当たり、推進工法、マンホール式ポンプ場に替えて、改良型伏越しを連続的に採用するものである。改良型伏越しは、簡易的な構造であることに加え、下流側の埋設深を浅くでき、マンホール式ポンプ場を設置しないことにより、建設コスト縮減や、維持管理費の削減が図れる。留意点は、上流部に閉塞原因となる油脂や土砂等の大量流入が予測される施設等がないこと、改良型伏越し部の落差が10m以下、連続する改良型伏越し間の最小距離を30m程度とする等である。

3. 道路線系に合わせた施工： 曲管の採用や、急勾配路線における実流速を基にした計画・設計により、道路線形や地表勾配に合わせた下水道管きょを布設する施行である。これにより、管きょの浅埋化や狭小道路でのマンホールの省略が可能となり、コスト縮減・工期短縮が図れる。留意点は、スパン内の屈曲数は原則2箇所、かつ1スパンの延長は100m以下とする等の条件を満たす必要がある。
以上

●裏面は使用しないで下さい。　●裏面に記載された解答は無効とします。　（SK・コンサルタント）24字×25行

参考文献：「下水道施設計画・設計指針と解説　前編 2019年版」日本下水道協会、pp.450 ～ 453

設問 7

りん回収技術の、フォストリップ法、晶析脱りん法、吸着脱りん法について、回収対象、生成物、処理フロー及び必要設備について述べよ。

［予想問題］

○受験番号、答案使用枚数、選択科目及び専門とする事項の欄は必ず記入すること。

①フォストリップ法

回収対象：生物学的りん除去により、りん含有率の高まった汚泥からりんを放出させた分離液を対象とする。

生成物：HAP（ヒドロキシアパタイト）を主成分とするりん酸カルシウムが生成される。

処理フロー及び必要設備：嫌気状態でりんを放出させる脱りん槽、放出したりんにカルシウムを添加しHAPを析出する晶析槽が必要となる。

②晶析脱りん法（HAP法、MAP法）

回収対象：二次処理水、汚泥処理返流水や消化汚泥

生成物：二次処理水を対象とするHAP法の場合はりん酸カルシウム、りん及びアンモニア濃度の高い汚泥処理返流水等を対象とするMAP法の場合はりん酸マグネシウムアンモニウム（MAP）が生成される。

処理フロー及び必要設備：HAP法では低pH条件下で脱炭酸する脱炭酸塔と晶析槽、そして晶析槽へのカルシウム添加設備が必要である。MAP法では晶析槽とマグネシウム添加設備が必要である。

③吸着脱りん法

回収対象：二次処理水を対象とする。

生成物：吸着剤にりんが吸着した状態で生成され、脱着液により脱着され、りん酸塩の形で回収される。

処理フロー及び必要設備：吸着塔で吸着されたりんに脱着液を加えて脱着させ、晶析槽でカルシウムを添加しでHAPとして回収する。

以上

●裏面は使用しないで下さい。　●裏面に記載された解答は無効とします。

（S.K・コンサルタント）24字×24行

参考文献：『下水道施設　計画・設計指針と解説　後編』（2019年版）日本下水道協会、p.320
『下水道におけるりん資源化の手引き』（平成22年3月）国土交通省都市・地域整備局下水道部、p.87

設問 8

下水汚泥を肥料として緑農地利用する場合について、留意事項を述べるとともに、利用形態を2つ挙げてそれぞれの特徴を述べよ。

○受験番号、答案使用枚数、選択科目及び専門とする事項の欄は必ず記入すること。

1. 肥料として緑農地利用する場合の留意事項

緑農地利用を行う下水汚泥は、肥料取締法に基づく肥料の公定規格に適合するものでなければならず、その肥料に含有する成分量を表示する義務がある。また、緑農地への利用に際しては、土壌中の重金属等の蓄積による作物の生成への影響を防止するため、管理基準に留意する必要がある。

2. 汚泥の利用形態

汚泥の利用形態は5種類あり、施用する土地の状況や利用者側の使用方法を考慮して定める。

(1) 下水汚泥コンポスト

汚泥中の有機物を好気性微生物により分解・安定化する。コンポスト化に伴う発酵熱により、汚泥中に残存する病原生物等が死滅し、汚泥の水分が蒸発して減少すると共にケーキ状から粒状に形態が変化する。施用後急激に分解して植物の育成に悪影響を及ぼすことがなく、脱水汚泥と比較して、運搬、貯留、保管等の作業性、安全性及び取扱い性が改善される。

(2) 乾燥汚泥

乾燥時の高温により病原生物を不活性化する。乾燥工程は、脱水汚泥の含有水分を蒸発させるのが目的で、汚泥中の有機分は減少しない。このため、有機物等の安定化が十分ではなく、施用後の急激な分解により、作物の生育障害を起こすことがあるため、乾燥汚泥には消化汚泥を用いるのが良い。

以上

●裏面は使用しないで下さい。　●裏面に記載された解答は無効とします。

（TY・コンサルタント）24字×25行

参考文献：「下水道施設計画・設計指針と解説（後編）2009年版」日本下水道協会

応用能力を問う問題

設問 1

A市は、下水道の整備を開始してから45年が経過する。下水道管の老朽化や腐食の進行が想定される下水道整備区域において、修繕や改築を計画的かつ効率的に行うための実施計画の策定が求められている。

あなたが、この業務の担当責任者に選ばれた場合、以下の内容について記述せよ。 [R5出題問題]

(1) 点検・調査手法と、その結果を踏まえて検討すべき事項とその内容について記述せよ。

(2) 修繕か改築かの選択に際して、業務を進める手順とその際の留意点、工夫を要する点を含めて述べよ。

(3) 業務を効率的、効果的に進めるため、関係者と調整する内容とその方策について述べよ。

○受験番号、答案使用枚数、選択科目及び専門とする事項の欄は必ず記入すること。

(1) 点検・調査手法及び検討事項と内容

下水道施設の修繕や改築を計画的に行うためには、施設の状態を点検・調査等によって客観的に把握、評価し、長期的な施設の状態を予測しながら、点検・調査、修繕・改築を一体的に捉えて下水道施設を計画的かつ効率的に管理する必要がある。

点検手法：管内目視や管口カメラ等による方法があり、管路施設が埋設された道路の状態、マンホールの蓋の状態、マンホールの内面及びマンホールから目視できる範囲の管きょの内面や堆積物あるいは下水の流下状況を観察できる方法を選定する。

調査手法：調査は視覚調査を基本とし、必要に応じて詳細調査を実施する。視覚調査には、マンホールを対象としたマンホール目視調査のほか、主に口径800mm以上の中大口径管きょを対象とした潜行目視調査と、口径800mm未満の小口径管きょを対象としたテレビカメラ調査がある。

点検・調査結果を踏まえた検討事項及び内容：把握した施設の状態を踏まえて、対象施設、実施時期・方法、概算費用等の内容を取りまとめ、短期・長期の修繕・改築計画を策定する。

(2) 修繕・改築の選択及び業務手順・留意点・工夫点

修繕の目的は、事故を未然に防止するとともに耐用年数の期間中の機能を維持することで、改築の目的は事故を未然に防止するとともに、ライフサイクルコストの低減及び流下機能の維持・向上等を実現することである。修繕か改築かの選択における業務手順及び留意点・工夫点を以下に示す。

業務手順：①対象とする施設を選定する。②日常の維持管理等で得られた情報や定期的な点検調査記録等をもとに既存施設の情報を整理する。③施設の健全度（破損状況、浸入水の有無等）や重要度（拠点施設等）を評価するなどの診断を実施する。④その結果、物理的・機能的に改築が必要な場合は「改築」を選択し、改築が不要な場合は「修繕」を選択する。

留意点及び工夫点：改築を行う場合は布設替えか更生工法を行うか、既設管きょの状況、現場条件、維持管理への影響等を十分勘案し、安全かつ経済性に優れた工法を選定することに留意する。必要に応じ、効率的な維持管理の観点から管きょルートの変更や統廃合を検討するなどの工夫も必要である。

(3) 関係者との調整内容及び方策

計画的維持管理を着実に実施するために、使用者である住民や関係機関へ施設管理に関する情報を分かり易い形で提供し意見聴取に努め、理解と協力を得ることが重要である。例えば、住民へは下水道施設の現状、将来の目標とその進捗状況、計画実施による成果等をパンフレット等で取りまとめ、財務部局等へは投資の必要性、改築事業の効果等の説明資料を作成し、下水道事業に関する理解と協力を得る必要がある。　以上

●裏面は使用しないで下さい。　●裏面に記載された解答は無効とします。　(TO・コンサルタント) 24字×50行

参考文献：『下水道事業のストックマネジメント実施に関するガイドライン』(令和4年3月改定)
国土交通省　水管理・国土保全局下水道部、国土交通省　国土技術政策総合研究所
下水道研究部
『下水道維持管理指針　実務編』(2014年版) 日本下水道協会

設問 2

近年、全国で発生している災害を受け、国では「防災減災、国土強靭化のための５か年加速化対策」を実施している。

このような状況において、B市では古くから下水道整備が進み、多くのストックを保有する中、豪雨による洪水や内水氾濫の被害が想定されている。また、大規模地震による被害も想定されていることから、下水道事業において災害を未然に軽減防止する対策計画の策定が急務となっている。

あなたは、この災害軽減防止対策計画を策定する業務の担当として選ばれた場合、以下の内容について記述せよ。［R5出題問題］

(1) 調査検討すべき事項とその内容について説明せよ。
(2) 災害軽減防止対策の項目を業務遂行順に列挙して、その項目ごとに留意すべき点、工夫を要する点を述べよ。
(3) 業務を効率的、効果的に進めるため、関係者と調整する内容とその方策について述べよ。

○受験番号、答案使用枚数、選択科目及び専門とする事項の欄は必ず記入すること。

(1) 調査検討すべき事項とその内容

近年、風水害、大規模地震等の自然災害の発生により甚大な被害をもたらしている。下水道施設は、住民生活、社会経済活動を支える社会基盤であり、同施設が被災した場合でも、迅速かつ高いレベルで下水道が果たすべき機能を維持・回復する必要がある。そのため、下水道事業において災害を未然に軽減防止する対策計画の策定（下水道BCP策定）を進める必要がある。

調査すべき事項としては、対象とする地震・津波、水害、降灰の規模について、地域防災計画等を基本とするが、地域の実情を踏まえた災害規模等を設定する。検討すべき内容として、優先実施業務に対し、ヒト・モノ等のリソースを踏まえた対応可能な業務量等を把握した上で、許容中断時間を設定し、対応の目標時間を決定する必要がある。

(2) 業務遂行順と留意・工夫点

1）業務手順

災害軽減防止対策業務（下水道BCP策定）は次に示す順に実施する。

業務手順：①業務継続の検討、②事前対策計画策定、

③非常時対応計画策定、④訓練・維持改善計画策定。
2）業務手順の留意点と工夫点
①業務継続の検討において、優先実施業務は、生命、財産、生活及び社会経済活動への影響等、社会的影響の度合いが大きい業務を選定することに留意する。対応の目標時間の決定については、業務遅延による社会的影響等が最小となるよう中断時間を短縮する等の工夫が必要である。
②下水道機能の維持・回復を図るために必要な事前対策をリストアップし、実施予定時期等を明確化した上で、対策が可能なものから速やかに実施していくことに留意する。調査及び応急復旧に必要な資機材の確保は、被害想定により異なるため保管場所、補完方法等を、工夫する。
③発災後は、被害が標準的な行動内容と大きく異なる場合が想定され、地震・津波、水害、降灰の特定状況毎の作成に留意する。被災時の迅速な対応のため文書類の参照方法（クラウドの活用等）を工夫する。
④定期的に訓練を立案し実施することで下水道BCPの定着を図り、習熟度に応じた訓練計画を作成することに留意する。下水道BCPの最新性を保つため、人事異動等による情報の伝達と周知が図れるように、策定体制・運用体制を工夫する必要がある。
(3) 関係者との調整内容と方策
　下水道部局長がリーダーシップを発揮し、下水道部局が主体となる必要があり、さらに計画策定段階より防災、河川、道路等の他部局、消防、警察等の関係者が参画することで実践的な計画となる。また、策定した下水道BCPを関係者と訓練し定着させることで、確実に災害対応力を高めていくことが可能となる。以上

●裏面は使用しないで下さい。　●裏面に記載された解答は無効とします。　（TM・コンサルタント）24字×50行

参考文献：『下水道ＢＣＰ策定マニュアル 2022年版』（令和５年４月）国土交通省水管理・国土保全局下水道部

設問 3

近年、水災害の激甚化・頻発化とともに、気候変動の影響による降雨量の増加が見込まれている。そのため、流域全体を、あらゆる関係者が協働して取り組む流域治水の実効性を高めていく必要がある。また、水防法の改正により、下水道の浸水対策では、浸水シミュレーションを活用した想定最大規模降雨に対する雨水出水浸水想定区域図を策定することとなった。あなたが業務責任者として選任された場合、下記の内容について記述せよ。 [予想問題]

(1) 調査、検討すべき事項とその内容について説明せよ。

(2) 業務を進める手順を列挙して、それぞれの項目ごとに留意すべき点、工夫を要する点を述べよ。

(3) 業務を効率的、効果的に進めるための関係者との調整方策について述べよ。

○受験番号、答案使用枚数、選択科目及び専門とする事項の欄は必ず記入すること。

(1) 調査、検討すべき事項とその内容

雨水出水浸水想定区域図は、想定し得る最大規模の降雨（想定最大規模降雨）による内水氾濫の状況を浸水シミュレーションすることで作成した図である。雨水出水浸水想定区域図の作成においては、浸水シミュレーションモデルの精度の確保が求められる。対象域において、下水道等の排水施設、過去の浸水状況、地域特性等のデータの有無、整理状況を調査する必要がある。また、雨水出水浸水想定区域図に記載すべき項目として、浸水深、浸水継続時間等だけでなく、地域住民へ伝えるべき浸水情報を十分検討し決定する必要がある。

(2) 業務手順とそれらの留意点と工夫点

1) 業務手順

業務は次に示す順に実施する。①基礎調査②浸水シミュレーションモデルの構築・妥当性確認③浸水シミュレーションの実施④雨水出水浸水想定区域図の作成。

2) 業務手順の留意点と工夫点

①：下水道等の排水施設、浸水実績等、幅広く情報収集することに留意する。浸水実績を収集する場合、浸水範囲だけでなく、浸水深、浸水状況の時系列情報、浸水時の写真、洪水・内水等の浸水要因、水防活動状況等、幅広い情報収集が有効となる。浸水常襲地区等

においては、予め地域住民に依頼する等、工夫する。
②：選定する浸水想定手法に留意する。浸水想定手法は浸水シミュレーションを原則とするが、データが不十分、早急に作成が困難な場合等、モデル構築方法を工夫する。具体的には、管渠モデルを構築しない簡易手法（簡易モデル）の活用である。ただし、簡易モデルでは、施設の排水能力の評価方法により解析精度が左右される等、適用条件を考慮する必要がある。
③：シミュレーション条件である想定最大規模降雨、放流先河川等の水位の設定方法等に留意する。放流先河川等の水位波形設定については、ピーク水位を一定にするか、変動設定とするか等、過去の内水氾濫による実績を踏まえ設定方法を工夫する。
④：地域住民への情報の伝え方・分かりやすさに留意し、WebGISの活用、外国語版の作成等、工夫する。

(3) 関係者との調整方策

効率的、効果的な関係者との調整方策について、①防災部局、②地域住民それぞれの視点で挙げる。
①防災部局：水災害に強い防災まちづくりに必要な情報発信のため、作成段階より連携し、記載すべき項目等の意見交換をすることで、避難に資する有効な情報を反映した雨水出水浸水想定区域図を作成することが可能となる。
②地域住民：防災意識の向上のため、防災訓練等で雨水出水浸水想定区域図を活用し、適切な避難行動に役立つか等、住民意見を集約・反映することで実践的な雨水出水浸水想定区域図となる。　以上

●裏面は使用しないで下さい。　●裏面に記載された解答は無効とします。　（TM・コンサルタント）24字×50行

参考文献：『内水浸水想定区域図作成マニュアル（案）』（令和3年7月）国土交通省水管理・国土保全局下水道部
『流出解析モデル利活用マニュアル』（2017年3月）財団法人 下水道新技術推進機構

設問 4

A市（人口20万人）では、複数の農業集落排水施設の更新時期が近づいており、これらを更新するか、廃棄して公共下水道（面整備は完了）のB処理場（標準活性汚泥法、現有処理能力6万m³/日、供用開始後20年）に統合するかについて検討して下水道の事業計画を策定する必要がある。

統合した場合の流入水量は、現在のB処理場の処理能力を一時的に超えることになるが、中長期的な人口減少により、比較的近い将来には現状の能力範囲内におさまることが見込まれている。また、統合しない場合は、それぞれの施設において流入水量の減少がすぐに見込まれている。このような条件下で、将来にわたり全体として効率的に汚水の処理を実施するための計画を策定するに当たり、以下の問いに答えよ。　［以上は、H28出題問題］

あなたが業務責任者として選任された場合、下記の内容について記述せよ。　［予想問題］

（1）調査・検討すべき事項とその内容について、説明せよ
（2）業務を進める手順を列挙して、それぞれの項目ごとに留意すべき点、工夫を要する点を述べよ
（3）業務を効率的、効果的に進めるための関係者との調整方策について述べよ

○受験番号、答案使用枚数、選択科目及び専門とする事項の欄は必ず記入すること。

(1)調査・検討すべき事項と内容
基礎調査：地理的条件、農集排施設の現状
農集排及び下水処理場の流入水量：現状と減少予測
下水処理場の処理能力把握と統合後の流入水質予測
下水処理場の受入可能年次：能力余裕と受入水量
送水量：農集排からの送水量と平滑化可能性
投入点：既設管きょ能力
統合と非統合の経済比較：統合の妥当性確認
(2)業務手順、留意点、工夫点
手順1.基礎調査
①地理的条件【留意点】両施設間の汚水送水ルート、距離、縦断等。【工夫点】河川、国道の横断条件。
②農集排施設の現状　（経営面）【留意点】年間処理水量、維持管理費【工夫点】異常年除外の為、10年間程度のデータを使用。（施設設備面）【留意点】「減価償却資産の耐用年数等に関する省令」で、廃止／活

用の判別。【工夫点】施設と設備を別に判別する。
手順2.農集排及び下水処理場の流入水量の減少予測
【留意点】生活汚水量は人口減少と原単位減少の両面から予測する。【工夫点】生活様式の影響も分析する。
手順3.下水処理場の処理能力の把握と流入水質予測
①下水処理場の処理能力【留意点】実績放流水質の最大値＜計画放流水質であるデータを使用する。【工夫点】反応タンクの評価は、SRTが数日オーダーであるため、月平均値データを使用する。
②流入水質予測【留意点】統合後の流入水質が上昇の場合、水処理施設能力が不足する。【工夫点】A-SRTの低下に対してMLSS濃度の上昇で対応する。
手順4.受入可能年次の把握
【留意点】下水処理場の能力余裕＞＝農集排からの流入水量を満たす年次とする。【工夫点】農集排設備の一部長寿命化、他農集排への一部汚水の移送など。
手順5.送水量の検討
【留意点】送水量が少ない程、処理場の上流側での接続となり、送水管きょは短縮可能である点に注目する。
【工夫点】農集排の廃止躯体を水量調整池とし、時間最大水量を平滑化して送水する。
手順6.投入点の検討【留意点】受入可能年次の送水量を追加流下可能な既設管きょ（接続点）を複数選択する。【工夫点】耐震性高い管きょを優先し、硫化水素臭や腐食の影響の少ない地点を優先する。
手順7.統合と非統合の経済比較
【留意点】両案の経済比較を、建設費、維持管理費で行い、統合の経済性を確認する。【工夫点】処理単価及び、標準世帯の月額使用料を算定する。
(3) 関係者との調整方策
　統合先の処理場管理者・職員は、作業増を懸念するが、作業量に見合う増員を行う。廃止側の職員には、希望職場への異動を行う。下水道使用者と議会には、下水道料金の不変を提示する。
以上

●裏面は使用しないで下さい。　●裏面に記載された解答は無効とします。　（YS・コンサルタント）24字×50行

参考文献：「下水道施設計画・設計指針と解説」日本下水道協会、他

設問 5

分流式下水道を採用している地方公共団体において、施設の老朽化の進行や地震等の被災、高強度降雨の増加等に伴い、雨天時に下水の流量が増加し、汚水管等からの溢水や宅内への逆流など雨天時浸入水に起因する事象が発生している。

このような状況の中、効果的かつ効率的な対策するため「雨天時浸入水対策計画の策定」をすることになった。あなたがこの業務の担当者に選ばれた場合、下記の内容について記述せよ。［予想問題］

（1）調査、検討すべき事項とその内容について説明せよ。

（2）業務を進める手順を列挙して、それぞれの項目ごとに留意すべき点、工夫を要する点を述べよ。

（3）業務を効率的、効果的に進めるための関係者との調整方策について述べよ。

○受験番号、答案使用枚数、選択科目及び専門とする事項の欄は必ず記入すること。

（1）調査、検討すべき事項とその内容

雨天時浸入水対策計画策定の背景として、施設の老朽化、地震等による被災、高降雨強度の増加等に起因した汚水管からの溢水、宅内への逆流が発生している現状がある。さらに本事象に対し、調査・対策している地方公共団体の割合は低い状況にあり、本計画を策定し、発生源対策に加え、効果的な運転管理や施設対策等を実施していく必要がある。調査すべき事項として、発生事象に対する下水道施設の設置状況、維持管理の状況、気象状況等を調査し、発生個所・原因の把握に努める。検討すべき事項として、対策について、発生源対策、効果的な運転管理等、雨天時計画汚水量に対する総合的な対策を検討する。

なお、雨天時浸入水とは、直接浸入水と雨天時浸入地下水のことで、雨天時計画汚水量は、計画汚水量に雨天時浸入地下水量を加算して算出する。

（2）業務手順とそれらの留意点と工夫点

1）業務手順

業務は次に示す順に実施する。①現状把握（事象の把握、施設状況等の把握）、②雨天時浸入水対策計画の策定、③モニタリング・応急対策。

2）業務手順の留意点と工夫点

①雨水対策に係る計画、整備状況についても雨天時浸

入水量の増減に影響するため、収集整理することに留意する。雨天時浸入水の発生事象に対し、発生個所周辺の下水道施設の設置・維持管理状況だけでなく、当日の降雨状況等、幅広く情報収集する必要があるため、効率的な資料収集等、工夫する。

②雨天時浸入水は直接浸入水を含んでおり、雨天時浸入地下水は、それを除くことで算出される。雨天時浸入地下水の浸入率は、直接浸入水を除いており、管路施設への対策が講じられていることを前提としているため、雨天時浸入水の浸入率を踏まえることに留意する。雨天時浸入水対策では、現有施設能力を最大限発揮させるため、雨天時浸入水量、ポンプの運転状況、管路施設の水位等の観測データの蓄積を図り、運転管理手法をマニュアル整備する等、工夫する。

③設定した雨天時計画汚水量に対し、発生源対策等により、段階的に減少させていく必要があるが、事象が発生した際は、継続的に詳細状況を把握することに留意する。CAPDプロセスによる投資効果や対策の妥当性を評価した上で、効果的・効率的な対策となるよう工夫する。

(3) 関係者との調整方策

関係者との効率的、効果的な調整方策として、検討会の設置が挙げられる。雨天時浸入水は、様々な箇所から浸入し、その範囲も広範囲であることが想定されるため、県・関係市町村が課題を検討会で共有することで、連携・協業していく必要がある。　　　　以上

●裏面は使用しないで下さい。　●裏面に記載された解答は無効とします。　（TM・コンサルタント）24字×49行

参考文献：雨天時浸入水対策ガイドライン（案）』（令和2年1月）国土交通省水管理・国土保全局下水道部

設問 6

令和３年６月の瀬戸内海環境保全特別措置法の改正により「栄養塩類管理制度」が創設されるなど、生物多様性の確保・水産資源の持続的な利用の観点から「きれいな」だけでなく「豊かな」水環境を求めるニーズが高まっている状況にある。

このような中で、下水処理水放流先のアサリやノリ養殖業等に配慮し、関係機関からの要請に基づき、冬季に下水処理水中の栄養塩類（窒素やりん）濃度を上げることで不足する窒素やりんを水域へ供給する能動的運転管理の取組が進められてきている。

あなたが能動的運転管理を推進する業務責任者として選任された場合、下記の内容について記述せよ。　［予想問題］

（1）調査、検討すべき事項とその内容について説明せよ。

（2）業務を進める手順を列挙して、それぞれの項目ごとに留意すべき点、工夫を要する点を述べよ。

（3）業務を効率的、効果的に進めるための関係者との調整方策について述べよ。

○受験番号、答案使用枚数、選択科目及び専門とする事項の欄は必ず記入すること。

(1) 調査、検討すべき事項とその内容

調査検討すべき事項は以下の通りである。

(a) 基本事項の確認

法令や関連計画等の確認、放流先の状況の確認、処理場の現状確認（処理成績、施設・設備）を行う。

(b) 試運転案の策定

栄養塩増加手法の選定、排出目標値の設定を行う。

(c) 運転ルールの検討

年間の運転サイクルの設定、放流水質管理値、運転指標管理値の設定、水質悪化時の対応を行う。

(d) 能動的運転管理の試行

試運転を行いPDCAサイクルに基づき試行する。

(e) 栄養塩類増加状況の確認と効果の検証

処理水質の評価や放流先のモニタリングを行う。

(f) 流総計画などへの位置付け

本運用として季節別処理水質を定める等を行う。

(2) 業務を進める手順、留意すべき点、工夫を要する点

(a) 基本事項の確認

留意すべき点：水質環境基準の達成・維持が担保でき

ること、周辺水質等へ大きな影響が想定されないこと
工夫を要する点：既存施設で操作可能な運転操作項目とその操作範囲を把握すること。
(b) **試運転案の策定**
留意すべき点：N：硝化抑制／脱窒抑制の採否検討、P：凝集剤添加率削減／生物リン除去抑制の採否検討。
工夫を要する点：脱窒抑制の場合の窒素ガスによる汚泥浮上対策、pH低下防止策。
(c) **運転ルールの検討**
留意すべき点：移行期と回復期の放流水質不安定化や水質悪化時の対策方針検討に留意する。
工夫を要する点：栄養塩類の偏在化による赤潮リスクを考慮するなど、きめ細やかな管理が必要。
(d) **能動的運転管理の試行**
留意すべき点：活性汚泥沈降性悪化、処理水質の悪化
工夫を要する点：PDCAサイクルに基づき、試運転案や運転ルールの修正を行う。
(e) **栄養塩類増加状況の確認と効果の検証**
留意すべき点：放流先のモニタリングを行い情報蓄積。
工夫を要する点：導入段階に応じた評価指標の設定

(3) 業務を効率的、効果的に進めるための関係者との調整方策

業務を効率的、効果的に進めるためには、地域のニーズや要望を踏まえ、海域に望ましい栄養塩類濃度を設定する必要がある。これらを協議するために、放流先の漁業関係者や関係機関からなる協議会の設置を図る。協議会での情報共有や議論を通じて、栄養塩類増加の目的や、対象とする栄養塩類、実施機関などについて、関係者間の合意形成を図ることが望ましい。

以上

●裏面は使用しないで下さい。　●裏面に記載された解答は無効とします。　（KN・プラントメーカー）24字×50行

参考文献：『栄養塩類の能動的運転管理の効果的な実施に向けたガイドライン（案）』令和5年3月、国土交通省　水管理・国土保全局　下水道部
『栄養塩類の能動的運転管理に関する事例集』令和3年3月、国土交通省　水管理・国土保全局　下水道部

問題解決能力及び課題遂行能力を問う問題

設問 1

A市のB処理場は、供用開始から100年が経過している。躯体の劣化に対して補修工事などにより老朽化対策を実施してきたが、水処理施設の大半が建設から50年以上が経過しており、抜本的な施設再構築が必要となっている。

現況の躯体は耐力が不足しているが、常時下水が流入する中、複数施設で耐震化が不可能となっている。また、流入水質は全窒素が高いが、反応タンクのHRTが短く、放流水質の管理が難しくなっている。近年は大規模水害に対して、水処理機能の維持、早期回復のための施設の耐水化も求められている。

B処理場の計画処理能力は50万m^3/日となっているが、晴天日の日最大汚水量の実績値とほぼ同等の値となっており、用地も余裕がない状況である。そこで近隣の処理場への一部編入の可能性を含め、B処理場の再構築を検討することとした。

こうした状況を踏まえ、B処理場を再構築する技術者として、以下の問いに答えよ。［R5出題問題］

（1）B処理場の再構築を検討するに当たり、技術者としての立場で多面的な観点（ただし、費用面は除く）から重要な課題を3つ抽出し、その内容を観点とともに述べよ。

（2）抽出した課題のうち最も重要と考える課題を1つ挙げ、その課題に対する複数の解決策を示せ。

（3）解決策に共通して新たに生じうるリスクとそれへの対策について、専門技術を踏まえた考えを示せ。

○受験番号、答案使用枚数、選択科目及び専門とする事項の欄は必ず記入すること。

1. 費用面を除く多面的観点からの3つの重要課題

　施設の大半が50年以上経過し、計画処理能力が50万m^3/日（5万m^3/日×10系列と想定）であることから、B処理場は昭和40年頃に概成した沿岸部に位置する政令指定都市の標準活性汚泥法の処理場と想定する。

（1）【放流水質確保の観点】再構築期間中に放流水質の確保が困難である

　流入全窒素濃度が高く、反応タンクのHRTが短いため、放流水質の管理が困難である。また、晴天日の日最大汚水量（実績）＝計画処理能力のため、既存施設に余裕はない。再構築は系列別に段階的に行うが、必ず休止施設が生じるため、再構築期間中には、放流水質が基準値を上回る可能性がある。

(2)【施工計画の観点】用地に余裕が無く段階施工が困難である

政令指定都市の周辺は民有地であることが多いため、施工中の借地や用地拡大は困難であり、施工ヤードや資材を仮置きするスペースの確保が出来ない。段階的な施工となり、多数の工事車両が頻繁に出入りする工事期間が長期に渡るため、周辺道路の交通渋滞や騒音などによる、周辺住民からの苦情発生の可能性がある。

(3)【災害対応の観点】災害レジリエンス対策が困難である

老朽化が進行している既存施設の処理能力に余裕がないため、一部施設を休止させての耐震化や耐水化を実施することが出来ず、台風に起因する大規模水害や地震時及び津波発生時に水処理機能を維持することが困難である。一方で、水処理機能喪失後の応急復旧段階における対策手法も検討されていないため、公衆衛生確保ならびに放流先水域への影響軽減を図ることが出来ず、一刻の猶予もない状況である。

2. 最も重要と考える課題及びその複数の対応策

(1) 最も重要と考える課題

再構築期間中の放流水質の確保である。

(2) 最重要課題に対する複数の解決策

解決策①：近隣処理場とのネットワーク化

B処理場1系列分を近隣処理場へ送水することが可能か、近隣処理場の現有処理能力と既設管路の流下能力を適切に評価する。流下能力が不足する箇所については、再構築のためのネットワーク管路を整備する。将来は、汚泥の集中処理や災害時及び近隣処理場の再構築時のネットワーク管として流用する計画に位置付ける。1系列分の送水量は、日最大5万m^3/日、時間最大6.25万m^3/日であり、圧送管とする場合は、ϕ800mm程度になる。既設地下埋設物の状況を踏まえて整備可能性を検討する。

解決策②：膜分離活性汚泥法の採用による水処理施設の省面積化と高度処理化

　ネットワーク化により、休止が可能となる1系列に対して、膜分離活性汚泥法を導入する。同法は、生物反応タンク（好気タンク）内に設置する膜ユニットで固液分離を行い、生物学的硝化脱窒反応により窒素除去が可能とでき、放流水質の管理を容易にできる。また、反応タンクのHRTは、標準活性汚泥法の反応タンクと同程度であり、最終沈殿池は不要となるため、系列毎の再構築の途中段階から、用地内にスペースを確保できる。空きスペースは耐震性能を有する管理本館や最新の汚泥施設の再構築用地、また、再エネ施設導入用地として活用できるため、処理場全体のレジリエンス強化やカーボンニュートラルに寄与できる。

解決策③：既設水処理施設能力アップによる工期短縮

　膜分離活性汚泥法を複数系列同時に設置し、再構築期間を短縮させるために、既存施設の複数系列にステップエアレーション法を導入する暫定計画を検討する。同法は、標準法と同じ返送率でもステップ投入し、MLSSの平均濃度を高くすることで処理水量の増加を実現し、休止系列を増やすことが可能となる。

3. 解決策に共通して新たに生じるリスクと対策

リスク：当該処理場においては未経験の技術を段階的に導入するため、ヒューマンエラーが発生する。

リスク対策

　類似の再構築計画を実施した先行自治体と技術職員の交流を行い、経験不足を補う。また、蓄積したデータを活用し、運転管理経験不足の補完が可能なICT/IoTシステムを計画段階から考慮する。　以上

●裏面は使用しないで下さい。　●裏面に記載された解答は無効とします。　（MI・コンサルタント）24字×75行

設問 2

輸入依存度の高い肥料原料の価格が高騰する中、下水汚泥資源の肥料活用が注目されている。A市は、下水汚泥全量を焼却処理してきたが、焼却炉の更新計画において下水汚泥の肥料化について検討を行うこととなった。A市では、畑作を中心に平均的な耕地面積を有しているが、下水由来の肥料が流通した実績は無い。こうした状況を踏まえ、下水道の技術者として下水汚泥の肥料利用を計画するに当たり、以下の問いに答えよ。 [R5出題問題]

(1) 肥料利用を計画するに当たり、技術者としての立場で技術面、利用面等の多面的な観点（ただし、費用面を除く）から重要な課題を3つ抽出し、その内容を観点と共に述べよ。

(2) 抽出した課題のうち最も重要と考える課題を1つ挙げ、その課題に対する複数の解決策を示せ。

(3) 解決策に共通して生じうるリスクとそれへの対策について、専門技術を踏まえた考えを示せ。

○受験番号、答案使用枚数、選択科目及び専門とする事項の欄は必ず記入すること。

(1) 肥料利用計画にあたり重要な課題

下水道の技術者として、コンポスト化や乾燥による下水汚泥の肥料利用を計画するに当たっては以下の3つの点を重要な課題として検討する。

(a) 需要の確保（流通面）

肥料利用計画においては、従来の廃棄物処理の観点から脱却し、下水汚泥を原料とした肥料製造事業として、市場性の観点から検討を行うことが必要である。

特にA市では過去に下水由来の肥料が流通した実績が無いことから、需要が顕在化していないため、潜在的な需要量や需要先などのニーズ調査を実施する。

また、現状の肥料流通ルートや季節による需要変動など、販売効率についても十分調査する。

最後に、近隣市町村等を含む経済圏において競合する民間堆肥化施設の有無や稼働状況や、長期的な観点での下水汚泥の安定処分先の確保など事業環境について検討を行う。

(b) 施肥効果と安全性の確保（利用面）

下水汚泥の肥料利用においては、基本的に農家等の利用者の観点からの検討も重要な課題である。

具体的には、下水汚泥中の肥効成分や地域で栽培されている作物の種類による適否と施肥効果などについて検討する。次に、下水汚泥中の重金属含有量や、安心して使用してもらうための品質管理手法の検討を行う。その際には、乾燥による成分の濃縮を考慮する。
　最後に、利用者が利用しやすい肥料の形態や、運搬方法、貯蔵方法など取り扱い性に関する検討を行う。ただし、取り扱い性を向上させれば需要は増えるが、製造コストも増大することに留意が必要である。
(c)　肥料化施設の悪影響（技術面）
　肥料利用を計画するに当たり重要な課題として、環境影響の観点も重要である。特に、肥料化施設から発生する悪臭が周辺住民に与える影響の有無やその程度を十分検討し、必要な対策を講じることが求められる。
(2)　最も重要と考える課題と複数の解決策
　下水汚泥の肥料利用を計画するにあたり最も重要と考える課題は(a)施肥効果と安全性の確保である。具体的には、重金属や肥効成分等の分析、施用方法の検討、肥料の品質の確保等に関する法律に基づく肥料登録があげられる。
(a)　汚泥成分の分析
　汚泥成分の分析は肥効成分の分析と重金属等有害物質の分析からなる。下水肥効の肥効成分は主に窒素とリンであるが、窒素については堆肥化のプロセスでアンモニアとして一部揮散する場合があることに留意が必要である。また、一般的に原料汚泥が発酵する過程で発熱により水分量が減少するため製品肥料中の各成分濃度は原料汚泥と比べて濃縮される。重金属については、原料汚泥に関する産業廃棄物に関する省令に準拠した分析を行ったうえで、乾燥による製品肥料における濃縮を考慮し、製品肥料中の重金属濃度を想定する。
(b)　施用方法の検討
　施肥効果は肥料単独で効果を発揮されるものではないため、関係機関と連携して施用先の土壌調査を行ったり文献調査を行うことが望ましい。これをもとに、地域や作物等の実情に応じた施肥基準を検討されれば利用者にとって利用しやすいものとなる。

（c）　肥料取締法に基づく肥料登録

　下水汚泥の緑農地利用の観点から肥料登録は必須要件ではないものの、利用者の観点からは肥料登録を行い肥料として流通される製品への信頼度は高いと思われるため、肥料登録することが望ましい。

(3)　解決策に共通して生じうるリスクとその対策

　以上記した様々な科学的見地に基づく対策を実施したとしても、下水由来の肥料に対するネガティブなイメージがつきまとうリスクは否めない。

　これに対して対策を検討する。

・農業関係部局・農業者との連携
・イメージ・認知度の向上策
・複数の処分先を確保し生産量を調整可能とする
・ふるい分け・造粒・袋詰め等利便性の向上
・定期的なサンプル分析と情報公開で透明性の確保

以上

●裏面は使用しないで下さい。　●裏面に記載された解答は無効とします。　（KN・プラントメーカー）24字×74行

参考文献：『下水道施設計画・設計指針と解説、2019』日本下水道協会、2019、後編 pp583-596
『下水汚泥有効利用促進マニュアル』日本下水道協会、2015
『発生汚泥等の処理に関する基本的考え方について（告示・通達）』国水下企第99号　令和5年3月17日、国土交通省 水管理・国土保全局下水道部
『下水汚泥資源の肥料利用の拡大に向けた検討について（依頼）』事務連絡　令和5年4月20日、国土交通省 水管理・国土保全局下水道部

設問 3

2050年カーボンニュートラルに向けて欧米先進諸国が2030年までの目標設定にコミットする中、我が国においても温室効果ガスの排出削減に関する2030年度の中期目標として、従来の2013年度比26%削減の目標を7割以上引き上げる46%削減を目指し、さらに、50%削減に向けて挑戦を続けることとしている。地方のある中核都市A市の下水道事業においても、脱炭素社会への貢献を目指し、下水道の様々なポテンシャルを最大限活用し、取組の加速化・連携拡大に向けた環境整備を進めることとなった。あなたがグリーンイノベーションを進める責任者の立場として、以下の問いに答えよ。 ［予想問題］

(1) グリーンイノベーションの加速化・連携拡大を進めるに当たり、技術者としての立場で多面的な観点から課題を3つ抽出し、それぞれの観点を明記したうえで、課題の内容を示せ。

(2) 抽出した課題のうち最も重要と考える課題を1つ挙げ、その課題に対する複数の解決策を示せ。

(3) 前問（2）で示したすべての解決策を実行しても新たに生じうるリスクとそれへの対策について示せ。

○受験番号、答案使用枚数、選択科目及び専門とする事項の欄は必ず記入すること。

(1) グリーンイノベーション加速化・連携拡大にあたる課題

①下水道が有するポテンシャル活用に関する課題

下水道全体の水・資源・エネルギーポテンシャルを最大限活用し、地域へ供給・循環することで、循環型社会を構築し下水道の付加価値を高めるとともに、新たな収益源として下水道事業の持続性を向上させる必要がある。

②温室効果ガス削減に関する課題

下水道は約600万t-CO_2の温室効果ガスを排出しており、地方公共団体の事務事業の中において大きな割合を占めるため、下水道における排出削減は、事務事業全体の削減に大きく寄与する。化石燃料エネルギー使用量の段階的削減と再生可能エネルギーの徹底活用を図り、エネルギー消費と温室効果ガス排出を効率的に削減し、クリーンエネルギー利用への転換を進める必要がある。

③関連機関との連携に関する課題

カーボンニュートラル実現に不可欠な技術革新を進めていくにあたり、人口減少が進展する中にあっても効率的・効果的な取組や新たな貢献を追求していく必要がある。

(2) 最も重要と考える課題とその解決策

前述した、グリーンイノベーション加速化・連携拡大に関する課題の中で、私が最も重要と考える課題は、温室効果ガス削減に関する課題である。当該課題に対する解決策は以下の通りである。

① ポテンシャル・取組の見える化

各処理場の水・資源・エネルギーのポテンシャルやその利活用の状況、温室効果ガス排出や削減に向けた取組状況、各種の連携状況、他分野への貢献度等、脱炭素化に向け下水道事業のあらゆる「見える化」に取り組む。これにより、各地方公共団体において、類似団体やトップランナーとの比較等により、自らの取組状況を再認識するとともに、効果的な取組事例を参考に、地域や事業の特性に応じた最適な取組を推進することにつなげる。また、企業等からの様々なソリューション提案を容易にすることで、多様な主体との連携につなげる。取組方針や進捗について、下水道使用料を負担する市民にとってもわかりやすく見える化することで、地域住民の理解促進を図り、地域における下水道の魅力向上にもつなげる。

② 戦略的な脱炭素化

下水道システムは水処理工程と汚泥処理工程が相互に影響するなど、それぞれの取組がつながって効果を発揮するため、個別機器ごとに高効率化を図るだけではなく、下水道システム全体を捉え、計画的に施設更新を行うなど、効率的かつ効果的に脱炭素化を進める。

③ デジタル技術の活用

ICTやAI等、デジタル技術の活用は、エネルギー消費の見える化等、より効率的・効果的な下水処理システムを下支えする基盤となることから、下水道のデジタルトランスフォーメーションを加速していく。

(3) 新たに生じうるリスクとその対策

① 新たに生じうるリスク

資源・エネルギーの利活用に向けては、脱炭素化に資する技術の導入を加速させる必要があるが、一定規模の投資が必要であり、費用対効果が得られないリスクが生じる可能性がある。

②リスクに対する対策

　資源・エネルギーの利活用に向けて事業採算性を確保するためには、中長期的な汚水量の動向も踏まえながら既存ストックの余裕能力の活用によるスケールメリットを活かすことが重要な手法の一つであり、汚泥処理の共同化や地域における廃棄物処理システムをはじめ各分野等との連携を、各施設の更新時期も考慮しつつ推進する必要がある。具体例を以下に示す。

【国】バイオマス活用推進基本計画等に基づくバイオマス活用拡大に向けた取組支援を行う。

【国、地方公共団体】既存の処理能力を活用した様々な排水処理システムとの連携（食品バイオマス等）を実施する。

【国、研究機関】バイオマス活用の広域化の検討ツールを作成する。

以上

●裏面は使用しないで下さい。　●裏面に記載された解答は無効とします。　（TO・コンサルタント）24字×73行

参考文献：『脱炭素社会への貢献のあり方検討小委員会報告書』（令和４年３月）国土交通省　水管理・国土保全局　下水道部

設問 4

下水道事業においては、人口減少に伴う使用料収入の減少や施設の老朽化に伴う更新需要の拡大など、経営環境が厳しさを増している。このような中で、将来にわたり安定した事業経営を継続するため、抜本的な改革等の取組を通じ、経営基盤の強化と財政マネジメントの向上を図ることが求められている。

収支を維持することが厳しい事業環境の下水道事業体において経営戦略の改定を検討するとともに、持続可能な下水道事業の運営を担う技術者として、以下の問いに答えよ。 ［予想問題］

（1） 技術者としての立場で、多面的な観点から3つの課題を抽出し、それぞれの観点を明記したうえで、課題の内容を示せ。

（2） 前問（1）で抽出した課題のうち最も重要と考える課題を1つ挙げ、その課題に対する複数の解決策を示せ。

（3） 前問（2）で示した全ての解決策を実行しても新たに生じうるリスクとそれへの対策を、専門技術を踏まえた考えを示せ。

○受験番号、答案使用枚数、選択科目及び専門とする事項の欄は必ず記入すること。

1. 経営戦略の改定を検討する上での3つの課題

(1) 標準的な改築サイクルに基づいた将来の過剰な需要予測（投資の観点）

下水道機能不全の未然防止を図るため、ストックマネジメントを導入し、計画的な点検・調査、修繕・改築を進めている。しかし、法定耐用年数又は目標耐用年数の改築サイクルに基づいた過剰な需要予測となっており、現実的で達成可能な目標設定となっていない。

(2) 下水道経営の脆弱化（財源の観点）

下水道事業は、公営企業として独立採算の原則が適用されており、汚水排除といった受益に応じた使用料等を負担する必要がある。しかし、人口減少や節水意識の高まり等により有収水量が減少し、使用料収入の減少による下水道経営の脆弱化が見込まれる。

(3) 収支ギャップの解消が不十分（収支計画の観点）

下水道サービスを維持していくためには、資産や経営の状況、将来の見通しを的確に把握・分析し、マネジメントサイクルを通じて、収支構造の適正化に効果的な方策を着実に実施することが必要である。しかし、職員の減少や人事異動サイクルにより体制の構築が図れず、対策の進捗管理や結果検証及びPDCAサイクルの確立も遅れている。投資抑制と財源増加の視点に立った収支ギャップの定期的な解消が不十分である。

2. 最も重要と考える課題及びその複数の対応策

(1) **最も重要と考える課題**

今後、人口減少等の進む中で下水道サービスを維持するには、下水道事業の費用構造等を踏まえた「収支ギャップの解消」が最も重要な課題と考える。

(2) **課題に対する複数の解決策**

解決策①：広域化・共同化の導入、民間活力の活用等による投資削減

処理場の老朽化に伴う流域・公共下水道、農業集落排水施設の統廃合による改築・更新費用の低減、汚泥の集約処理によるスケールメリットを活かした処理費用の削減を図る。また、民間資金・ノウハウの活用が効率的・効果的であれば、PPP/PFI手法による整備を導入する。整備が概成し維持管理が主たる業務の場合、コンセッション方式の導入による運営権譲渡で投資の削減につなげる。

解決策②：下水道施設・未利用資源の有効活用による収支改善

下水道施設の処理能力を活用したし尿等の受け入れや利用されず焼却処理されていた下水汚泥を活用したたい肥化、燃料化（炭化汚泥の肥料利用、汚泥処理過程でのリン回収）、バイオガス等のエネルギー利用等に取り組み、人口減少時代の地域社会の課題解決、低炭素・循環型社会の形成に資するとともに、事業外収入の増や汚泥処理費の減を通じて下水道事業会計の収支構造の改善に寄与する。

解決策③：適切な収支構造への見直し

収益確保が見込めない場合は使用料の改定が必要である。例えば、一般会計との適正な経費負担区分を前提に公営企業として独立採算を図るためには、経費回収率を100％以上とすることが重要な指標である。利用の実態、今後の見通し、費用の構造等を踏まえ、資産維持費の導入や、基本使用料と従量使用料からなる二部使用料制を原則とし、基本使用料に配賦する固定費の割合を漸進的に高めていくのも有効である。

3. 解決策によって新たに生じるリスクとその対策

(1) リスク

　新事業の導入、収支構造の見直し等、意思決定の過程や事業の有効性について地域での理解が得られない場合、事業進捗が長期化し、下水道経営の早期改善が図れないリスクがある。

(2) リスクへの対策

　下水道の役割・効果等について、住民等に理解されるよう、日頃からの広報に力を入れるとともに、公営企業会計の適用や経営戦略の策定等を通じて経営状況の「見える化」等を図り、事業内容や使用料の妥当性等について、判断し得る情報を明らかにする。特に、使用料改定に当たっては、下水道事業の実施状況やその整備効果等をはじめ、改定に至った経緯、今後の中長期的な見通し、下水道管理者が果たしてきた経営努力、使用料改定幅の根拠等について、丁寧で分かりやすい説明を行い、理解を得る。

以上

●裏面は使用しないで下さい。　●裏面に記載された解答は無効とします。　(TY・コンサルタント) 24字×75行

参考文献：『経営戦略策定・改訂マニュアル』令和4年1月改定、総務省
『人口減少下における維持管理時代の下水道経営のあり方検討会 報告書』令和2年7月、国土交通省水管理・国土保全局下水道部
『発生汚泥等の処理に関する基本的考え方について（告示･通達）』令和5年3月17日、国土交通省 水管理・国土保全局下水道部

設問 5

近年、気候変動の影響により全国各地で水災害が激甚化・頻発化し、今後も降水量がさらに増大すること等が懸念されている。このため雨水対策施設の整備が完了した区域も含めて、降雨量の増大に対応できるように事前防災の考え方に基づいた整備を行うことが求められている。国交省は、令和３年度に流域治水関連法の一部改正を行う等、河川や下水道等の管理者主体で行う従来の治水対策に加えて、流域全体を俯瞰し、国・都道府県・市町村、企業や住民等のあらゆる関係者が協働して取り組む「流域治水」を推進している。

Ａ市（地方中核都市）では、旧市街地を中心に雨水対策を順次実施し、ある一定の効果を得てきたが、豪雨時においては、市街地低地部等にて浸水被害が発生しており、新たな浸水対策の実施が必要となっている。

こうした状況を踏まえて、以下の問いに答えよ。　［予想問題］

（1）Ａ市の雨水対策事業に関して、技術者としての立場で多面的な観点（ただし、費用面は除く）から３つの重要な課題を抽出し、それぞれの観点を明記したうえで、その課題の内容を示せ。

（2）抽出した課題のうち最も重要と考える課題を１つ挙げ、その課題に対する複数の解決策を示せ。

（3）前問（2）に示す解決策を実行しても新たに生じうるリスクとそれへの対応について示せ。

○受験番号、答案使用枚数、選択科目及び専門とする事項の欄は必ず記入すること。

(1)　Ａ市の雨水対策事業を進める上での課題

①人員不足・技術力不足等（ヒトの観点）：人口減少により雨水事業に携わるＡ市職員は減少傾向にある。また、豊富な経験や高い技術力を有していた団塊世代の熟練職員の退職により、職員の技術力低下が問題となっている。浸水常襲地域等の地域住民においては高齢化等により共助の担い手が不足している。また浸水対策が一定の効果をあげていることから、個人の浸水対策（自助）の経験がない住民が大半を占めている。

②施設の改築更新・新規整備（モノの観点）：雨水ポンプ場等の既存雨水施設の老朽化が進行し、設備の改築更新が必要となっている。また、既存施設は建設当時の計画に基づき規模を定めているため、懸念される気候変動に伴う降水量増加への対応のために新たな対策施設の整備（新設・増強）等が必要となっている。

③**防災情報の共有ができていない（情報の観点）**：各地点の降雨量や水位等のリアルタイム情報は、各部署の対策準備や住民の自助準備の判断にかかせない重要なものである。A市には複数の地点で降雨・水位を観測しているが、リアルタイム情報については、管理者のみが把握し、地域住民や他部署への情報提示できる体制が構築できていない。

(2)　最も重要と考える課題と複数の解決策

　流域治水による水災害軽減にあたっては、自助・共助・公助の連携が重要であるが、連携は必要な排水施設が整備され、降雨時に予定通り稼働することを前提にしている。このため、②施設の改築更新・新規整備（モノの観点）が最も重要な課題であると考え、この対策を以下に示す。

①**雨水計画の見直し**：雨水管理総合計画等、気候変動の影響を考慮した新しい雨水対策計画を策定し、地域の実情に応じた施設規模・整備スケジュールを定める。

②**計画的な改築更新等の実施**：既存雨水対策施設の改築更新にあたっては、ストックマネジメント計画等に基づき計画的に改築更新を行う。なお、改築更新施設の規模（性能）については、無条件に既存施設と同様とせず、①の将来計画や耐震化・耐水化計画、対象施設の維持管理方針等を考慮し、既存施設の計画的な改築更新・耐震化・耐水化等を実施する。

③**その他の対策**：雨水対策施設は普段稼働しない施設が多いため、普段の維持管理に加えて、梅雨や台風シーズン前に水路清掃・試験運転等を行い、確実に既存施設が稼働することを確認しておく。

(3)　新たに生じうるリスクとそれへの対応

　(2)に示す対策が進むと浸水発生件数が減少し、A市職員・地域住民の両者において、水害対応経験者が減少することが予想される。このような状態で想定を超える降雨が発生した場合、各自の速やかな浸水対応や、自助・共助・公助の連携がうまく機能せず、被害が助長される等のリスクが生じると考えられる。これへの対策を次に示す。

①**防災情報等の提示**：水害が発生しない期間が長く続

く中においても、「防災は他人事でなく自分のこと」と考える高い防災意識を保つために、超過降雨発生時の水害ハザードマップ等を公表して地域の浸水のしやすさやと脆弱性を見える化する。また降雨状況や河川水位、ポンプの稼働状況等の防災情報をICT技術やAI技術を活用して、リアルタイム配信するとともに、浸水危険度が増している場合は個人の携帯電話等に連絡するような仕組みを構築し、勧告・避難指示等の情報を対応可能なタイミングで提示する。

②**防災訓練等の実施**：水害に対する事業継続計画（BCP計画）に基づきA市職員・地域住民等が共同で定期的な防災訓練を実施し、発災時の対応手順・連絡体制について確認する。あわせて、自助・共助・公助の連携について意見交換を行う。防災訓練実施により確認された課題や意見交換結果は、BCP計画へ反映し、BCP計画のブラシュアップを図る。

③他団体等との協定締結：大規模水害が発生した場合、水害対応経験者が乏しいA市職員・地域住民等のみでの対応は困難であり、国・県や他都市、各種支援団体、地元や近隣の企業等の支援が不可欠である。これら他団体等と協定を結び、大規模災害発生時においては、市からの要請手続きを待たずに支援を受けることができる体制を構築する。

以上

●裏面は使用しないで下さい。　●裏面に記載された解答は無効とします。　（YI・コンサルタント）24字×75行

参考文献：『「特定都市河川浸水被害対策法等の一部を改正する法律案」（流域治水関連法案）を閣議決定』国土交通省ウエブサイト報道発表（令和3年2月2日）、https://www.mlit.go.jp/report/press/mizukokudo02_hh_000027.html

設問 6

近年、一層の人口減少の進行や2050年カーボンニュートラルの実現に向けた動向、新型コロナウイルスの拡大による経済活動への影響や生活様式の変化、DXの進展、さらには世界的な肥料価格の高騰といった社会情勢の大きな動きが出ているところである。下水道事業においては、施設の老朽化の進行や経営状況の悪化など、引き続き厳しい環境に置かれている一方で、下水汚泥資源の肥料利用への注目が集まっているとともに、下水サーベイランスといった下水道への新たな期待も高まっている。

こうした状況を踏まえ、「新下水道ビジョン加速戦略（令和４年度改訂版）」において、下水道事業が加速すべき重点項目を推進するにあたり、技術者として以下の問いに答えよ。　［予想問題］

（1）多面的観点から課題を３つ抽出し、それぞれの観点を明記した上で、その課題の内容について述べよ。

（2）前問（1）で抽出した課題のうち最も重要と考える課題を１つ挙げ、その課題に対する複数の解決策を示せ。

（3）解決策に共通して新たに生じうるリスクとそれへの対策について、専門技術を踏まえた考えを示せ。

○受験番号、答案使用枚数、選択科目及び専門とする事項の欄は必ず記入すること。

（1）多面的観点からの３つの課題

①脱炭素化への対応（カーボンニュートラルの観点）

　2050年カーボンニュートラルに向けて、我が国の温室効果ガスの排出削減に関する2030年度の中期目標として、2013年度比46％削減の目標を目指している。下水道分野では日本全体の排出量の約0.5％と大きな割合を占めている。このため、下水道施設自体の省・創・再エネ化を進め、地域の脱炭素化に向けて取組を効率的に進めるには、民間企業や他分野など多様な主体との連携を図り、産官学が密に連携した革新的技術開発の推進が課題である。

②持続可能な下水道への対応（「人」「モノ」「カネ」の観点）

　下水道事業を取り巻く環境は、職員数の減少、老朽化施設の急増、人口減少等に伴う財政状況の悪化による厳しい経営環境等、「人」「モノ」「カネ」に係る問題が深刻化している。このため、適切な維持管理や計画的な改築更新等の中長期的な観点からの収支構造の適正化、脆弱な執行体制を補う広域化・共同化等により、下水道サービスの持続性を高めることが課題である。

③災害リスクへの対応（防災・減災の観点）

　気象変動の影響により雨の降り方が局地的、集中的、激甚化し、多くの内水被害が発生していることを踏まえ、下水道による浸水対策マスタープランの策定・見直しや流域治水関連法が施行されなど防災・減災の取組が強化されることとなった。このため、事前防災の考え方に基づく、ハード対策の加速化とソフト対策の充実による総合的な対策等を推進するなど災害リスクへの対応が課題である。

(2)　最も重要と考える課題とその解決策

　私が最も重要と考える課題は、上述②の「持続可能な下水道への対応」に係る課題である。当該課題に対する解決策は以下のとおりである。

①民間企業のノウハウや創意工夫を活用した官民連携

　国は中小規模団体を中心に下水道事業へのPPP/PFI手法の導入を更に促進する観点から、PPP/PFI手法の知見の不足する地方公共団体職員に向けて、既存のガイドラインを可能な限り解りやすく解説したものに改正することで、技術的・財政的に支援を図る。

②アセットマネジメントの導入

　現行のストックマネジメントからアセットマネジメントへ移行するにあたり、効果的なマネジメントシステムを運用するためには、各部門間（計画・経営、設計、修繕・改築、維持管理、運転管理など）で発生するデータの一元管理と共有が必要である。また、業務の効率化のためには、データの活用による取組を官民が連携して、マネジメントサイクルを構築することが求められる。

③下水道DXの推進

　下水道台帳の電子化、共通プラットフォームの構築及びAI活用による運転操作の最適化を図るデジタルトランスフォーメーション（DX）の取組を推進していく必要がある。具体的には、下水道情報デジタル化支援事業の創設、クラウド型運用によるデータ管理やGIS

等の機能を提供する下水道共通プラットフォームの早期運用、水処理運転操作等へのAI導入等を推進する。

(3) 新たに生じうるリスクとその対応策

① 新たに生じうるリスク

　アセットマネジメントや下水道DXを推進するデジタル人材は、産業界のデジタルシフトの潮流から下水道業界だけでなく、すべての産業で不足している状況である。このことを踏まえ、今後、「デジタル人材の確保」がますます困難になるリスクが予測される。

② そのリスクへの対応策

　デジタル人材の確保には、下水道がSDG'sにおける下水道の果たすべき役割を明確に周知し、更に魅力ある価値ある産業として先導的な役割を担えるよう、より戦略的に人材を確保する体制作りが必要である。また、デジタルシフトに対応した人材の育成は、官民がお互いの特性を生かしながら、若手世代だけでなく中高年までを見据えた包括的なリスキリングによる能力向上が組織全体で図れるような支援体制を継続的に構築していくことが早急に求められている。　以上

●裏面は使用しないで下さい。　●裏面に記載された解答は無効とします。　(ST・元地方自治体) 24字×74行

参考文献：新下水道ビジョン加速戦略　令和5年3月国土交通省水管理・国土保全局下水道部

著者紹介とお知らせ

☞ 技術士受験を支援するCEネットワーク

私たちCE（Civil Engineers）ネットワークは、各人の人生計画を立案するのに参考となる情報を交換して、ネットワーク的な交流の場を形成し、大学教育等と技術士受験のサポート、ひいては技術立国する我が国の継続的発展に寄与することを目的として活動している技術士のインフォーマルな集まりです。

☞ CEネットワークのウェブサイトアドレス

https://cenetwork.sakura.ne.jp

最新情報等をウェブサイトでご確認下さい。

読者交流会のお知らせ

本書の発刊にあたり、2024年度につきましては、2024（令和6）年4月下旬頃を目途に執筆者と読者との交流会を企画しています。

2024年度に受験を予定されている方々へ有益な情報等を提供させていただくとともに、今後の編集の一助となるよう、コミュニケーションを図る機会とさせていただければ幸いです。

なお、読者交流会の詳細につきましては、本年3月末頃にCEネットワークのウェブサイトまたは、鹿島出版会のウェブサイトにてお知らせいたします。

執筆者（50音順）

阿瀬 智暢	技術士（上下水道・衛生工学・総合技術監理部門）	㈱中央設計技術研究所
和泉 充剛	技術士（上下水道・総合技術監理部門）	㈱日水コン
稲井 義明	技術士（上下水道・総合技術監理部門）	㈱日水コン
岩崎 哲也	技術士（上下水道部門）	ダイセン・メンブレン・システムズ㈱
大本　拓	技術士（上下水道部門）	㈱日水コン
小林　駿	技術士（上下水道部門）	㈱日水コン
高橋　達	技術士（上下水道部門）	元地方自治体
中町 和雄	技術士（上下水道部門）	前澤工業㈱
藤倉 和香奈	技術士（上下水道部門）	㈱オリエンタルコンサルタンツグローバル
宮部 貴志	技術士（上下水道部門）	㈱日水コン
山下　彰	技術士（上下水道・総合技術監理部門）	㈱クボタ
吉野　茂	技術士（上下水道・総合技術監理部門）	日本土木設計㈱
吉見　崇	技術士（上下水道部門）	㈱三水コンサルタント
渡辺 佑輔	技術士（上下水道・総合技術監理部門）	PwCアドバイザリー(同)

執筆協力者

金　成秀	技術士（上下水道部門）	㈱日水コン
白潟 良一	技術士（上下水道・建設・衛生工学・総合技術監理部門）	㈱日水コン

2024年度
技術士試験［上下水道部門］傾向と対策

2024年2月15日　発行

編　者　ＣＥネットワーク
発行者　新 妻 充

発行所　鹿島出版会
104-0061　東京都中央区銀座6丁目17番1号
銀座6丁目SQUARE 7階
Tel.03（6264）2301　振替 00160-2-180883

装幀：伊藤滋章　DTP：ホリエテクニカル　印刷・製本：壮光舎印刷

ISBN978-4-306-02522-6　C3051　Printed in Japan

本書の内容に関するご意見・ご感想は下記までお寄せください。
URL：https://www.kajima-publishing.co.jp
e-mail：info@kajima-publishing.co.jp